铁路科技图书出版基金资助出版

京津城际延伸线工程建设丛书

大跨单层网壳钢结构穹顶施工综合技术

张凤龙　主编

中 国 铁 道 出 版 社

2 0 1 5年·北　京

内 容 简 介

于家堡车站地面站房单层网壳结构为目前世界跨度最大的异形单层网壳结构之一。该结构是由36根正螺旋和36根反螺旋钢箱梁相互编织而成的空间结构体系，此种类型的单层网壳结构目前在国内外尚无先例，在很多方面都没有现行的技术标准可循，致使设计与施工的复杂性和难度非常大。

本书对该结构的设计计算，各个部件、杆件的加工制作，施工技术的研究与实施，施工后的卸载技术，以及该结构的长期健康监测技术等，进行了全面详尽介绍。同时，还介绍了穹顶ETFE膜结构技术。书中对各项技术的创新点作了重点介绍。

本书可为土木工程技术人员、高等院校师生参考借鉴。

图书在版编目(CIP)数据

大跨单层网壳钢结构穹顶施工综合技术/张凤龙主编．—北京：中国铁道出版社，2015.6

（京津城际延伸线工程建设丛书）

ISBN 978-7-113-20127-2

Ⅰ.①大…　Ⅱ.①张…　Ⅲ.①铁路车站—大跨度结构—网壳结构—钢结构—屋顶(屋面)—工程施工　Ⅳ.①U291②TU231

中国版本图书馆CIP数据核字(2015)第061752号

书　　名：京津城际延伸线工程建设丛书
大跨单层网壳钢结构穹顶施工综合技术

作　　者：张凤龙

策　　划：江新锡

责任编辑：张卫晓　　**编辑部电话**：010-51873065　　**邮箱**：zhxiao23@163.com

封面设计：王镜夷

责任校对：胡明峰

责任印制：郭向伟

出版发行：中国铁道出版社(100054，北京市西城区右安门西街8号)

网　　址：http://www.tdpress.com

印　　刷：北京铭成印刷有限公司

版　　次：2015年6月第1版　2015年6月第1次印刷

开　　本：787 mm×1 092 mm　1/16　**印张**：11.75　**字数**：282千

书　　号：ISBN 978-7-113-20127-2

定　　价：49.00元

编　委　会

序

中国高速铁路的发展令世人瞩目，截至2014年底，已建成高速铁路1.6万公里，“四纵四横”高速铁路主骨架网基本形成，塑造了中国高速铁路“技术先进，安全可靠，性价比高”的国际品牌。在高速铁路建设和发展过程中，广大铁路建设者艰苦奋斗、集思广益、积极探索，经过了引进、消化、吸收、再创新的艰难历程，形成了自主知识产权，取得了丰硕的技术成果。京津城际及其延长线的建设和实践充分表明了这一点。

京津城际是我国第一条设计时速350 km的高速铁路，自开通运营至今，经受住了运营的考验，对京津两地经济和社会的发展起到了前所未有的支撑作用。津滨城际自天津至于家堡是京津城际高速铁路的延伸线，它的建成和开通运营对天津自贸区的发展将起到带动作用，必将进一步促进京津冀一体化的形成和发展。

京津城际延伸线虽然线路全长不足45 km，但修建难度大。线路从天津站城际场东咽喉引出，由有砟轨道、无砟轨道、25.65 km特大桥、明挖隧道横穿既有塘沽站场和城市主干道、盾构施工隧道及于家堡地下车站等单位工程组成，堪称高铁建设的博物馆，存在跨线、下穿、站场施工过渡、大直径盾构穿越繁华商业街建筑群保护、大直径盾构450 m小半径曲线施工、超大超深基坑、单层网壳穹顶钢结构、新型ETFE膜结构屋面施工、钢结构穹顶永久健康监测等许多技术难题。

特别是于家堡高铁站，是集高铁、城市轨道交通、公交、出租及社会车辆的综合地下交通枢纽，设地下两层，3台6线规模，地面层为“贝壳”形穹顶采光屋面。超大超深基坑盖挖区长为335 m，宽60 m；明挖区长529 m，宽14～86 m，深22.1 m，属首次在沿海地质复杂区进行如此规模超大超深基坑施工；穹顶钢结构是由36根正反螺旋编织而成的单层网壳钢结构，是目前世界上跨度最大的单层网壳。我曾参与设计评审及先后两次到施工现场，对工程难度深有体会。

京津城际延伸线的建设者，在工程施工过程中，树立“科学组织、精细管理、塑造精品、誓创一流”的建设理念，坚持精细化管理，加强科技攻关，克服了许多困难，解决了一个又一个难题。更为可喜的是，为总结京津城际延伸线建设实践的经验，给今后高速铁路建设提供借鉴，津滨城际铁路有限责任公司张凤龙同志担当主编，组织津滨城际铁路科研、设计、施工方面的技术人员和管理者，编写了《京津城际延伸线工程建设丛书》，将成功的经验和实践中存在的不足，呈现给了业界同行和广大的科技工作者。

该丛书分《大跨单层网壳钢结构穹顶施工综合技术》《软弱地层超大深基坑地下车站施工综合技术》《复杂条件下铁路大直径泥水盾构施工综合技术》三册，对京津城际延伸线建设过程中的技术难题及其解决的方法进行全面梳理和系统的总结思考，对今后高速铁路建设具有较强的借鉴作用和参考价值。

我将该丛书推荐给从事高速铁路设计咨询、建筑施工、科研和教学的相关专家和广大读者，并藉此向京津城际延伸线全体建设者致敬！

中国工程院院士
中国铁路总公司总工程师

2015 年 4 月

P 前言
REFACE

于家堡车站是京津城际延伸线的终点站，其站房结构为全地下形式，共分二层，主体结构采用钢筋混凝土框架结构。屋面层为“贝壳”型穹顶采光屋面。穹顶钢结构纵向跨度 143 m，横向跨度为 82 m，矢高 25 m，由 36 根正反螺旋变截面箱梁交织而成，穹顶钢结构顶板及底部环梁采用异型箱梁截面，钢结构总重达 4 000 t，展开面积为 11 000 m^2，属于结构缺陷性敏感的单层网壳，结构安全等级为一级，本工程在 2011 被列为铁道部《贝壳式双向螺旋单层网壳复杂结构体系的制作安装施工技术研究》的科研课题，该结构受力形成及特点为国际首例。

于家堡车站单层网壳钢结构是一项设计难度极大，施工精度要求极高，结构施工工序复杂程度极其罕见，各种风险源控制难度极大的综合性系统工程。在实施过程中组织国内钢结构专家进行若干次论证和研讨，结合现场施工条件和整个结构特点，最后确定采用“周圈散拼，中部提升”的安装方案。经组织参建各方，以勇于探索的大无畏主人翁气概，以如履薄冰、如临深渊的谨慎意识，以精、严、细、实的精细化管理为指导思想；采取任务分解，责任到人，记名作业，旁站监控等措施；克服诸多困难，实现安全、质量、成本控制等达到预期目标。

单层网壳穹顶钢结构及膜结构安装综合技术主要包含以下几方面：

一、穹顶钢结构底环梁水平和垂直双方向支座的研制实施技术。该技术成功地解决钢结构受各种荷载的作用之后，顺利地通过底环梁和双支座传递到混凝土主体结构上；在前期组织相关院、所试验的基础上成功地得到运用。

二、成功地实施钢结构十字节点板技术。在组织院校进行钢节点比例试验和钢结构整体风洞试验的基础上，总结钢结构受力分布确定各种节点的类型，从而为工厂焊接十字节点板提供依据。

三、中部整体同步提升技术。通过计算机控制 21 台液压千斤顶成功将 961 t 钢结构整体提升到预定的空间位置。

四、小角度全熔透焊接技术。为确保杆件连接的质量，克服了施工空间狭窄，作业条件差等困难，成功进行小角度全熔透焊接技术，确保焊接质量和安装精度。

五、卸载技术。总结各种受力及监测结果，通过计算机建模和各种方案分析研究，从顶部中间向周围分区分级卸载，使钢结构从零状态到逐步受力，实现体系的转换,在即时监测下成功地进行卸载。

六、膜结构安装技术。为减轻结果自重,本工程采用 ETFE 充气膜结构,在没有现行的标准规范的情况下,借鉴国内相关工程的实施经验,组织研究制定《于家堡穹顶膜结构屋面 ETFE 系统工程技术及施工质量验收标准》,完成目前规模最大,构造最为复杂,技术和施工难度最高的 ETFE 充气膜结构工程。

七、结构永久健康监测技术,为确保钢结构使用安全,即时掌握钢结构的受力状态,为运营维护提供精确数据,牵头组织钢结构健康监测技术的启动和方案专家论证及全过程的实施。在受力复杂的大型钢结构中率先采用从杆件的零状态开始,对钢结构的应力应变、温度应力、支座位移、焊缝应力、雪荷载、风荷载等每 5 min 进行一次数据采集。经过分析处理,提供钢结构内部受力结果,及时按照设定的受力限制提供预警,为钢结构的使用维护提供依据。

作为京津城际延伸线至于家堡工程建设的组织者,有幸参与于家堡高铁车站站房工程设计与施工的全过程,主持设计和施工过程中的技术攻关、专家论证及大量的试验研究,强化精细化的过程管理,解决一系列技术和施工难题,为实现塑造精品,誓创一流的目标奠定了基础。

本书在编写过程中,得到安鸿逵、王磊两位老专家的悉心指导,沪宁钢机股份有限公司杨文侠博士及江西飞尚科技有限公司刘文峰博士等相关同志提供了帮助和支持 ,在此表示衷心的感谢。

本书是工程实践和理论的结合,试图为从事钢结构及膜结构安装及研究的同行提供一些有宜的素材,但由于时间仓促,编者水平有限,在内容上难免存在不足之处,敬请谅解。

目 录
CONTENTS

概　　述

于家堡交通枢纽工程的总体规划主要包括6大功能分区，以内部相对独立的人行系统连接，各分区分别为城际铁路站房工程、公交中心工程、枢纽控制中心工程、出租车停车场工程、社会停车场工程、轨道交通地下工程。

总体规划建筑面积约为260 000 m^2，其中初步设计批复城际站房总建筑面积为86 200 m^2，地面以上主要由城际铁路地面站房、枢纽控制中心、公交中心和地面附属建筑组成；规划地面以下主要由城际铁路车站，出租车停车场、社会停车场、轨道交通地下结构(B2、Z1、Z4三条线车站主体建筑)等工程组成。工程以城际站场为中心，由城际车站向东依次布置Z4线车站主体、出租车停车场工程，城际西侧主要布置轨道交通B2、Z1线车站主体、社会停车场、公交中心等工程。

于家堡车站地面站房单层网壳结构为目前世界跨度最大的异形单层网壳结构之一。由36根正螺旋和36根反螺旋钢箱梁交互编织而成的空间结构体系，此种类型的单层网壳结构目前在国内外没有先例，在很多方面都超过现行的技术标准，其设计与施工的复杂性和难度非常大。面对这些挑战，铁道第三勘察设计院集团有限公司作为设计总承包方，以奥雅纳(ARUP)工程咨询有限公司(上海)北京分公司作为分包方，共同完成于家堡大跨螺旋形网壳的设计工作，同时联合天津大学、西南交通大学、北京交通大学进行大量的试验研究和多项关键技术的攻关，并进行大量的科技创新，如首次提出正反螺旋形网格形式的单层网壳结构，对国内单层网壳网格形式进行了突破性的补充；创新性地提出双球铰钢支座的概念和设计，这种支座是在底环梁同一位置的底面和侧面支座分别转动形心与底环梁的形心重合的两个球形钢支座，成功解决了大跨度单层网壳的大推力问题；首次提出通过X形节点将空间的扭曲构件简化为空间直线构件的渐变连接，降低整个网壳的工程设计和施工的难度，也降低了造价。此外，第一次在高铁车站中综合使用健康监测技术，对网壳钢结构在运营期间进行结构安全性的诊断；在新材料、新技术方面应用镀点ETFE膜结构技术，既节能又环保，使于家堡地下车站成为真正的绿色建筑。

2008年天津市面向国际公开对于家堡金融区的规划及交通枢纽的概念设计进行方案竞赛。美国SOM建筑设计事务所提供的以城际站房为代表性的方案胜出，此方案采用螺旋形网格，造型新颖，视觉效果震撼，网壳长173 m，宽96.2 m，高28.3 m。且网壳的底部生根于地下一层的顶板上，在穹顶与地面相接处，与室外景观结合，环绕建筑轮廓设计流线形的水池。整个建筑如同倒扣在绿化广场上的贝壳，地上部分外露在海滩上，一部分埋入砂中。该方案面临众多难题，经过研究将网壳生根点放到地面层的顶板上，同时进行跨度173 m、143 m和120 m三种技术方案的比选，其中173 m和143 m为地面进站的模式，120 m为地下进站的模式。经过综合的比选143 m跨度的网壳为初步设计方案，室内效果通透明亮，正反螺旋形的钢梁相互交叉编织，网格具有丰富的韵律，在视觉感官上具有很大的冲击力。

地面站主入口在穹顶的南端，入口造型与穹顶建筑的造型相协调，局部抬高，达到主入口突出，引导人流的作用。在穹顶的东南、西南部设计次要出入口。屋顶外观为顺时针的螺旋纹建筑构件，均匀地分布在整个穹顶外表面。其设计灵感来自自然界的鹦鹉螺、葵花、松果等剖面或表面独特的螺旋形。穹顶室内表面为逆时针螺旋构件，正、反两组螺旋系统相交，在屋面上形成交织的网格，具有独特的视觉特点。

网壳外围护系统大部分面材为乙烯-四氟乙烯共聚物(ETFE)膜材气囊。气囊系统外侧沿顺时针主体结构钢梁方向上有 500 mm 高的铝板装饰条，ETFE 气囊系统是一个外表面密封保温隔热系统，由三层 ETFE 膜组成，最终的膜层数依据建筑美观、结构计算和遮阳系数的要求确定。整个屋面 ETFE 气囊系统应能够对温度和日光提供控制，依据不同的遮阳系数分为不同的区域，通过在不同膜层上镀点、镀点的形状和大小、镀点的覆盖率等变化来达到不同的遮阳系数的要求。

1 穹顶钢结构工程概况

1.1 建筑概况

于家堡车站为地下高铁车站，车站为地下两层、地面一层。地下二层为站台层，站台规模为 3 座岛式站台 6 条到发线；地下一层为站厅层，设候车大厅、进出站厅、设备用房及办公用房；地面层为进站大厅。站房地上部分为贝壳形穹顶采光屋面，结构形式为大跨度空间网格结构。整个结构主要杆件采用钢箱梁，72 根箱梁相互交叉连接，编织成一个纵向跨度约 143 m，横向跨度约 81 m，矢高约 25 m 的贝壳形穹顶网壳结构。于家堡车站效果图见图 1—1 和图 1—2。

图 1—1 于家堡站房穹顶建筑效果图

图 1—2 于家堡站房剖视效果图

1.2 结构概况

站房屋盖为单层网壳结构，整体外形酷似贝壳形状，其南北向长 143.90 m，东西宽度 80.90 m，矢高 25.80 m。整个结构体系由 72 根箱梁相互交叉连接成单层网壳，在其顶部设置有顶环结构，在其底部设置有箱形圈梁对单层网壳顶底端起连接和约束作用，见图 1—3 和图 1—4。

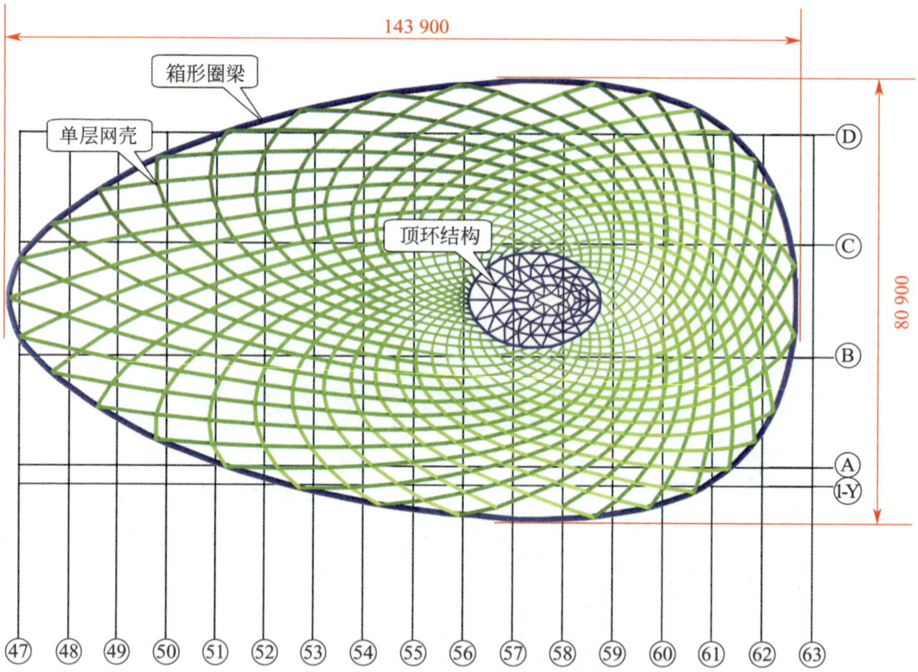

图 1—3 钢结构平面图(单位:mm)

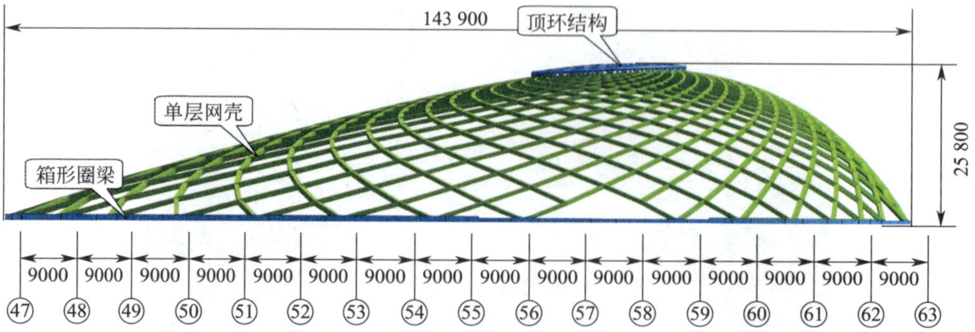

图 1—4 钢结构立面图(单位:mm)

2　穹顶钢结构设计

2.1　方案设计

于家堡站房穹顶网壳造型的设计创意以鹦鹉螺、向日葵及对数螺旋线为设计灵感（图 2—1），网壳网格由 36 根正螺旋和 36 根反螺旋变截面曲线钢箱梁相互编织而成。在顶部交织成 36 个点与顶部钢环梁连接，在底部也交织成 36 个钢节点与底部钢环梁连接，这样一个顶环梁＋编织网＋底环梁的单层网壳结构通过铰支座与地下结构顶板连接，在整个网壳顶部开有一个约 19 m×26 m 椭圆形天窗，在地下结构的顶板层（网壳结构的正下方）开有长轴为 113 m，短轴为 60 m 的椭圆形孔洞。

(a) 鹦鹉螺　　(b) 向日葵　　(c) 螺旋线

图 2—1　于家堡站钢结构创意设计灵感

2.1.1　网壳结构特点

于家堡地面网壳与常规网壳结构（图 2—2）比较，其结构形式有以下特点：

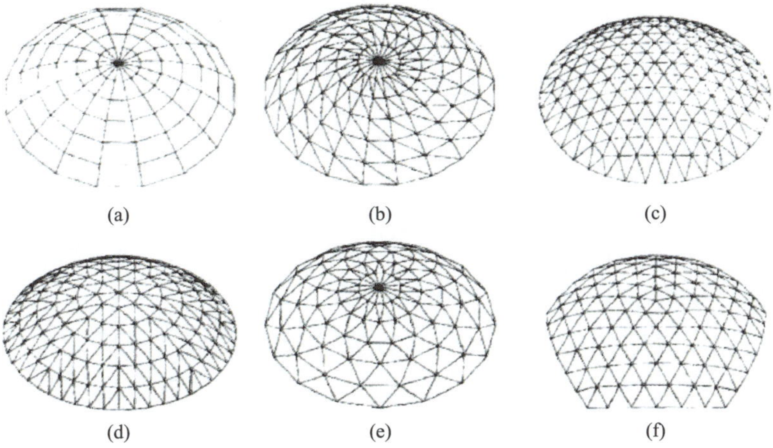

图 2—2　常见单层网壳

(1)杆件在投影面传力的途径沿螺旋线进行,而不是沿直线传力。网格的形式一般为三角形,而本网壳是不规则的四边形,且划分不均匀。

(2)跨度大,长向跨度为 143 m,短向跨度为 81 m,这种大跨度单层网壳国内罕见。

(3)网壳杆件承受压弯剪扭作用力较大,扭矩的作用明显,而常规的网壳结构以受压为主,基本上没有扭矩的作用。这就要求节点刚度必须保证杆件有效的传力。

(4)整体模型构件协同受力,空间梁单元杆件没有主次之分。

(5)节点、杆件差异性巨大,共有约 1 134 个不同节点,2 178 个不同的杆件,加工难度极大。

2.1.2 设计原则

(1)满足国家现行的相关规范和规程。

(2)采光穹顶网格结构分别按施工阶段和使用阶段进行强度、变形、稳定计算,满足耐久性的要求。结构尺寸满足建筑净空、设备安装、使用功能及施工工艺的要求。做到安全可靠、技术先进、经济合理。穹顶主体钢结构设计使用年限为 100 年。

(3)穹顶网格结构设计应保证建筑物有足够的承载力、刚度和稳定性,以确保安全。

(4)穹顶网格结构的安全等级按"一级"要求进行设计。

(5)穹顶网格结构的抗震设计按"乙类建筑"设计,按《天津市响螺湾中心商务区—于家堡金融区场地地震安全性评价报告》中的地震动参数及反应谱参数进行抗震设防。按烈度 8 度采取抗震构造措施,以提高结构的整体抗震性能。

(6)壳体和地下结构设计应保证壳体的变形协调。

2.1.3 设计标准

(1)结构设计基准期为 50 年(可靠度),结构设计使用年限为 100 年(耐久性)。

(2)结构重要性系数取为 1.1。

(3)建筑抗震设防类别为乙类重点设防建筑。地震动参数和地震反应谱参数以《天津市响螺湾中心商务区—于家堡金融区场地地震安全性评价报告》为准,网壳结构阻尼比 $\xi=0.02$。

(4)网壳结构地震作用计算采用振型分解反应谱法,并用时程分析法进行补充计算。提取网壳振型个数≥20 个。

(5)网壳结构的最大位移值不应超过短向跨度的 1/400。位移计算应采用与强度组合对应的标准组合。

(6)单层网壳属于缺陷敏感型结构,容易发生整体失稳破坏,因此结构整体稳定系数 $K\geqslant5$。

2.1.4 静力计算结果

结构的重要性系数取 1.1,结构的荷载主要包括:

①屋面重力荷载:顺时针钢梁附加恒荷载、逆时针钢梁附加恒荷载、天窗恒荷载、节点恒荷载、穹顶底部玻璃天窗恒荷载;

②活荷载:不上人活荷载,取值为 0.5 kN/m^2,屋面清洁时施工荷载;

③雨水荷载:屋盖水沟按正螺旋方向布置,雨水荷载主要分布于正螺旋方向的杆件,主要考虑积冰荷载、瞬时降水积水荷载、部分排水沟堵塞荷载。

活荷载还包括 ETFE 充气枕拉力荷载、风荷载、温度作用等。

地震作用主要考虑表 2—1 的三水准的地震效应，水平地震影响系数曲线见图 2—3 和图 2—4。

表 2—1 三水准的地震效应

地震影响	50 年超越概率	重现周期（年）	建筑结构抗震规范		场地地震安全性评价报告		定性描述
			加速度峰值（g）	水平地震影响系数最大值 σ_{max}	加速度峰值（g）	地震影响系数最大值 σ_{max}	
多遇地震（小震）	63%	50	0.055	0.120	0.055	0.146	弹性
设防烈度（中震）	10%	475	0.150	0.330	0.198	0.458	弹性
罕遇地震（大震）	2%	2 475	0.310	0.720	0.310	0.893	基本弹性及不倒塌

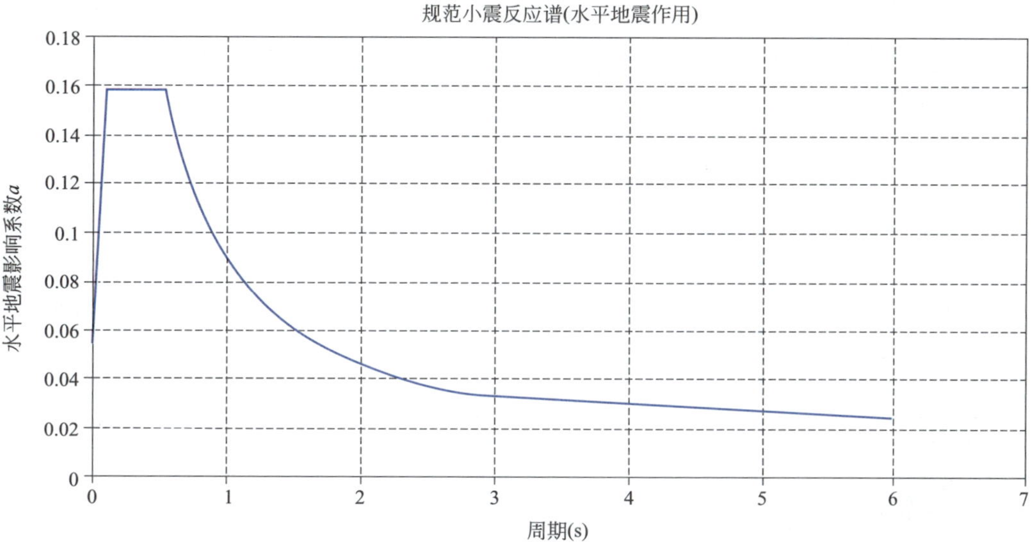

图 2—3 水平地震影响系数曲线（小震，阻尼比 0.02）

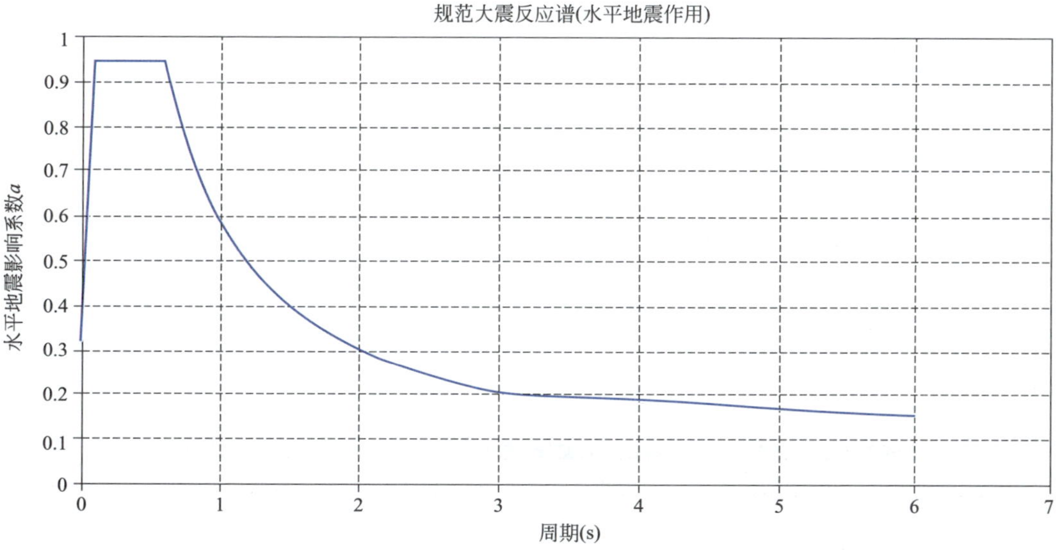

图 2—4 水平地震影响系数曲线（大震，阻尼比 0.02）

荷载组合见表 2—2。

表 2—2　荷载组合系数表

组合		恒载		活载		温度	风	地震*
		不利	有利	不利	有利			水平+竖向
1	恒载-活载	1.35	1.0	0.7×1.4	—	—	—	—
1A	恒载-活载	1.2	1.0	1.4	—	—	—	—
2	恒载-活载-风	1.2	1.0	0.7×1.4	—	—	1.0×1.4	—
2A	恒载-活载-风	1.2	1.0	1.4	—	—	0.6×1.4	—
3	恒载-风	1.2	1.0	—	—	—	1.0×1.4	—
4	重力荷载-地震-风	1.2	1.0	0.5×1.2	0.5	—	0.2×1.4	1.3
4A	重力荷载-地震-风	1.2	1.0	0.5×1.2	0.5	—	1.4	0.2×1.3
5	恒载-活载-温度	1.2	1.0	1.4	—	0.6×1.4	—	—
5A	恒载-活载-温度	1.2	1.0	0.7×1.4	—	1.4	—	—
6	恒载-活载-温度-风	1.2	1.0	0.9×1.4	—	0.9×1.4	0.9×1.4	—

典型杆件的应力见图 2—5 和图 2—6，杆件的利用率见图 2—7，大部分的杆件应力比在 0.85 以下，满足规范要求，结构安全可靠。

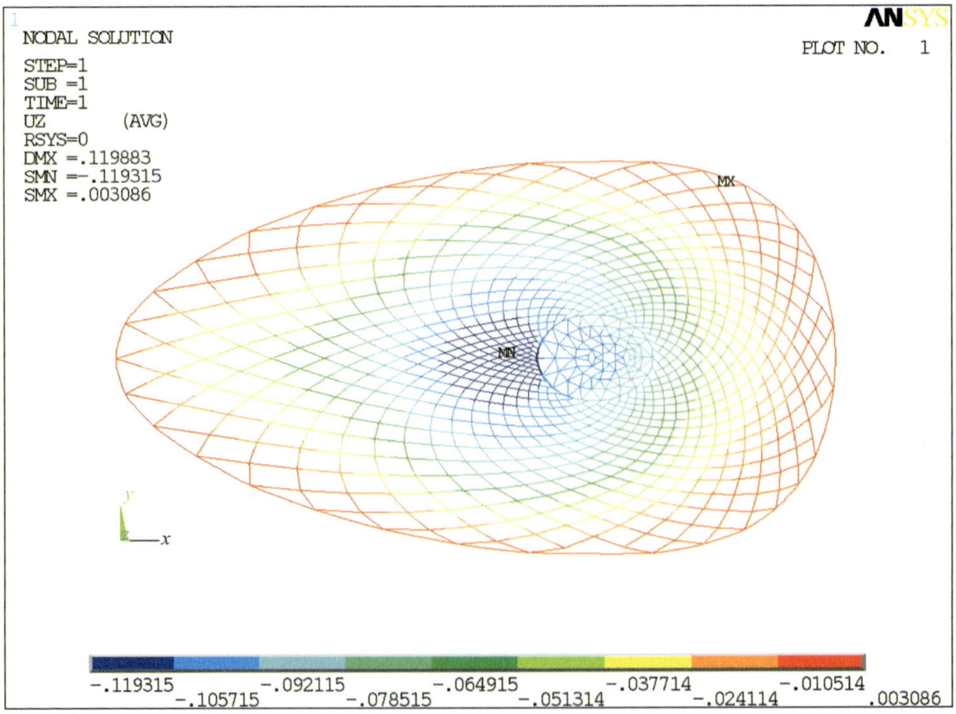

图 2—5　1.0 恒+1.0 雪 1+0.6 风 2+0.9 负温的 Mises 应力

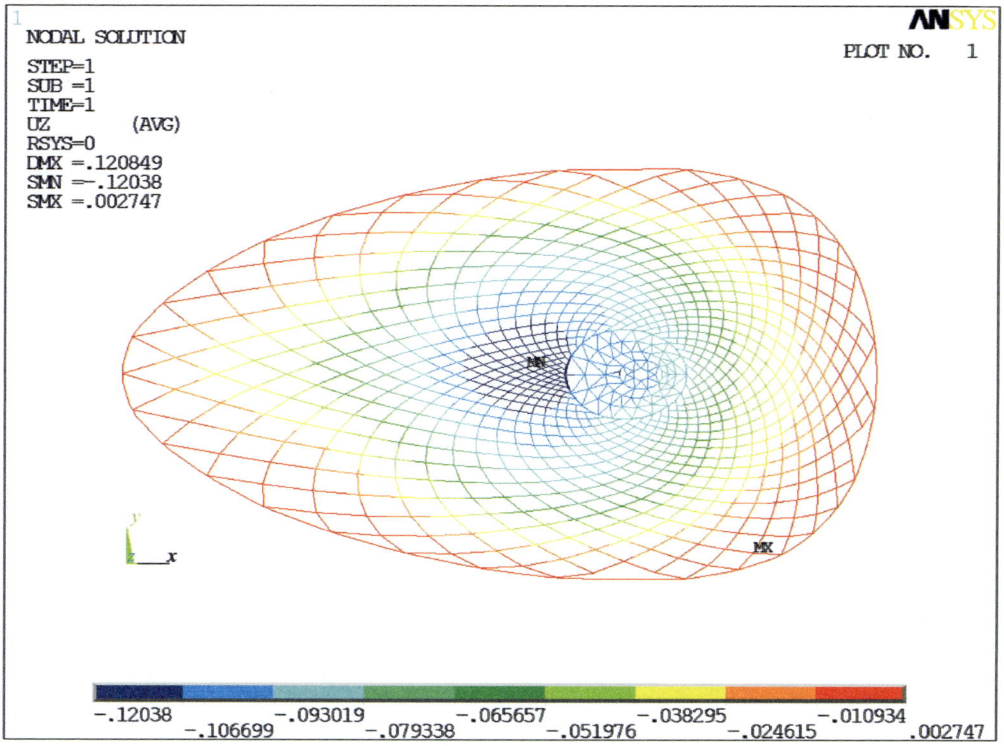

图 2—6　1.0 恒+1.0 雪 4+0.9 负温 Mises 应力

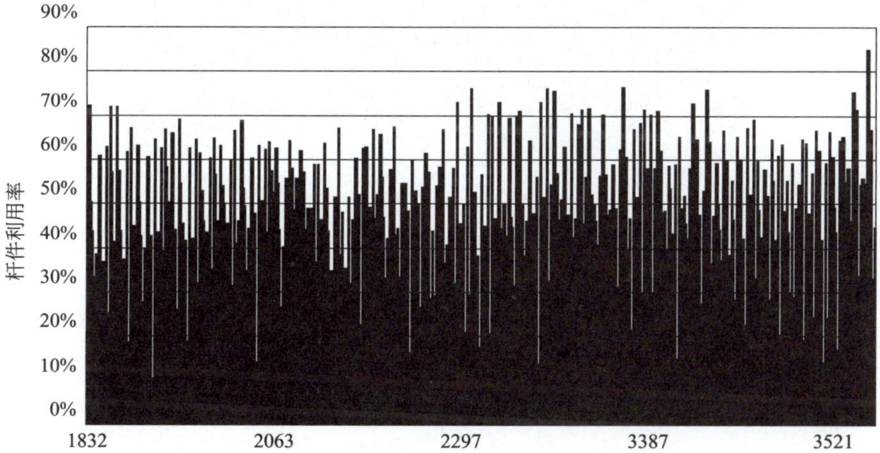

图 2—7　局部杆件利用率(图中 X 轴数字代表杆件编号)

2.1.5　钢结构风洞实验

网壳结构外形复杂,规范中没有可参考的风荷载体型系数和风振系数的数值。为反映风在网壳表面形成的风压性能,在西南交通大学风洞实验室进行于家堡网壳的风洞实验,试验在 XNJD-3 风洞中进行。该风洞的试验段尺寸为 22.5 m(宽)×4.5 m(高)×36 m(长),在土木工程结构用风洞设备中,位居世界第一,风速范围为 1.0～16.5 m/s,主要技术指标均已达到世界先进水平。

综合考虑需要模拟的结构几何尺寸和风洞试验段尺寸，模型的几何缩尺比取为 1∶75。模型在风洞中的阻塞比小于 5%，满足风洞试验要求。模型根据建筑设计图纸，按几何外形相似要求制作。模型采用 ABS 塑料、金属管材、复合材料、有机玻璃等制成。

通过风洞试验（图 2—8 和图 2—9）主要得到以下内容。

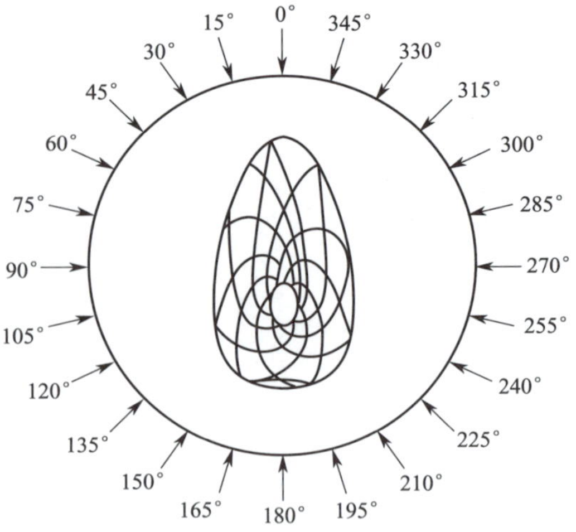

图 2—8　风洞实验风向角分布图

（1）在各风向角下，结构上的平均风压系数、体型系数和脉动风压系数，最大正压、负压分布情况。

（2）在各风向角下，对应于 50 年重现期和 100 年重现期，作用在结构上 10 min 的平均风压，用于结构总体静风荷载设计。

（3）在各风向角下的分块体型系数。

（4）在各风向角下，对应于 50 年重现期和 100 年重现期，作用在结构上的用于围护结构设计的风压。

（5）主要风向角下可供整体结构设计的等效静力风荷载。

图 2—9　于家堡网壳钢结构风洞实验

2.2　计算模型及静动力稳定性分析

2.2.1　计算模型

在于家堡网壳设计中，使用犀牛空间造型软件建立三维空间模型（图 2—10），并通过此犀牛模型建立了 GSA、SAP2000、MIDAS 有限元软件进行计算分析和截面的验算，同时使用 ANSYS 软件进行计算校核。

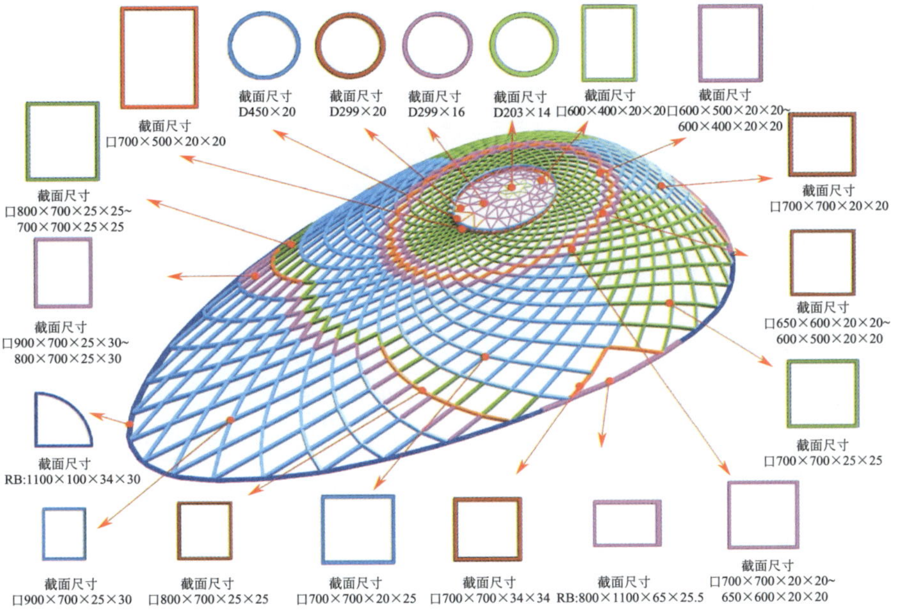

图 2—10　单层网壳计算网壳模型及构件尺寸图(单位:mm)

(1)边界条件

由于地下部分车站为地下二层的钢筋混凝土框架结构。整个网壳位于地下结构的顶板上,为避免地下结构的变形对网壳内力产生过多的影响,网壳底环梁与地下结构顶板的连接方式采用铰接的方案。在初步设计阶段,对于底环梁的底部 36 个支撑点,分别设置三向铰支座的假定进行计算分析。在施工图阶段,经过研究发现初步设计阶段的三向铰支座假定主要存在两大方面的问题:

①网壳的水平推力较大,最大达 15 000 kN,为实现铰接和万向转动的效果,需要花费大量时间进行大抗剪球铰支座的专项研究和设计;

②支座设置于底环梁的底部,支座的水平剪力相对底环梁的形心有一定的附加弯矩,此附加弯矩对底环梁受力的影响无法进行准确的评估。

针对以上两个突出问题,铁三院专家组进行认真研讨,决定在底环梁的底面和侧面各设置一个支座,底面支座产生的力由地下结构顶板承受,侧面产生的压力由地下结构专业在顶板设置钢筋混凝土的长牛腿来抵抗。

(2)空间矩形钢箱梁

在计算模型中既要充分反映构件几何构型引起的附加结构效应,同时又要有效控制计算单元的数量和单元的选择类型,节约计算分析资源,缩短计算时间,为方案的决策提供有力的支持。对于正反螺旋形的网壳,如果全部采用螺旋形的空间扭曲构件,无论从计算还是从加工制作,其难度都是非常大的。为有效解决难题,可通过节点采用分段空间折线模拟理想曲线,对每段折线沿截面主轴方向的偏转角度不超过 2°,尽量近似模拟扭曲构件的实际空间形态(图 2—11)。

(3)扇形底环梁

底环梁是整个网壳受力除支座外,位列第二位的重要构件。由于底环梁的整个曲线走向比较复杂,既不是圆形也不是椭圆,如果采用常用的正方形和矩形钢箱梁截面,必将造成上部杆件在底环梁相贯处处于不同的截面,且应力集中比较明显,所以采用圆形或扇形截面是比较好的选择，由于扇形截面更有力于支座的安装，经过比选扇形截面为最优的方案(图 2—12)。

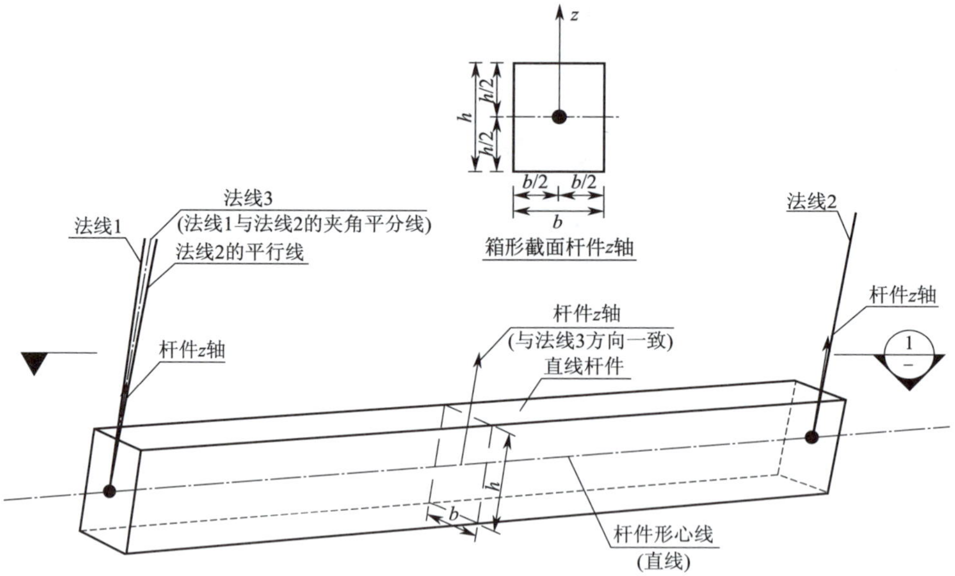

图 2—11 杆件定位原则

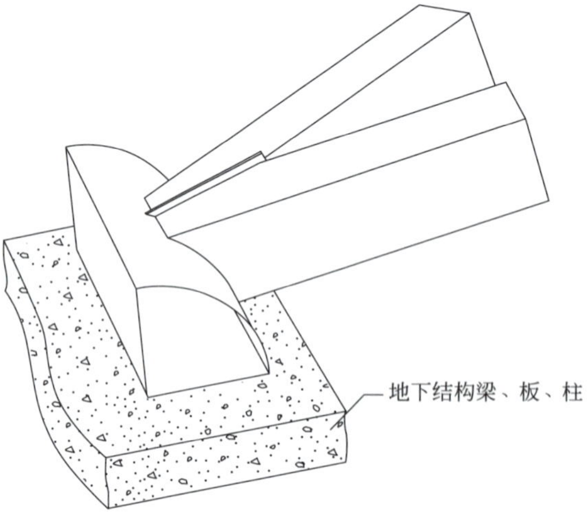

图 2—12 底环梁方案

2.2.2 截面设计公式

参考国内一些工程的总结，如国家体育场、国家大剧院等工程的设计经验，并再借鉴 Eurocode 规范的基础上，本工程为避免薄壁箱形构件的复杂的有效宽度的计算方法，直接采用宽厚比适当的箱形截面，使箱形截面各边钢板的宽度和厚度的比值满足国内规范的要求，同时尽量选用正方形且等厚度，避免钢箱梁约束扭转产生翘曲应力的产生。

在正反螺旋网壳结构中，箱形构件可能受到拉、压、弯、剪、扭等各种内力的联合作用，由于约束扭转产生的翘曲应力相对其他应力来说较小，在正截面验算时可以不考虑。在进行正截面强度、抗剪强度、受压稳定性验算时，一般不用考虑有效截面形心与毛截面形心之间的偏移量的影响，但是对于变截面区域，为保证构件的安全，还是要适当考虑一定的偏移量。

当全截面受压时，拉弯和压弯构件的强度应按照下式计算：

$$\frac{N}{A_{\text{en}}} \pm \frac{M_x + NS_x}{\gamma_x W_{\text{en}x}} \pm \frac{M_y + NS_y}{\gamma_y W_{\text{en}y}} \leqslant f$$

式中　N——构件轴向拉力或轴向压力；

M_x、M_y——分别为构件绕 x 轴和 y 轴的弯矩；

γ_x、γ_y——与截面模量相应的塑形发展系数，对箱形截面 $\gamma_x = \gamma_y = 1.05$；

A_{en}、$W_{\text{en}x}$、$W_{\text{en}y}$——有效净截面面积，绕 x 轴和 y 轴的有效净截面模量；

S_x、S_y——分别为 x 方向与 y 方向计算剪应力处以上毛截面底中和轴的面积矩；

f——钢材的抗拉、抗压和抗弯强度设计值。

焊接箱形截面的构件出现局部屈曲后，对截面抗剪能力影响不大，故在进行抗剪强度验算时，仍按毛截面考虑。此时需要考虑剪力与扭矩的综合作用，结合《钢结构设计规范》与弹性力学中的自由扭转剪应力公式，构件的抗剪强度应按下式计算：

$$\frac{V_x S_y}{2I_y t_{\text{f}}} + \frac{T}{2A_{\text{s}} t_{\text{f}}} \leqslant f_{\text{v}}$$

$$\frac{V_y S_x}{2I_x t_{\text{w}}} + \frac{T}{2A_{\text{s}} t_{\text{w}}} \leqslant f_{\text{v}}$$

式中　V_x、V_y——计算截面沿翼缘与腹板平面作用的剪力；

T——作用于构件计算截面的扭矩；

S_x、S_y——x 方向与 y 方向计算剪应力处以上毛截面底中和轴的面积矩；

I_x、I_y——毛截面绕 x 方向与 y 方向中和轴的惯性矩；

t_{f}、t_{w}——箱形截面翼缘厚度和腹板厚度；

A_{s}——箱形截面壁厚的中心线所围成的面积；

f_{v}——钢材的抗剪强度设计值。

对于弯矩作用的两个主平面内的箱形截面压弯构件，考虑有效截面形心和毛截面形心之间的偏移量的影响后，其整体稳定性应按下式计算：

$$\frac{N}{\varphi_x A_{\text{e}}} + \frac{\beta_{\text{m}x}(M_x + NS_x)}{\gamma_x W_{\text{e}x}\left(1 - 0.8\dfrac{N}{N'_{\text{E}x}}\right)} + \eta \frac{\beta_{\text{t}y}(M_y + NS_y)}{\varphi_{\text{by}} W_{\text{ey}}} \leqslant f$$

$$\frac{N}{\varphi_y A_{\text{e}}} + \eta \frac{\beta_{\text{t}x}(M_x + NS_x)}{\varphi_{\text{b}x} W_{\text{e}x}} + \frac{\beta_{\text{my}}(M_y + NS_y)}{\gamma_y W_{\text{ey}}\left(1 - 0.8\dfrac{N}{N'_{\text{Ey}}}\right)} \leqslant f$$

式中　A_{e}、$W_{\text{e}x}$、W_{ey}——有效截面面积、绕 x 轴和 y 轴的有效截面模量；

φ_x、φ_y——轴心受压构件稳定系数，按构件的毛截面进行计算；

$\varphi_{\text{b}x}$、φ_{by}——均匀弯曲的受弯构件的整体稳定性系数，对于闭口截面为 1.0；

η——截面影响系数，对于闭口截面 $\eta = 0.7$；

$\beta_{\text{m}x}$、β_{my}——压弯构件对 x 轴和 y 轴平面内的等效弯矩系数；

$\beta_{\text{t}x}$、β_{ty}——压弯构件对 x 轴和 y 轴平面外的等效弯矩系数；

N'_{Ex}、N'_{Ey}——参数，$N'_{Ex}=\dfrac{\pi^2 EA}{1.1\lambda_x^2}$，$N'_{Ey}=\dfrac{\pi^2 EA}{1.1\lambda_y^2}$（其中，$A$ 为毛截面面积）。

2.2.3 动力计算结果

由于网壳结构的特殊性，自振频率密集，施工图阶段考虑 120 阶的振型以保证结构的安全，由振型图（图 2—13 和图 2—14）可以看出，振型 1 主要是以竖向为主的壳面外振动，振型 2 是以 y 向为主的水平振动。前四阶振型见图 2—13 和图 2—14。周期及振型参与系数见表 2—3。

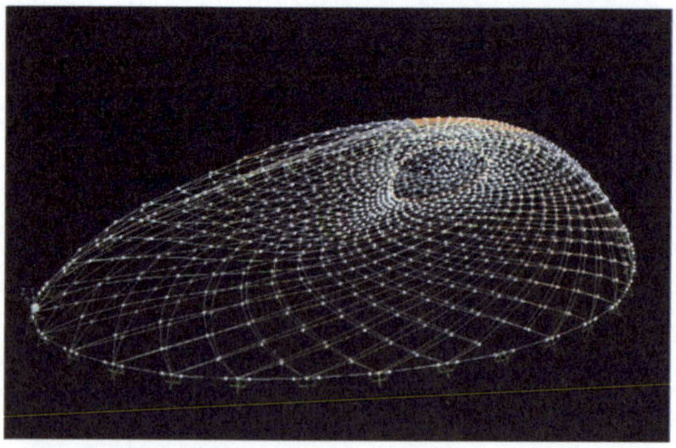

(a)

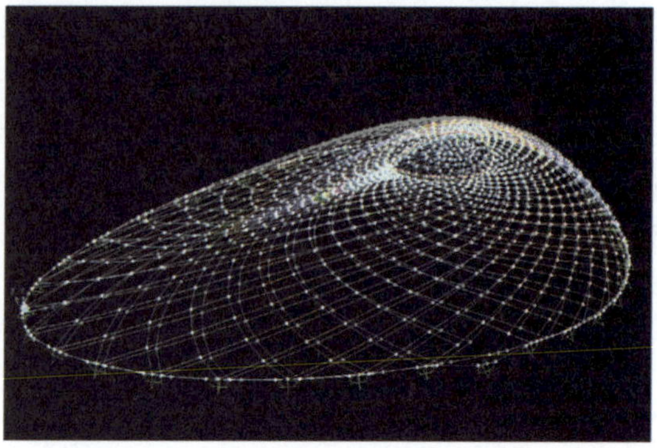

(b)

图 2—13 第一阶、第二阶振型

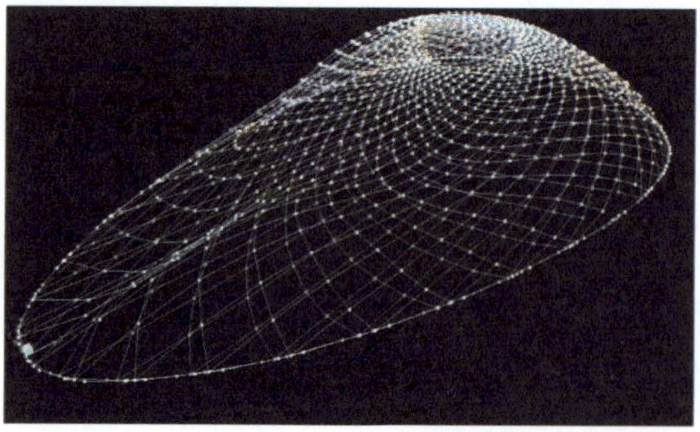

(a)

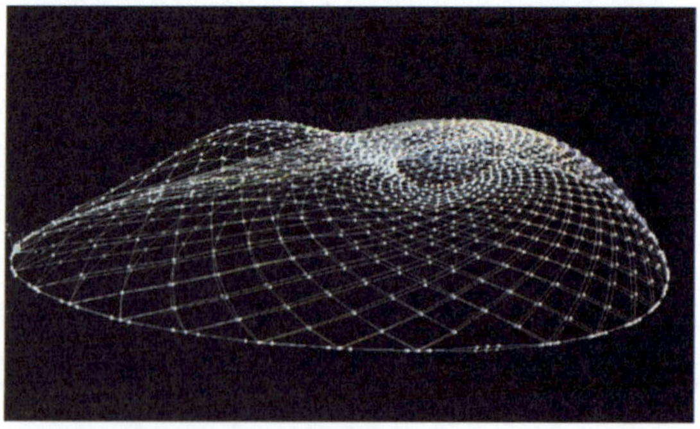

(b)

图 2—14 第三阶、第四阶振型

表 2—3 周期及振型参与系数

振型	周期(s)	振型	周期(s)
振型 1	1.068	振型 8	0.44
振型 2	0.774 9	振型 9	0.404 7
振型 3	0.658 4	振型 10	0.382 5
振型 4	0.637 5	计算振型数	120
振型 5	0.579	x 方向质量参与系数(%)	90.10
振型 6	0.501 4	y 方向质量参与系数(%)	90.79
振型 7	0.469 1	z 方向质量参与系数(%)	91.46

多遇地震下弹性分析使用的时程波：与多遇地震的水平及竖向反应谱相符的 2 组 3 分量天然地震动时程；与多遇地震的水平及竖向反应谱相符的 1 组 3 分量人工地震动时程。见图 2—15～图 2—17。

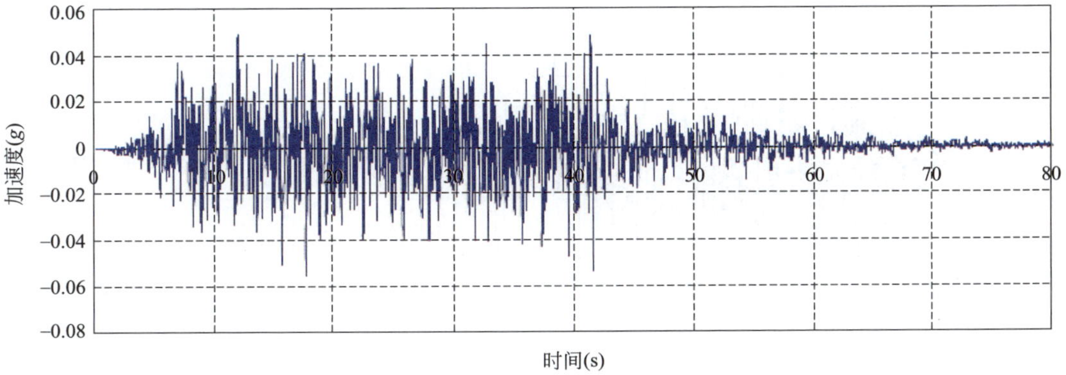

图 2—15　小震下人工波波形图

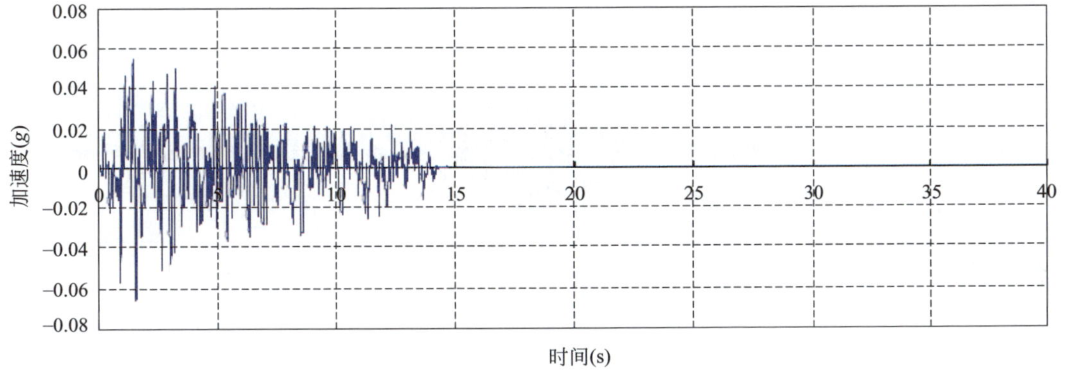

图 2—16　小震下天然波 1 波形图

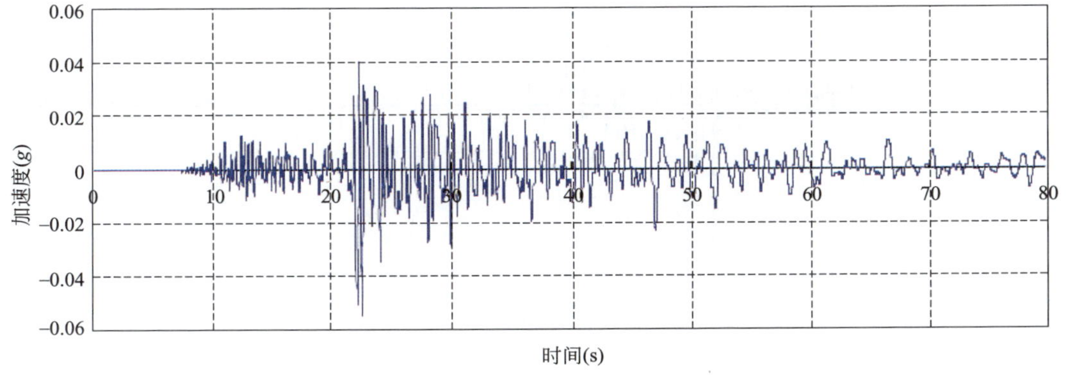

图 2—17　小震下天然波 2 波形图

罕遇地震下弹性分析使用的时程波：与罕遇地震的水平及竖向反应谱相符的 2 组 3 分量天然地震动时程；与罕遇地震的水平及竖向反应谱相符的 1 组 3 分量人工地震动时程。见图 2—18～图 2—20。

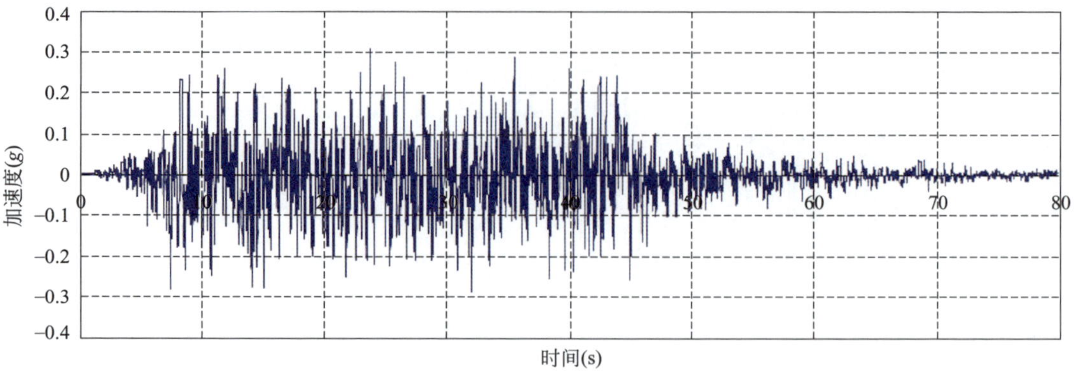

图 2—18　大震下人工波波形图

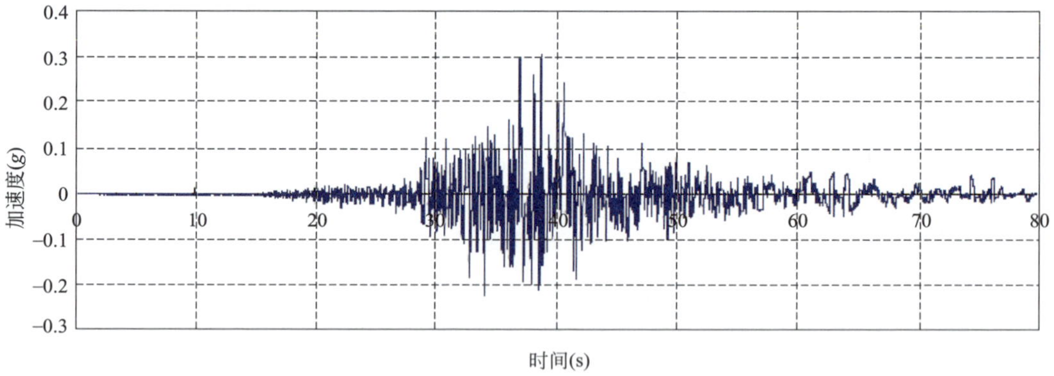

图 2—19　大震下天然波 1 波形图

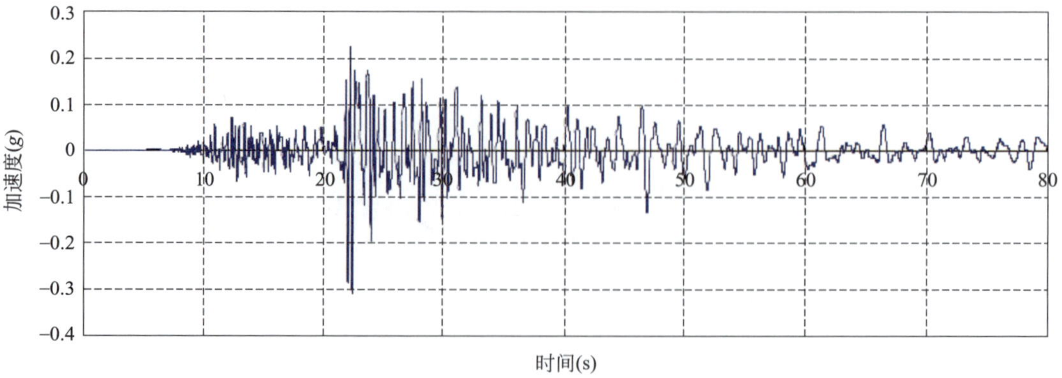

图 2—20　大震下天然波 2 波形图

采用 SAP2000 软件对时程波进行弹性时程计算，基底剪力的结果汇总见表 2—4 和表 2—5。

表 2—4　小震基底总反应汇总

时程波	项　目	基底剪力		
		x	y	z
人工波 1	基底剪力(kN)	2 627	4 197	1 949
	与反应谱比值	111%	99%	120%
天然波 1	基底剪力(kN)	2 371	4 066	1 956
	与反应谱比值	100%	96%	120%
天然波 2	基底剪力(kN)	2 613	4 090	1 910
	与反应谱比值	111%	97%	118%
平均值	基底剪力(kN)	2 537	4 117	1 939
	与反应谱比值	108%	97%	119%
反应谱法	基底剪力(kN)	2 359	4 225	1 623

表 2—5　大震基底总反应汇总

时程波	项　目	基底剪力		
		x	y	z
人工波 1	基底剪力(kN)	15 626	29 969	12 177
	与反应谱比值	110%	112%	124%
天然波 1	基底剪力(kN)	13 240	28 367	10 223
	与反应谱比值	94%	106%	104%
天然波 2	基底剪力(kN)	14 678	23 052	10 720
	与反应谱比值	104%	86%	110%
平均值	基底剪力(kN)	14 514	27 129	11 040
	与反应谱比值	103%	101%	113%
反应谱法	基底剪力(kN)	14 158	26 810	9 786

由表 2—4 和表 2—5 可见，上述三条时程曲线作用下基底剪力都大于反应谱的 65%，且平均大于反应谱的 80%，满足规范的要求。

2.2.4　稳定性计算结果

稳定性计算是单层网壳最关键的分析之一，且单层网壳容易发生稳定失稳，主要按照《网壳结构技术规程》(JGJ 61—2003)的要求进行稳定性计算节点索引图见图 2—21。荷载—位移曲线见图 2—22。移定系数见表 2—6。

表 2—6　稳定系数

荷载工况	整体稳定性系数
恒载、全跨活荷载和风载共同作用	5.62
恒载、风载和局部雪载共同作用	5.76
恒载和全跨活荷载共同作用	5.79

经过计算，结构的整体稳定系数大于 5，结构安全可靠。

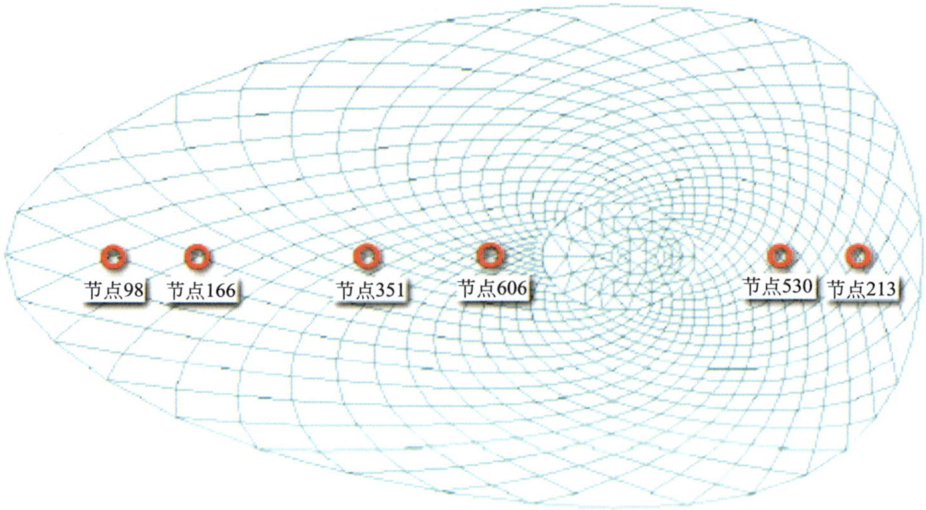

图 2—21 节点索引图

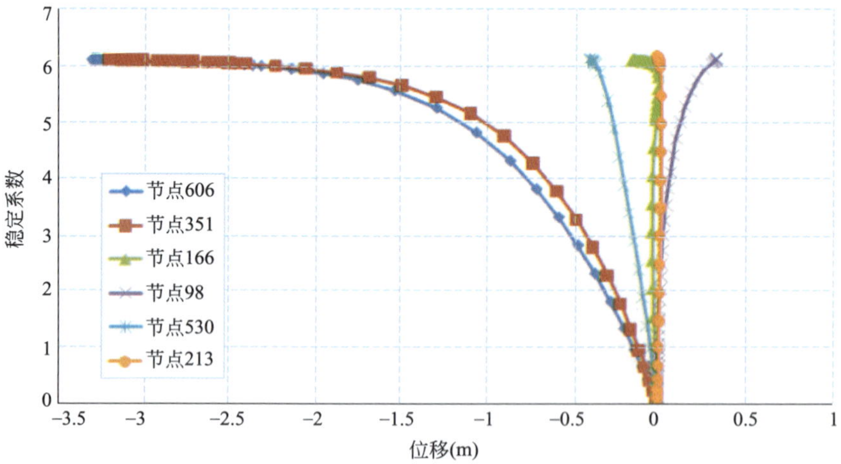

图 2—22 荷载—位移全过程曲线

2.3 关键构件设计

扇形底环梁位于单层网壳底部，对单层网壳起连接和拘束作用，由箱形和 1/4 圆弧形等各种截面形式的构件构成，其底部通过抗震支座与相对高程为+2.000 m 的混凝土圈梁相连接。箱形底环梁节点见图 2—23 和图 2—24。

单层网壳由 72 根不同规格的箱形截面构件相互编织而成，见图 2—25。

顶环结构由顶部环梁和上部穹顶两大部分组成，顶部环梁与其下部单层网壳连接对其起拘束作用，上部穹顶通过钢管与顶部环梁进行连接，见图 2—26 和图 2—27。

顶部环梁为□700×500×20×20 箱形环梁、上部穹顶由 D450×20、D299×20、D299×16、D203×16 等构件组成。

于家堡站房工程共设计 36 个支座承担整个钢结构的竖向荷载和水平推力(图 2—28)，其

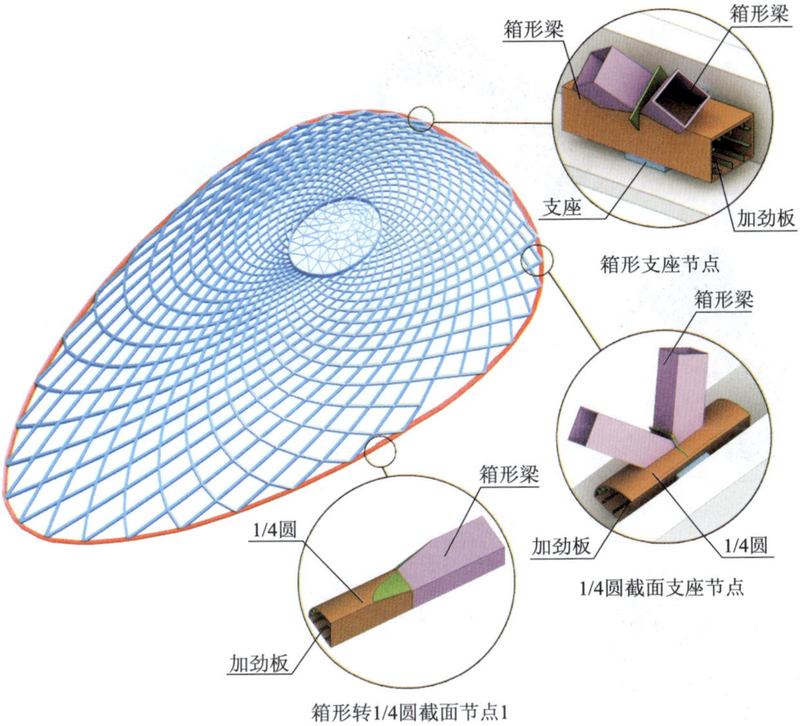

图 2—23 箱形底环梁节点示意图 1

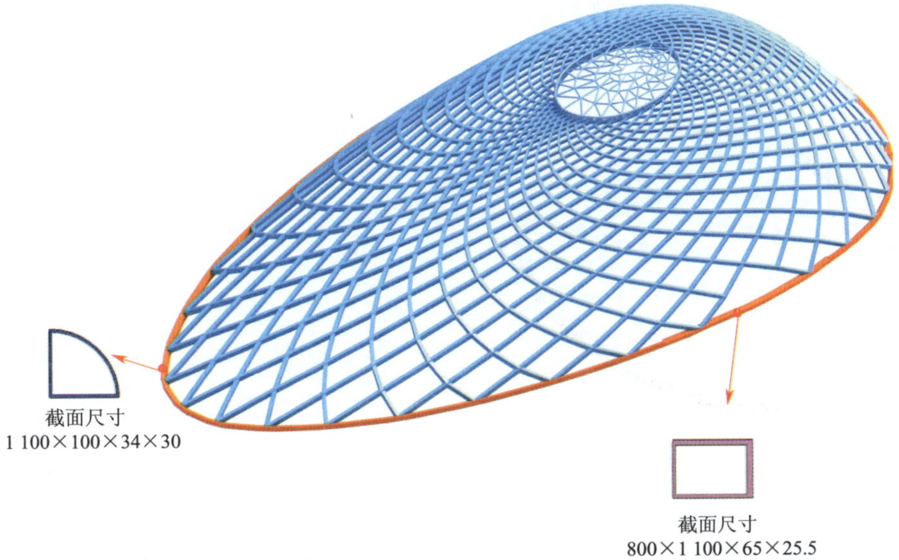

图 2—24 箱形底环梁节点示意图 2(单位:mm)

中 31 个双支座,5 个单支座,共计 67 个支座。其中 5 个单支座分别为 1 号、3 号、3a 号、10 号和 10a 号支座,其余为双支座。

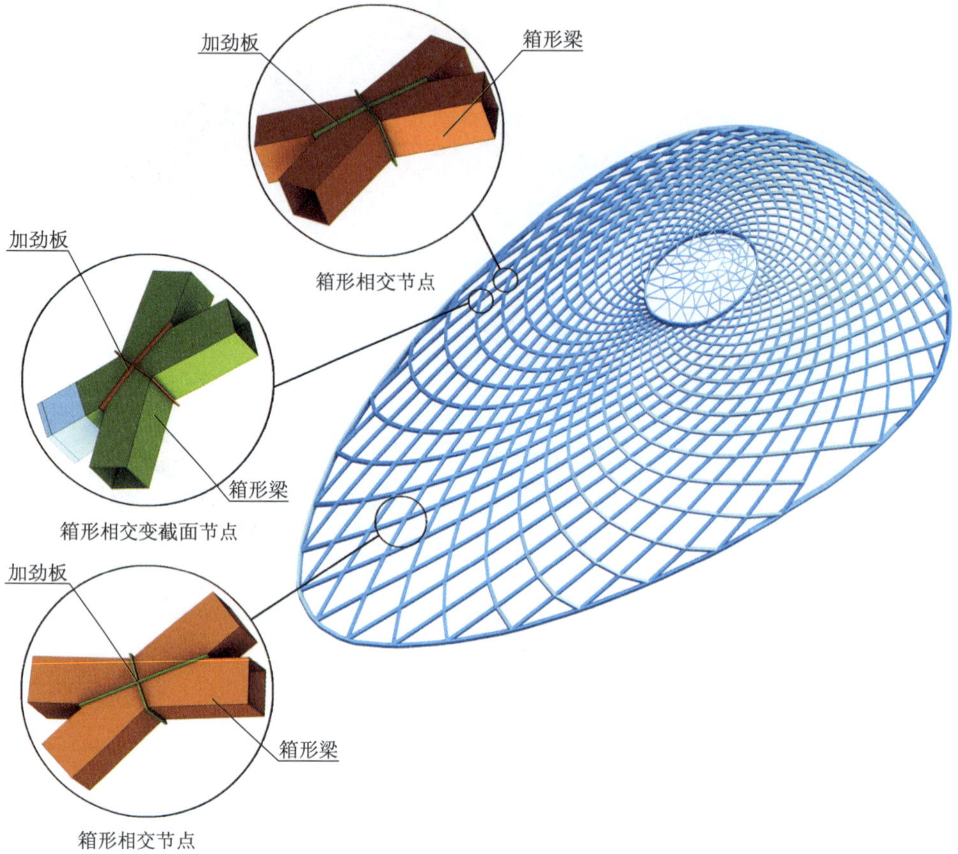

图 2—25 单层网壳节点示意图

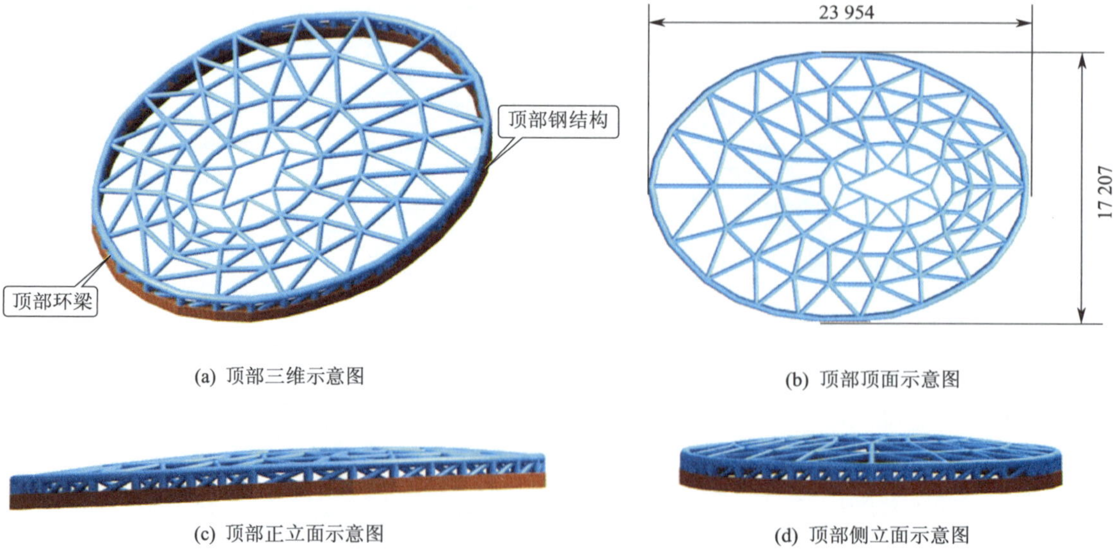

图 2—26 顶环梁结构示意图(单位:mm)

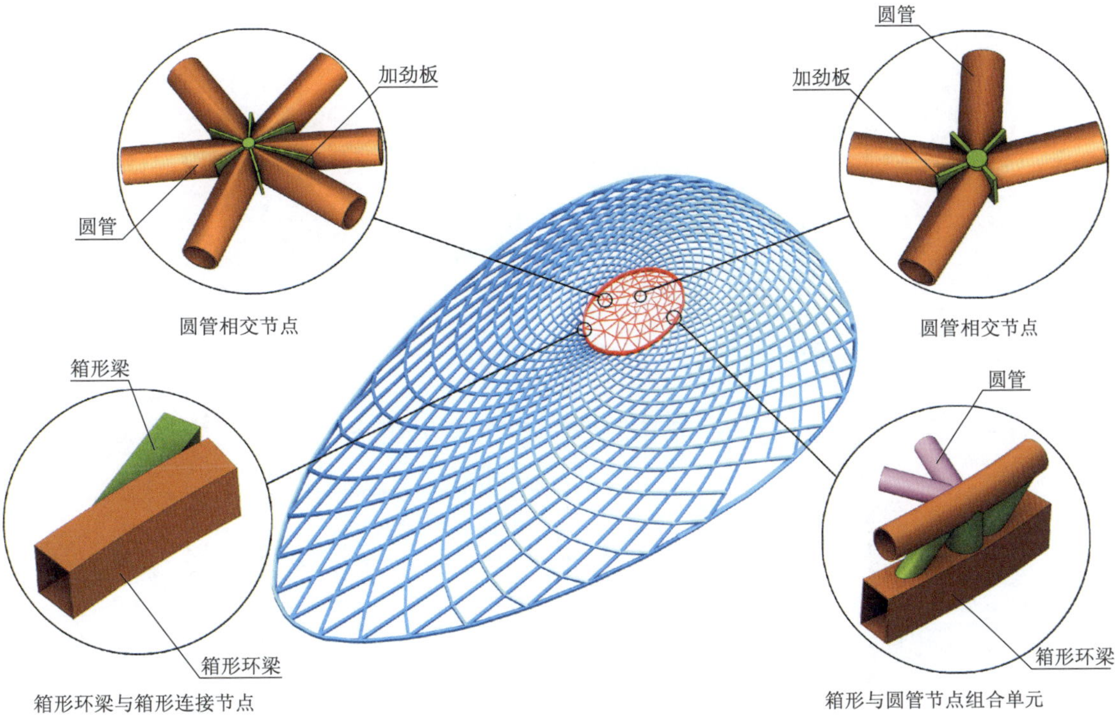

图 2—27 顶环结构节点示意图

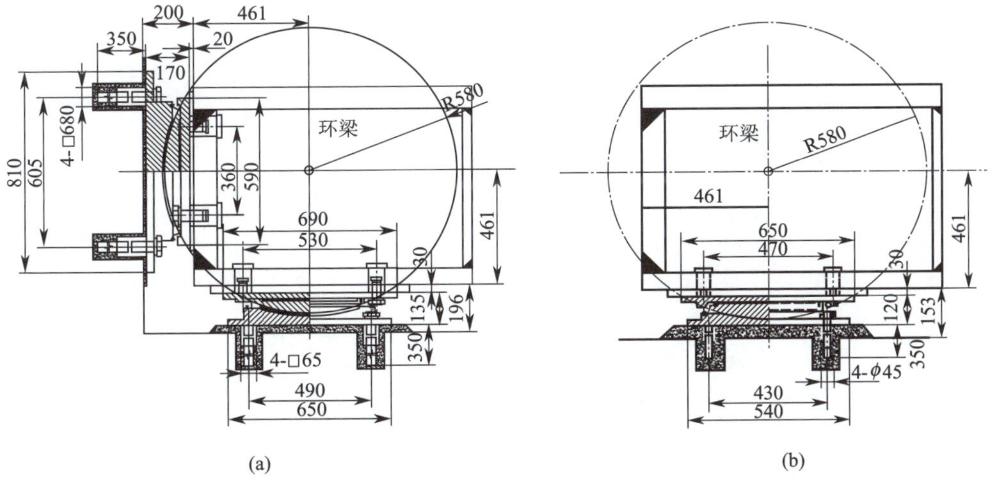

图 2—28 支座设计示意图(单位:mm)

2.4 深化设计和构件加工制作技术

2.4.1 底环梁构件设计和加工

钢结构底环梁总量约 687 t,材质为 Q345C、Q345GJC。根据设计节点分段,共计为 66 段,其中，36 个支座段和 30 个平直嵌补段。36 个支座段分为矩形支座段和圆弧支座段，平直嵌补段分为圆弧与矩形过渡段、圆弧段和矩形段。底环梁分段见图 2—29。

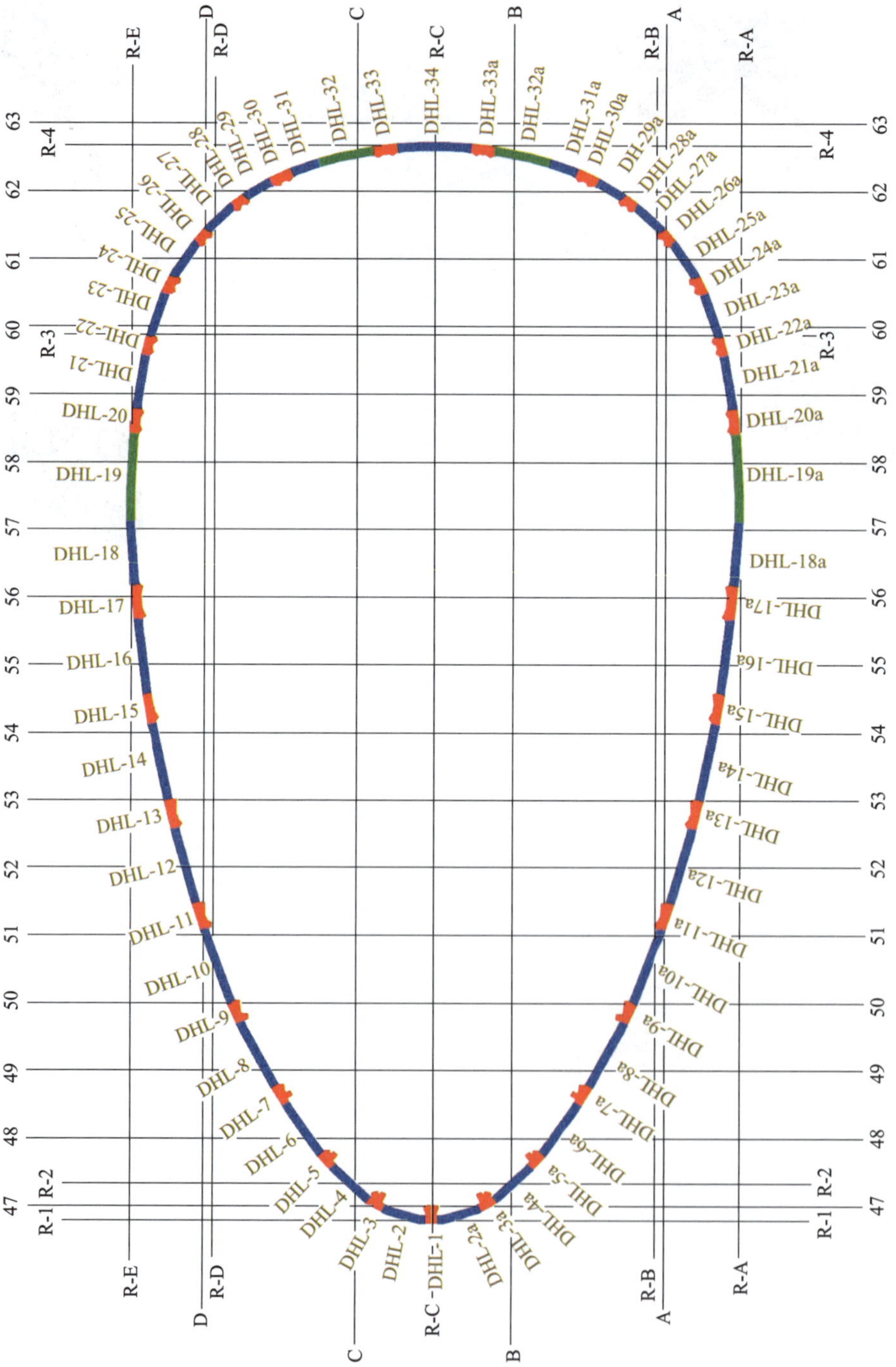

图 2—29　底环梁分段示意图

(1)底部环梁矩形支座段典型节点见图 2—30。

图 2—30　矩形支座段底环梁

(2)底部环梁矩形支座段典型节点加工制作流程见表 2—7。

表 2—7　底部环梁矩形支座段典型节点加工制作流程

	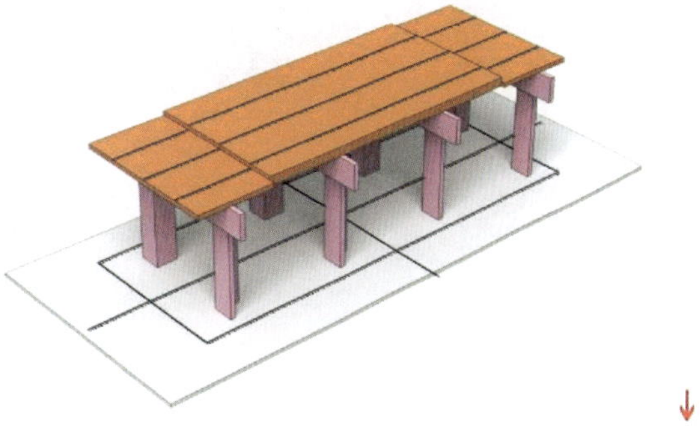
加工制作步骤 1:板材的切割下料	加工制作步骤 3:底板的定位与组装
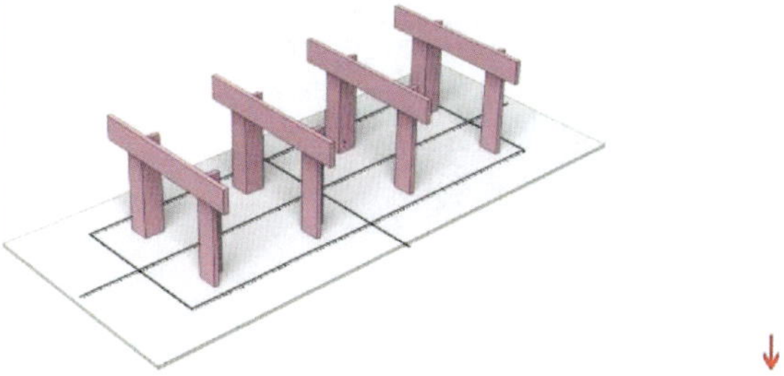	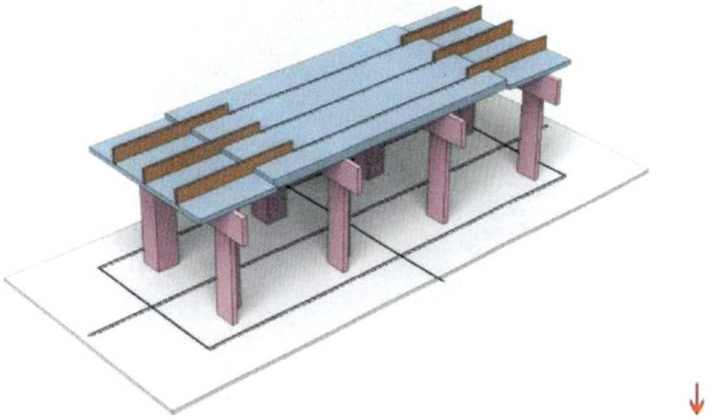
加工制作步骤 2:胎架组装与划线	加工制作步骤 4:各板单元加劲肋板组装、焊接

续上表

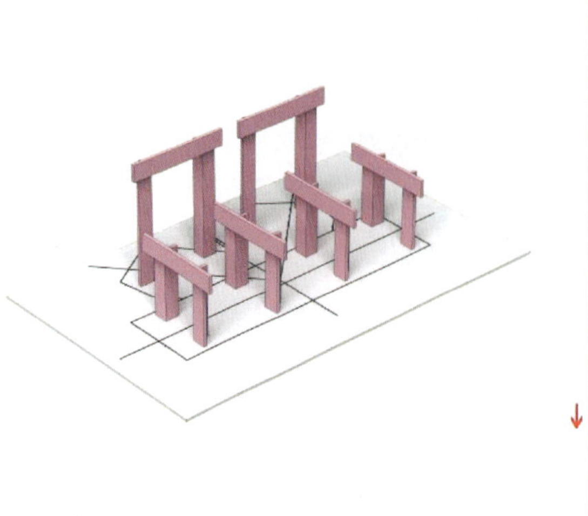	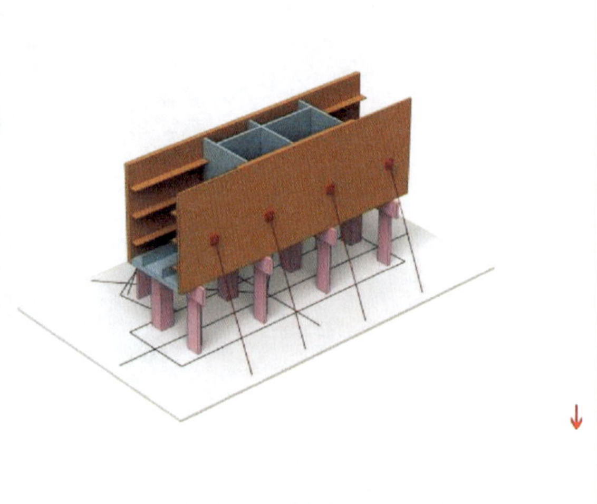
加工制作步骤 5:胎架组装与划线	加工制作步骤 8:侧板的定位、组装
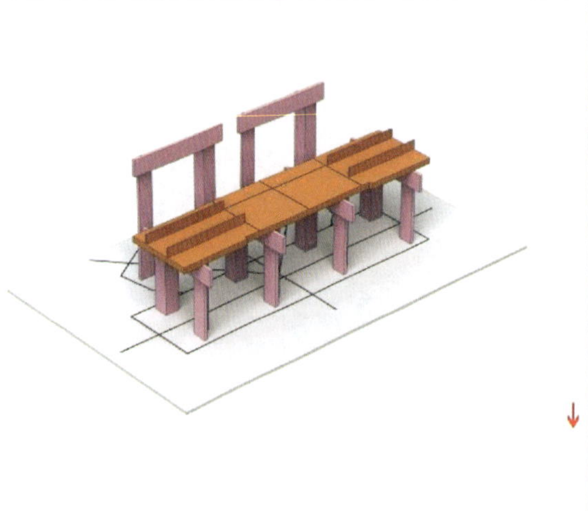	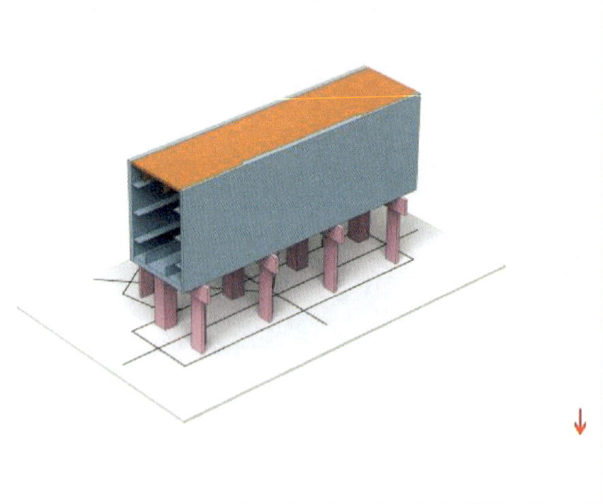
加工制作步骤 6:底板的定位与组装	加工制作步骤 9:封板定位与组装
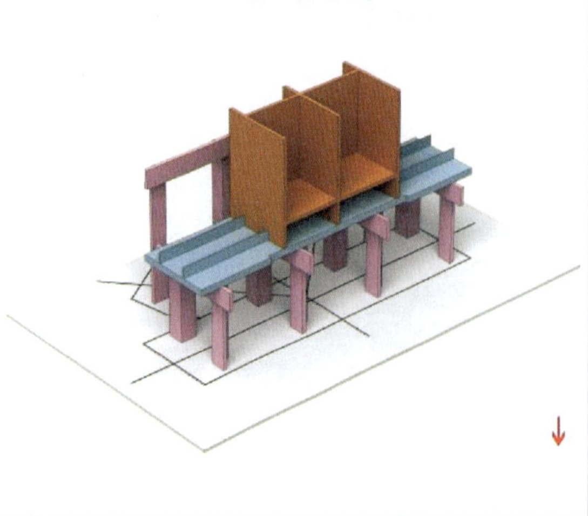	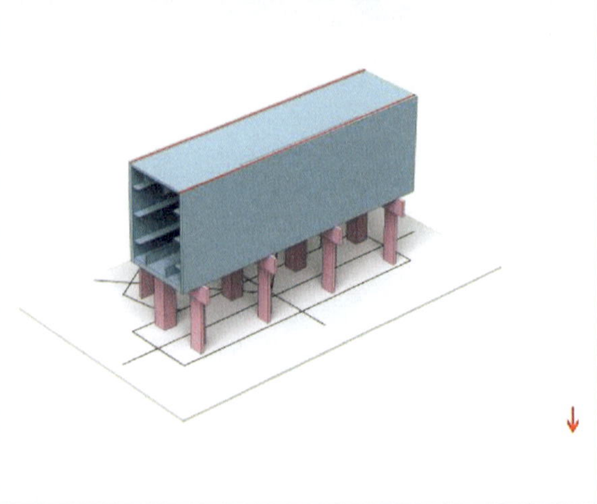
加工制作步骤 7:加劲肋板组装	加工制作步骤 10:四条纵缝焊接

续上表

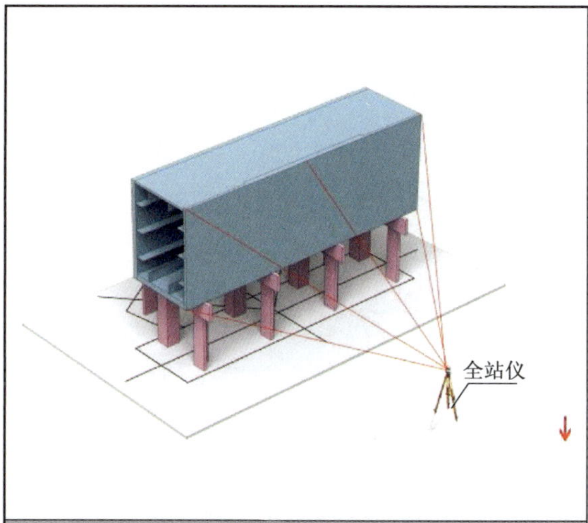	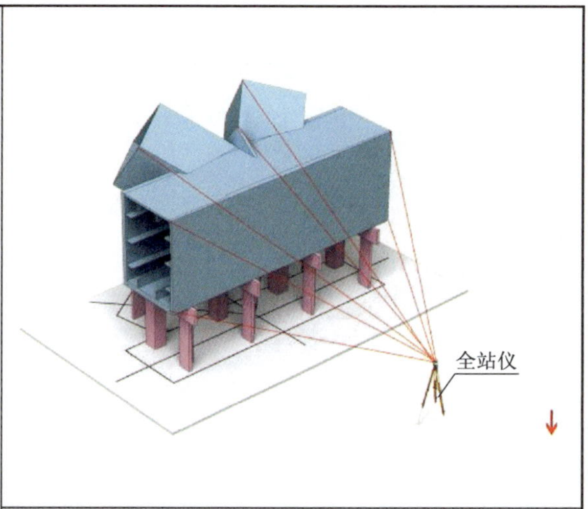
加工制作步骤 11:箱体检测	加工制作步骤 13:整体检测
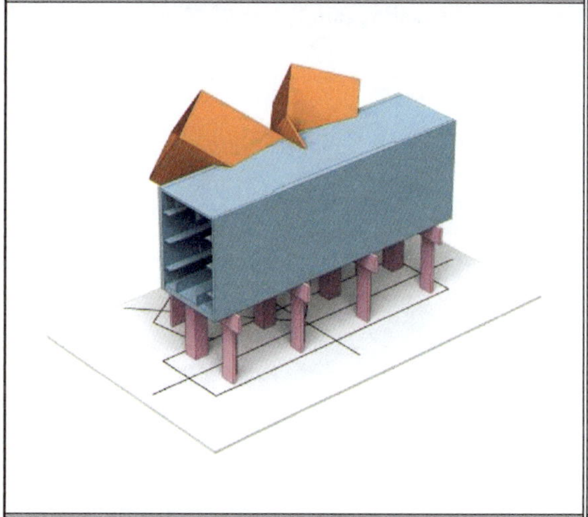	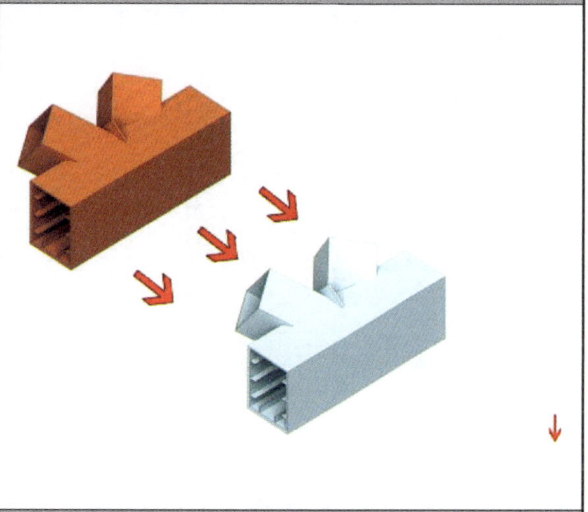
加工制作步骤 12:牛腿的定位、组装	加工制作步骤 14:冲砂、涂装

（3）底部环梁圆弧支座段典型节点见图 2—31。

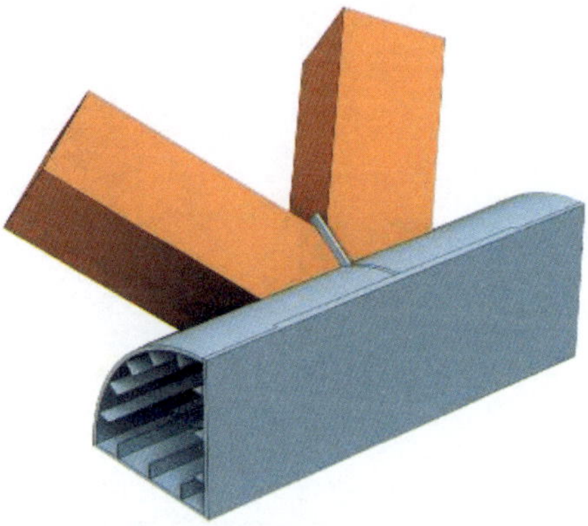

图 2—31　圆弧支座段底环梁

(4) 底部环梁圆弧支座段典型节点加工制作流程见表 2—8。

表 2—8 底部环梁矩形支座段典型节点加工制作流程

	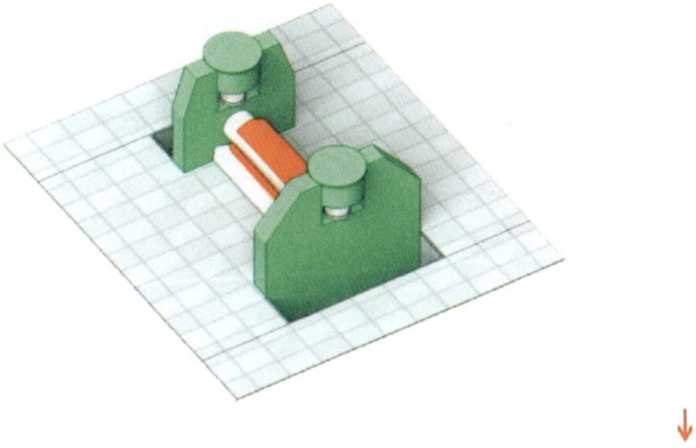
加工制作步骤 1:板材的切割下料	加工制作步骤 4:1/4 截面钢管加工
	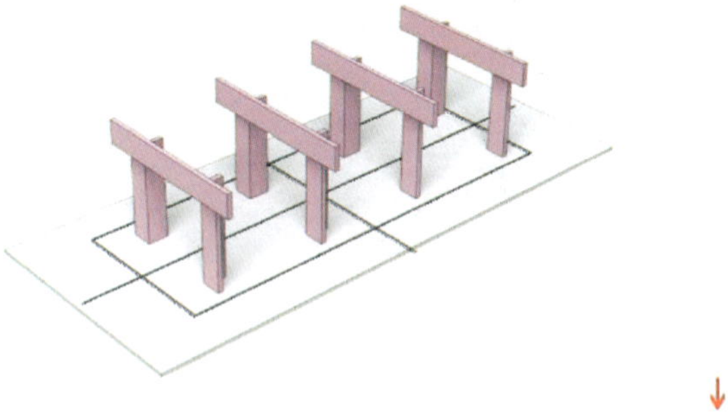
加工制作步骤 2:钢板压头预压	加工制作步骤 5:胎架组装与划线
	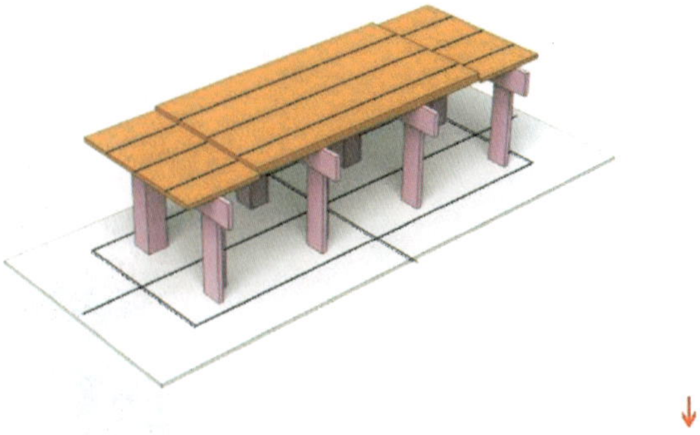
加工制作步骤 3:预弯后切割余量和坡口	加工制作步骤 6:底板的定位与组装

续上表

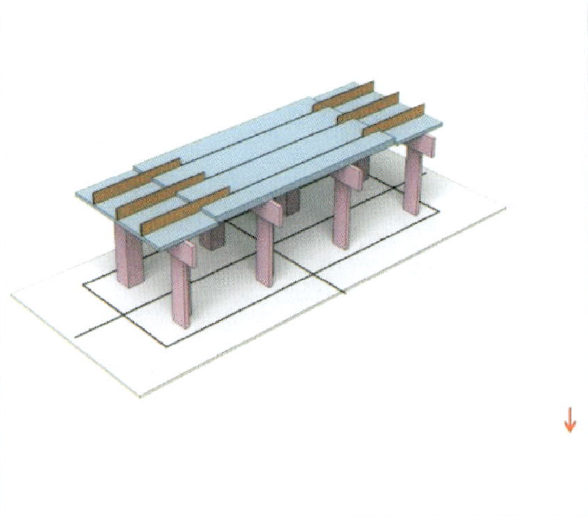	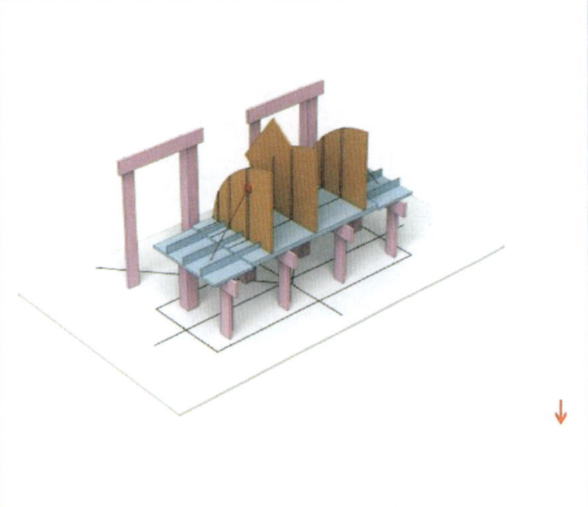
加工制作步骤 7:各板单元加劲肋板组装、焊接	加工制作步骤 10:纵向加劲肋板组装
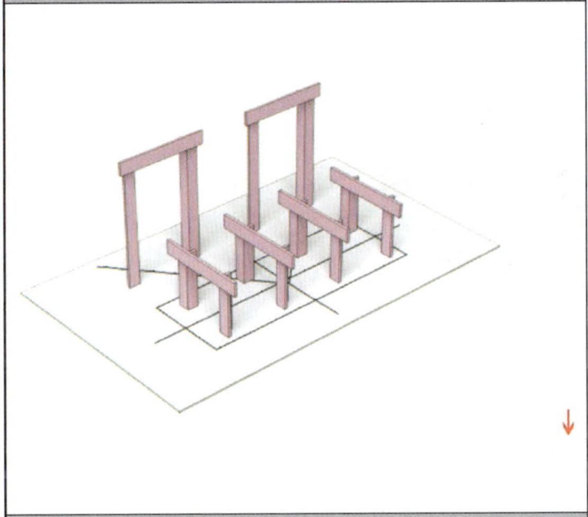	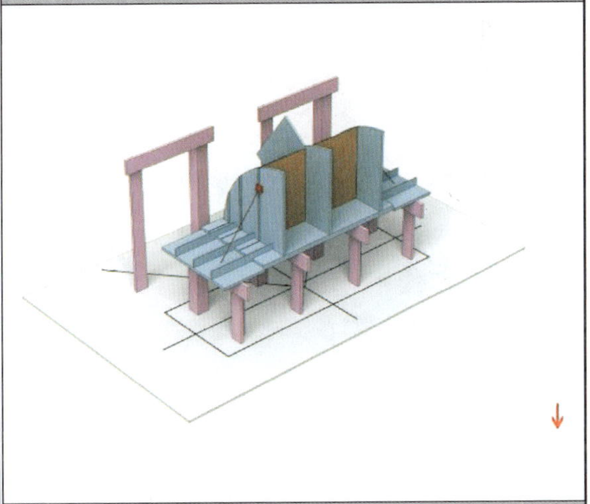
加工制作步骤 8:胎架重置、划线	加工制作步骤 11:纵向加劲肋板组装
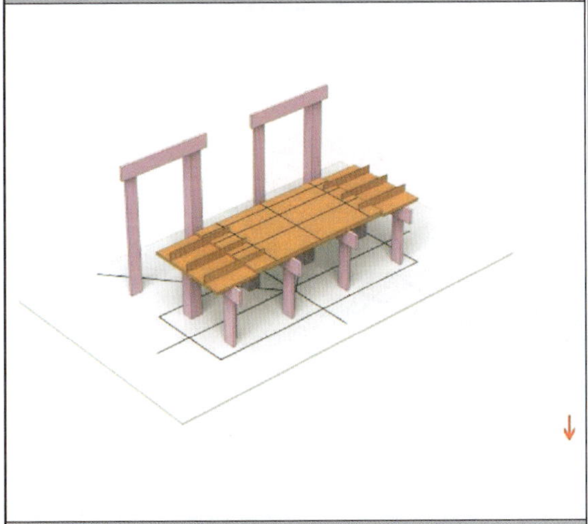	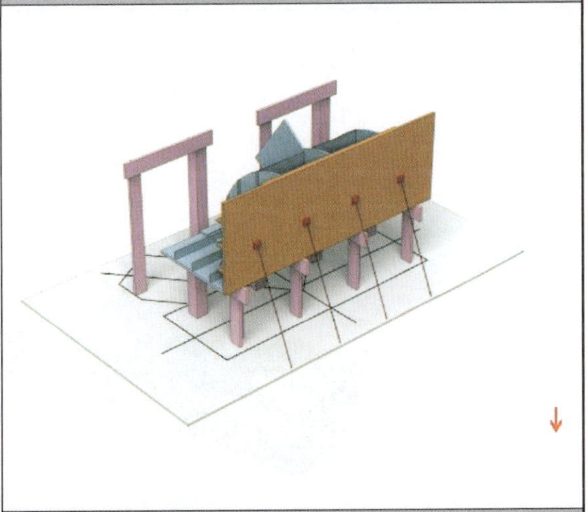
加工制作步骤 9:底板定位与组装	加工制作步骤 12:侧板的定位、组装

续上表

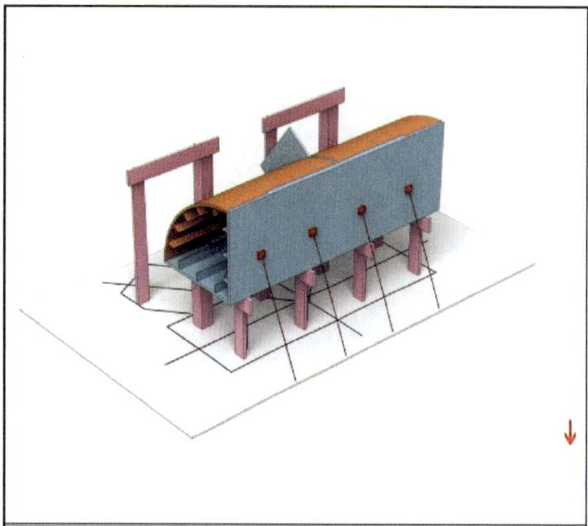	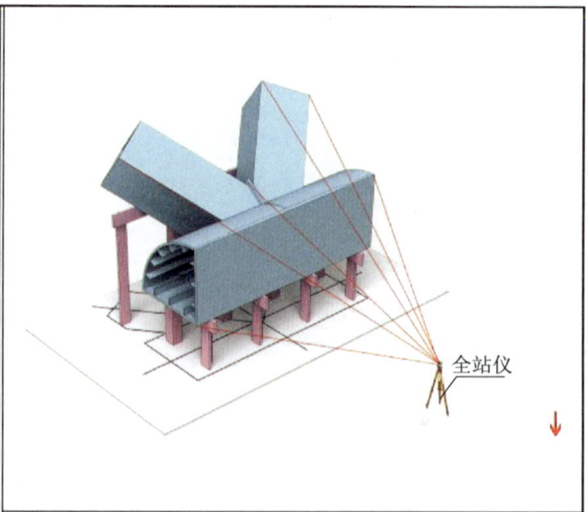
加工制作步骤 13:1/4 截面钢管定位组装	加工制作步骤 15:整体检测
	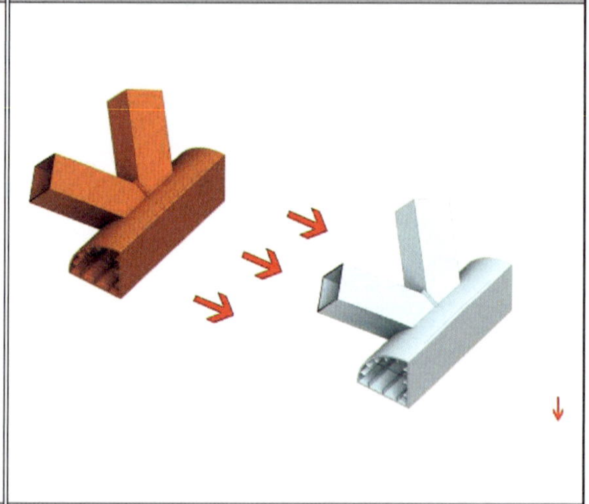
加工制作步骤 14:牛腿的定位、组装	加工制作步骤 16:冲砂、涂装

（5）底部环梁圆弧与平直段过渡典型节点见图 2—32。

图 2—32　圆弧支座段底环梁

（6）底部环梁圆弧与平直段过渡节点加工制作流程见表2—9。

表2—9　底部环梁圆弧与平直段过渡节点加工制作流程

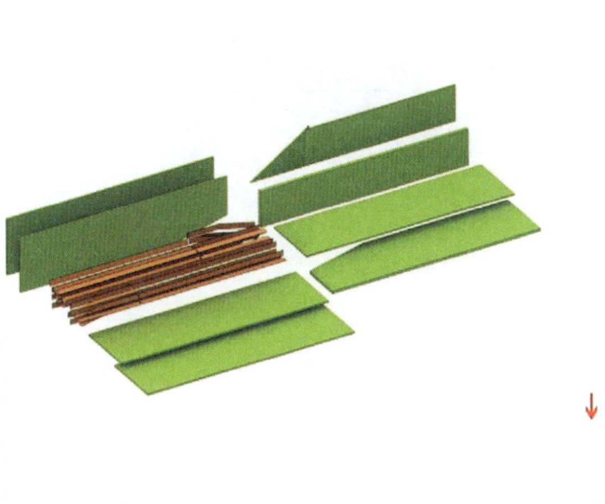	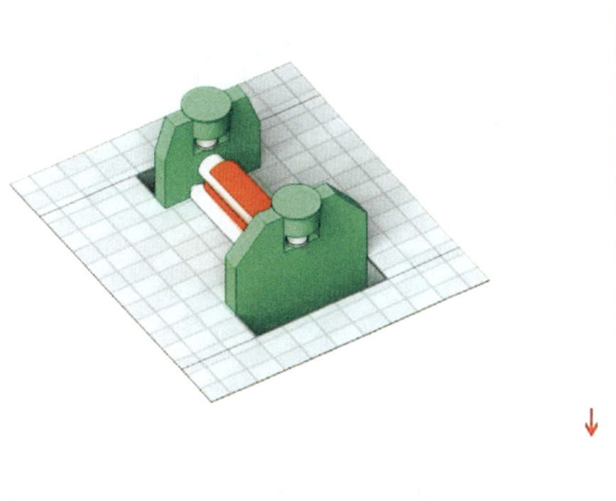
加工制作步骤1:板材的切割下料	加工制作步骤4:1/4截面钢管加工
	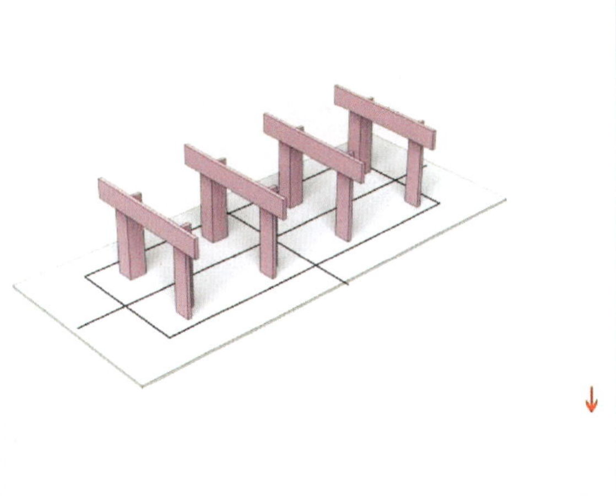
加工制作步骤2:钢板压头预压	加工制作步骤5:胎架组装与划线
	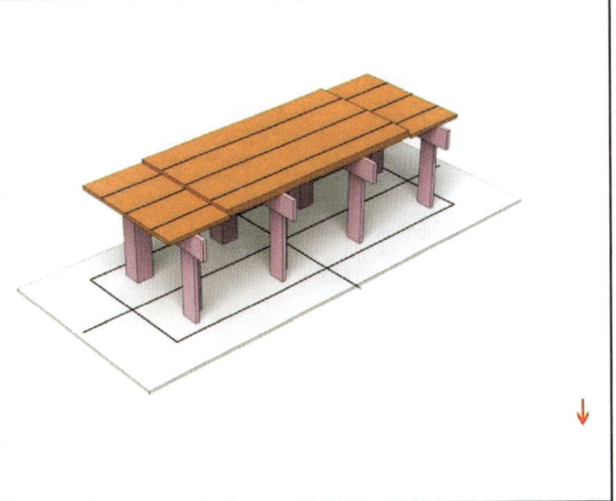
加工制作步骤3:预弯后切割余量和坡口	加工制作步骤6:底板的定位与组装

续上表

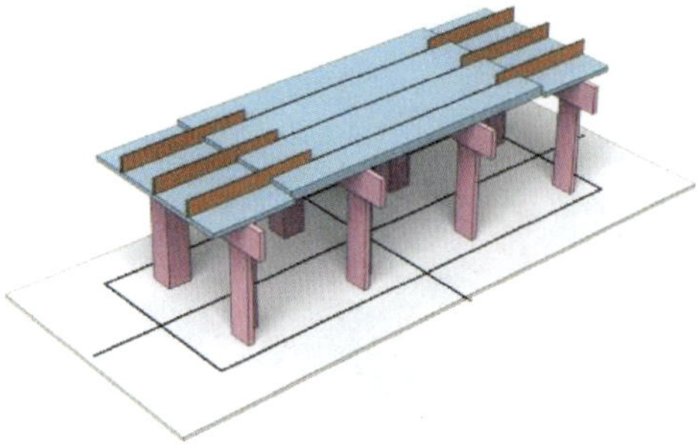	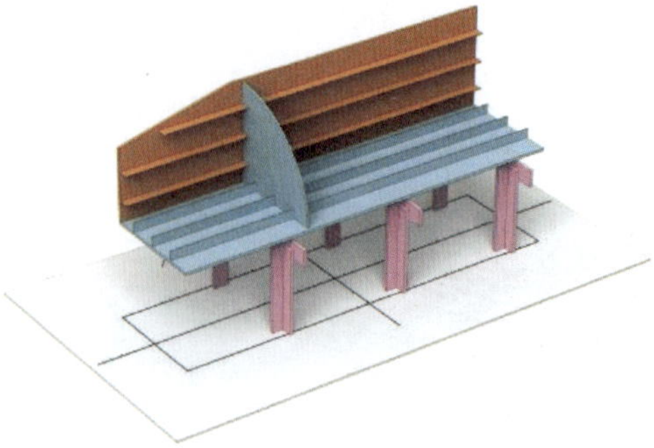
加工制作步骤 7:各板单元加劲肋板组装、焊接	加工制作步骤 10:侧板的定位、组装
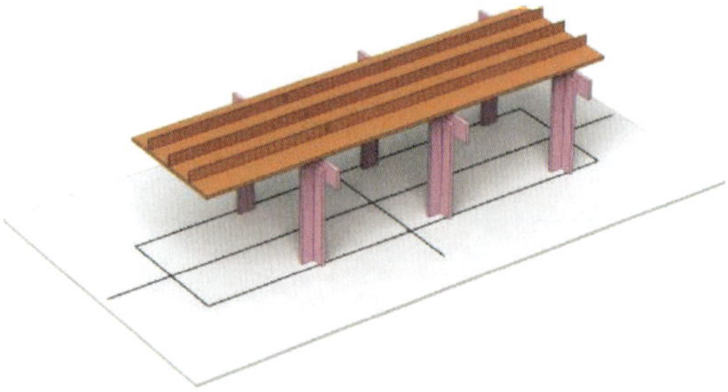	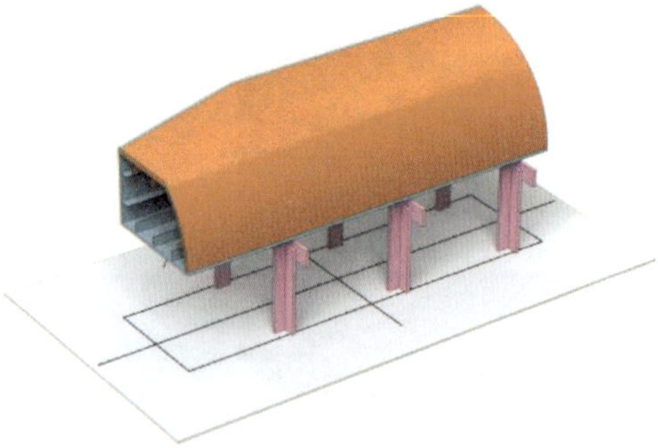
加工制作步骤 8:胎架重置、划线	加工制作步骤 11:1/4 截面钢管定位组装
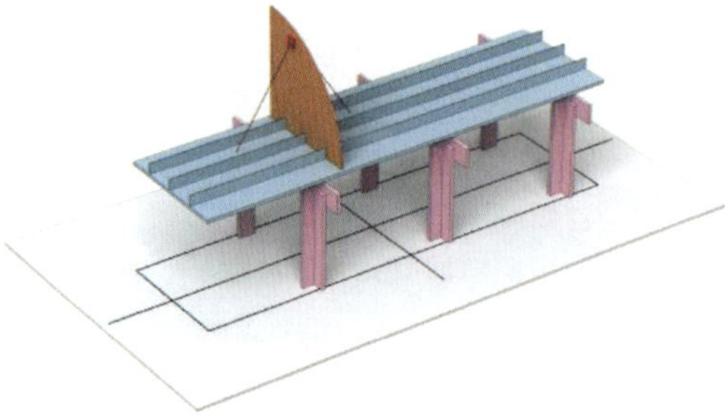	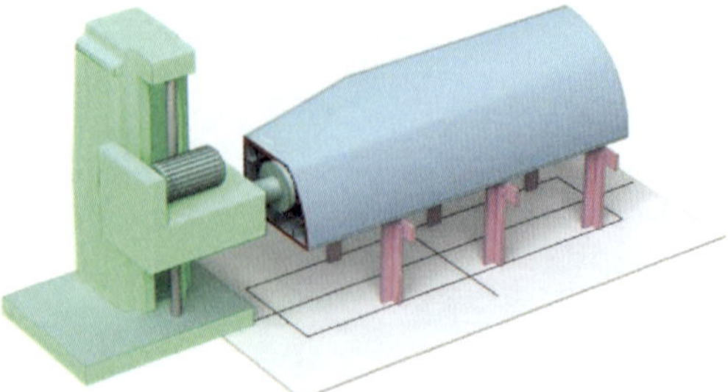
加工制作步骤 9:加劲肋板组装	加工制作步骤 12:构件两端端铣

续上表

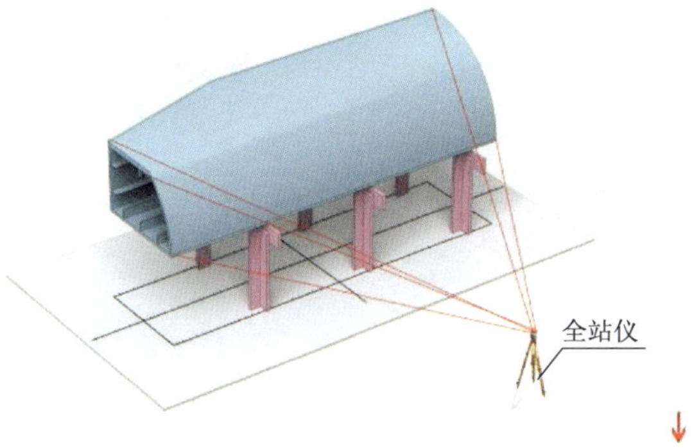	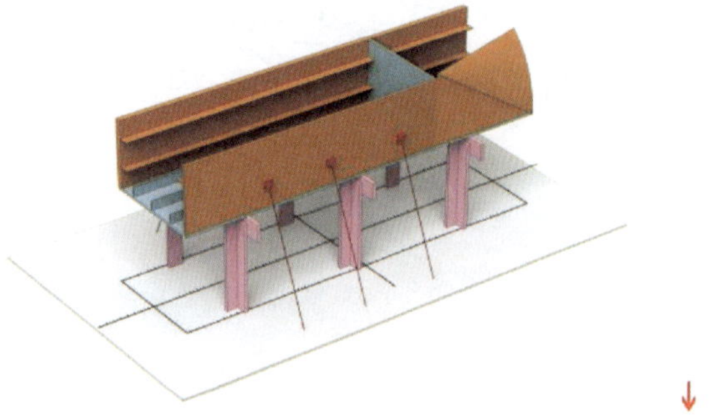
加工制作步骤 13：整体检测	加工制作步骤 16：U 形定位组装
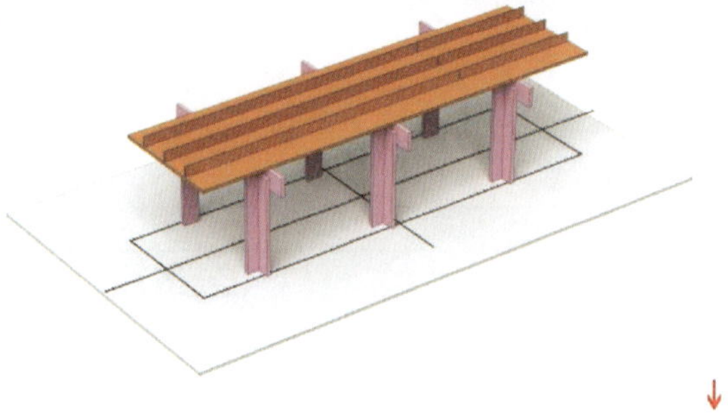	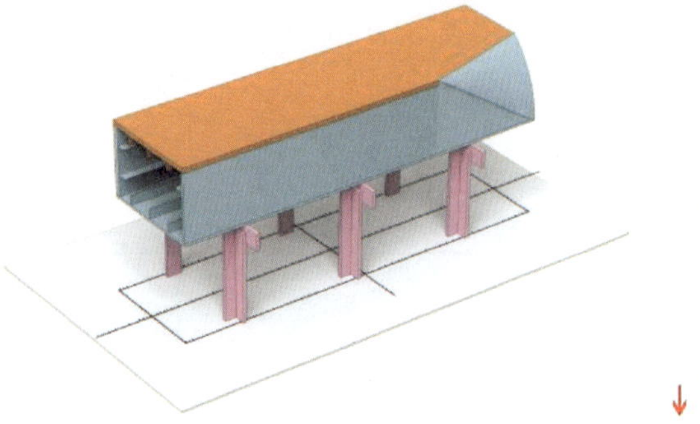
加工制作步骤 14：箱形底板的定位、组装	加工制作步骤 17：箱形封板组装、焊接
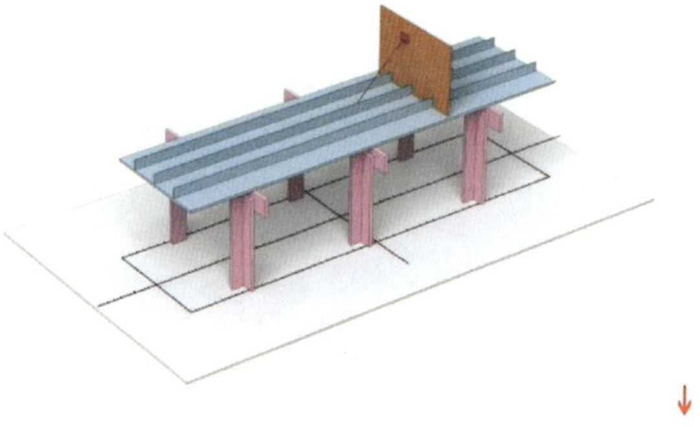	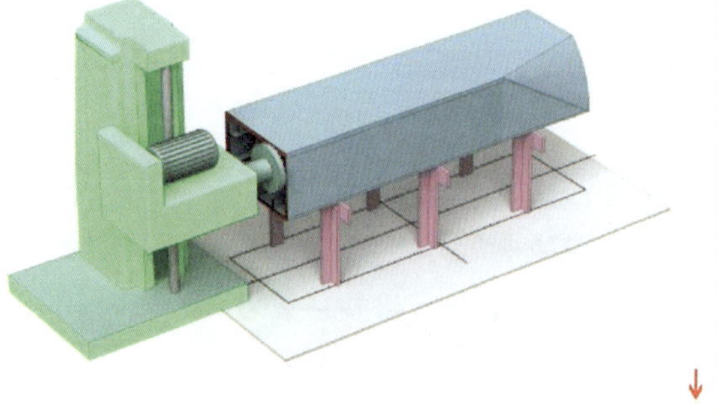
加工制作步骤 15：加劲肋板定位、组装	加工制作步骤 18：箱形两端端铣

续上表

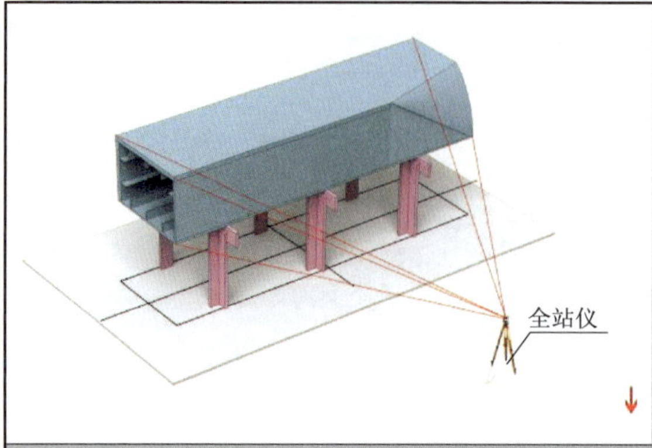

加工制作步骤 19:整体检测

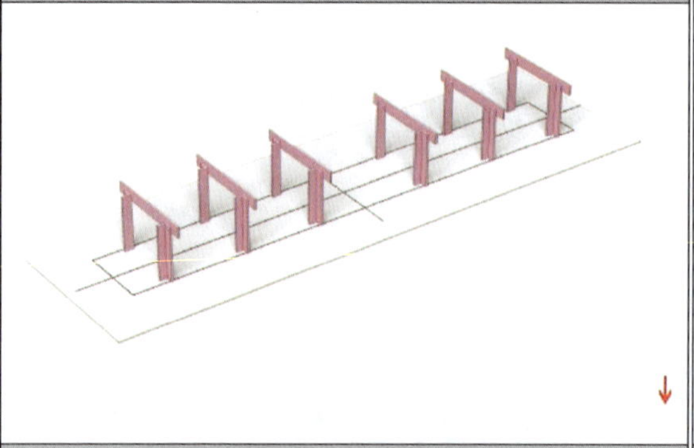

加工制作步骤 20:胎架重置

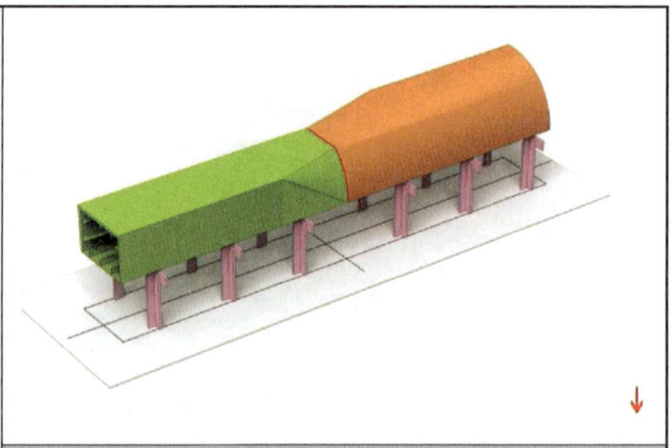

加工制作步骤 21:构件对接、焊接

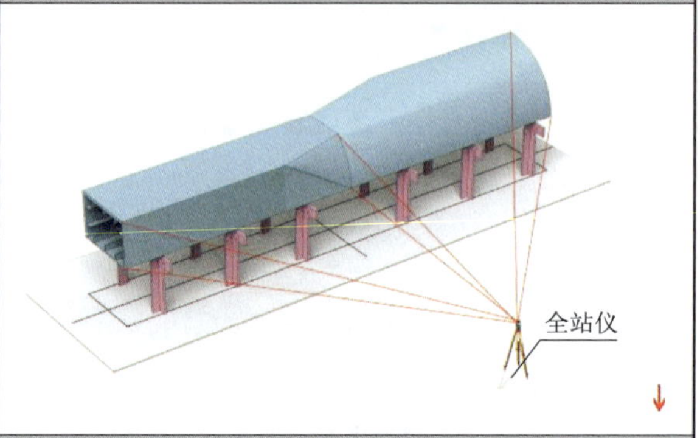

加工制作步骤 22:整体检测

2.4.2 散拼区构件设计加工

散拼区构件主要是箱形杆件的组装，主要包括面板和加劲肋的安装，具体加工制作工艺见图 2—33。

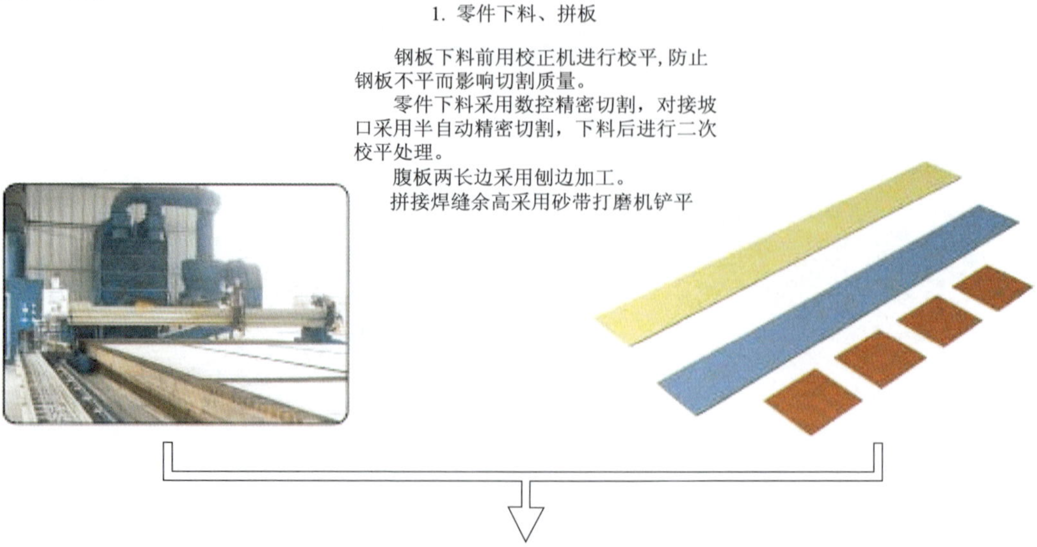

图 2—33

2. 横隔板组装

横隔板，工艺隔板组装前四周进行铣边加工，以作为箱形构件的内胎定位基准。

在箱形构件组装机上按T形盖板部件上的结构定位线组装横隔板

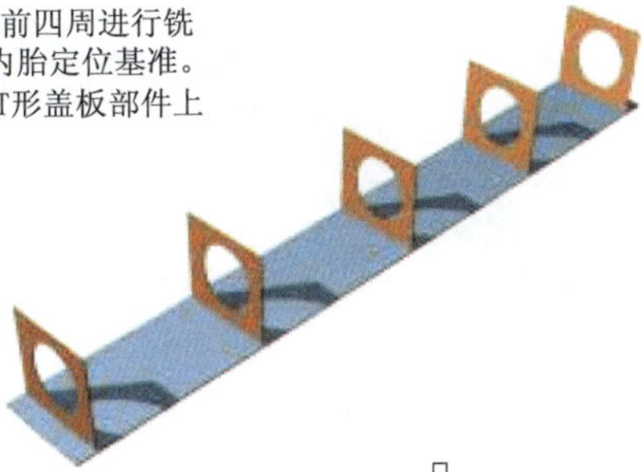

3. 腹板部件组装、横隔板焊接

组装两侧T形腹板部件，与横隔板，工艺隔板顶紧定位组装。

采用CO_2气体保护半自动焊焊接横隔板，三面焊缝

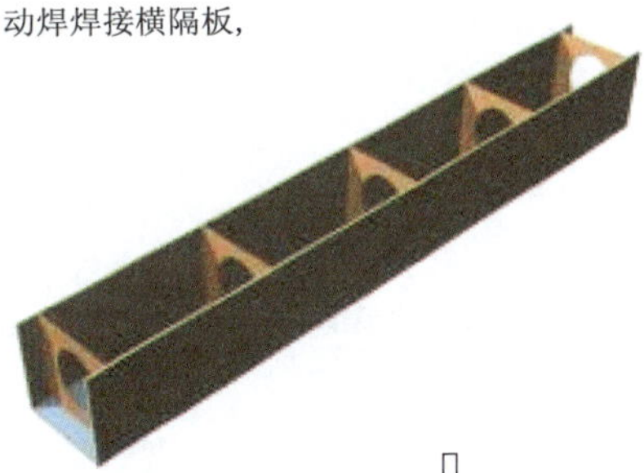

4. 上侧盖板部件组装

组装上侧盖板部件前，要经监理对其内部封闭的隐蔽工程检验认可，并对车间底漆损坏处进行修补涂装

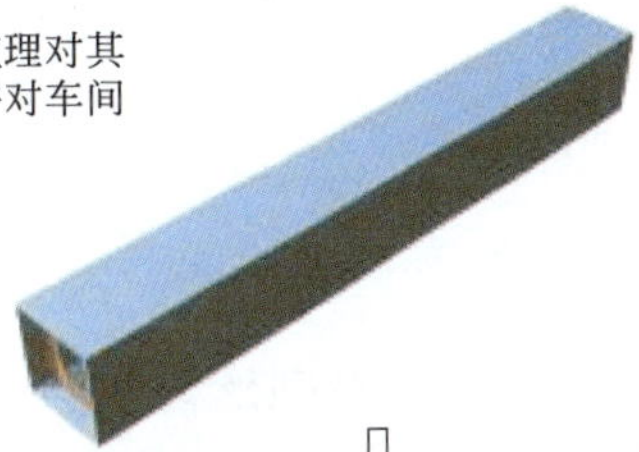

图 2—33

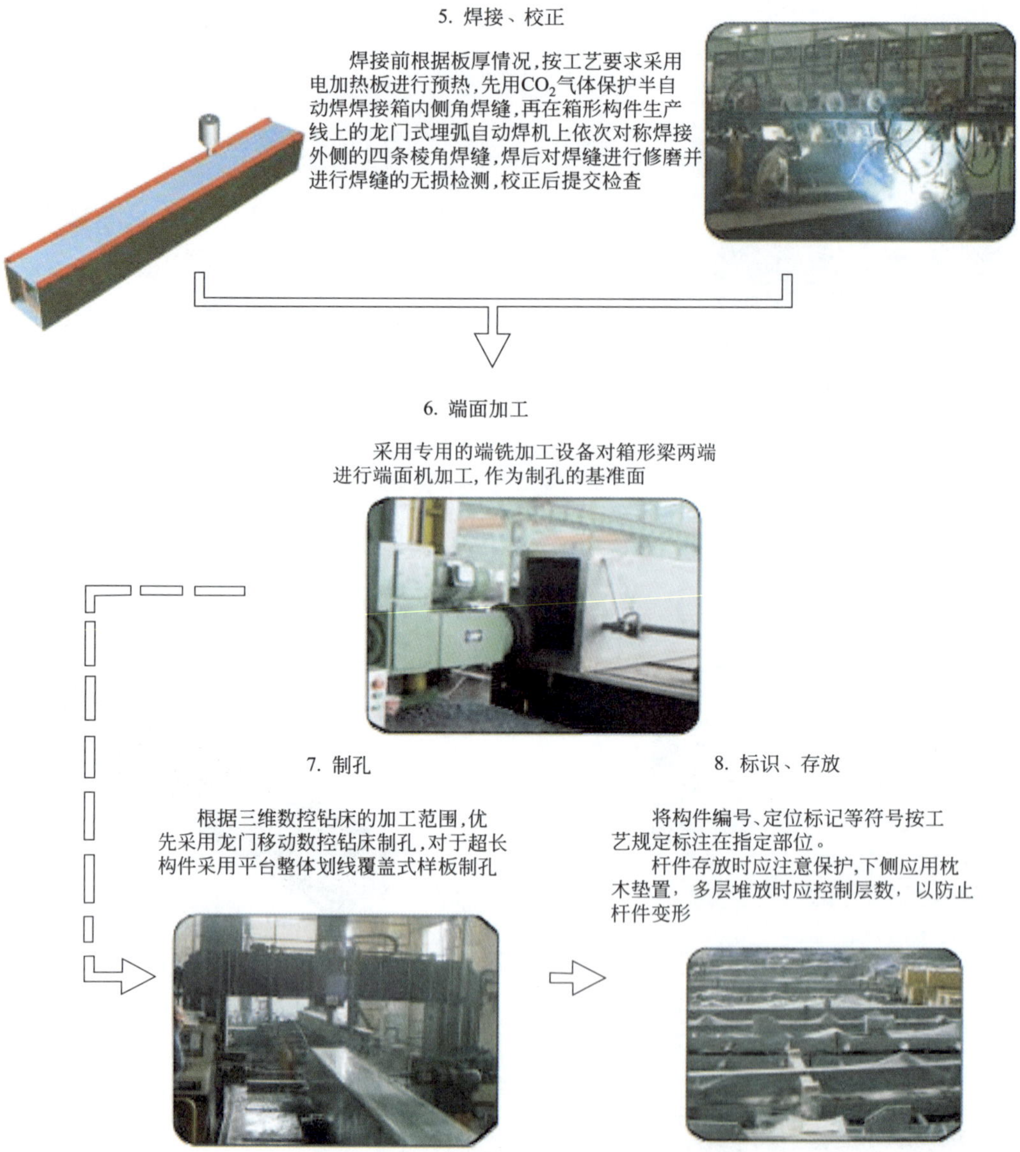

图 2—33 散拼区杆件加工流程图

2.4.3 提升区天窗构件加工

提升区天窗为椭圆形构造，主要由底部的箱形钢环梁和顶部的圆形钢环梁组合拼装而成，主要加工制作流程见图 2—34。

2.4.4 提升区预拼装

提升区约 900 t，2 500 m^2，因提升区单元分块面积小、节点多、对接焊缝多，为了更好地控制后期的拼装精度，首先在加工厂进行预拼装，共计分成 7 个区，见图 2—35 和图 2—36。

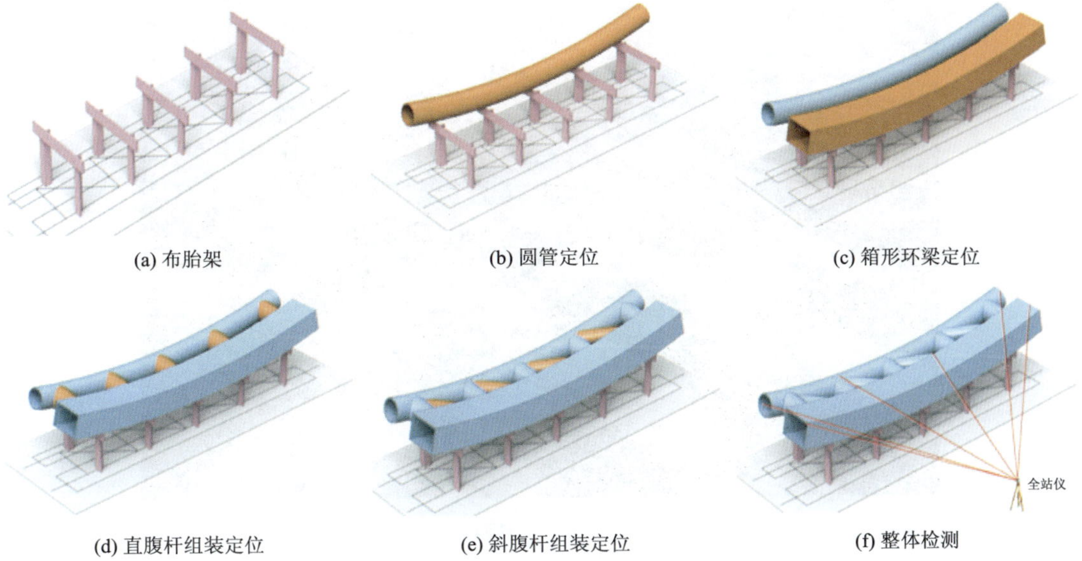

图 2—34　提升区天窗杆件加工流程图

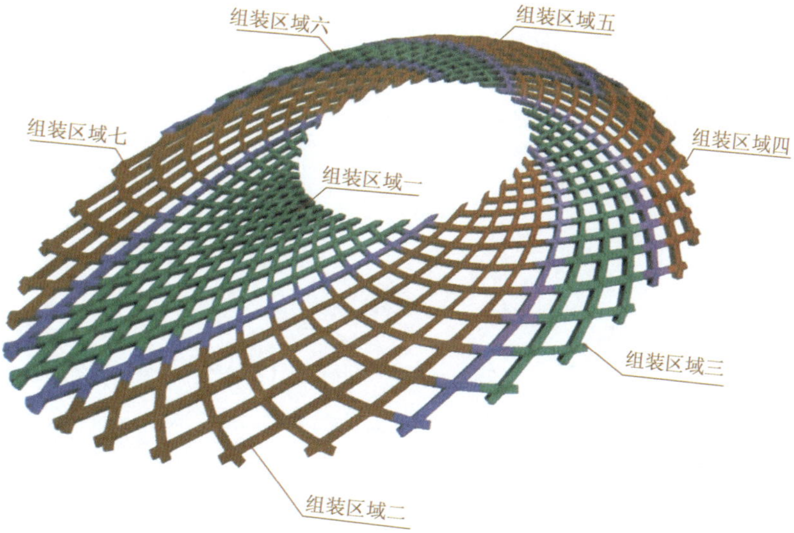

图 2—35　提升区分区示意图

图 2—36 提升区预拼装现场

3　穹顶钢结构施工技术研究

3.1　施工方案

3.1.1　施工组织设计优化

于家堡站房工程穹顶钢结构整体施工组织设计，初始设计方案采用“分段吊装、高处嵌补”的安装方案。此方案的特点为：临时支撑搭设高度高，且受力大，特别是屋盖分段安装时对临时支撑侧向推力较大，为保证临时支撑结构体系的整体稳定性，临时支撑按多道环状进行设置，并且环形支撑间采用钢管桁架进行连接，高处作业多、风险大、焊接质量难以保证、临时支撑材料投入多，见图3—1。

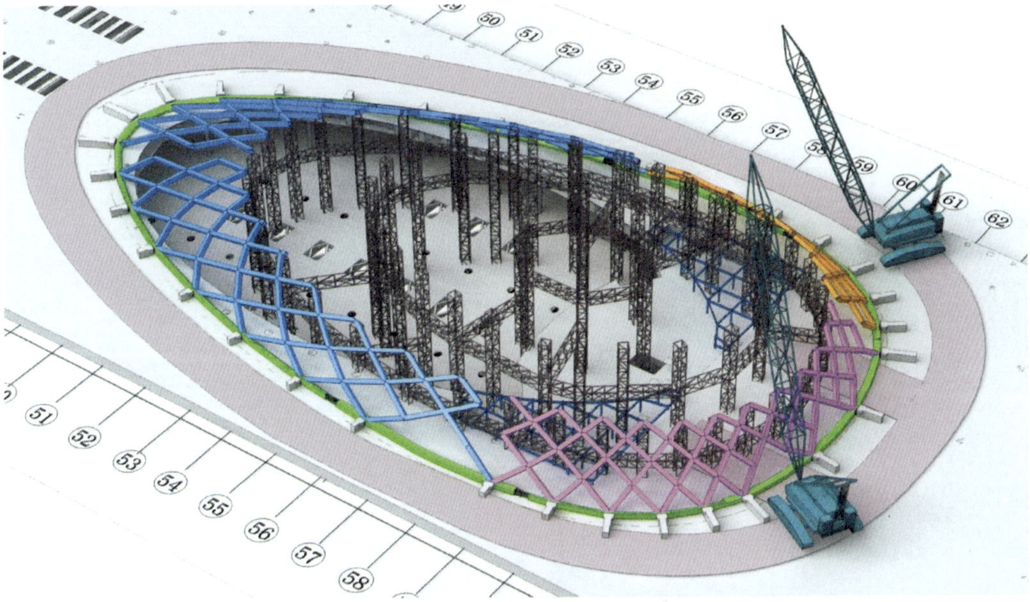

图3—1　“分段吊装、高处嵌补”安装方案

2012年11月～2013年2月，经过建设单位津滨公司组织专家和施工项目部内部组织集团、天津市建科委和铁路总公司专家的最终论证，于2013年2月22日通过论证，确定采用“周圈散拼，中部提升”的方案，见图3—2。

3.1.2　周圈散拼区安装技术

散拼区布置73榀临时支撑：分为内、中、外三圈竖立，其中，内圈、中圈的竖向支撑用水平联系支撑沿环向连接起来，形成两个环形支撑体系，增加临时支撑整体抵抗水平力的作用，见图3—3和图3—4。

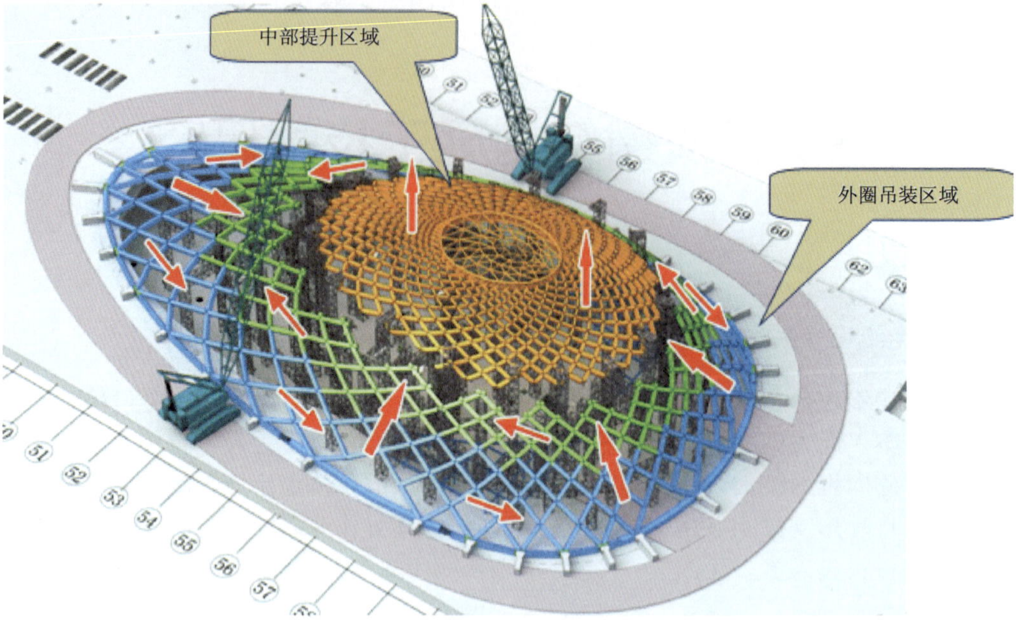

图 3—2 “周围散拼，中部提升”安装方案

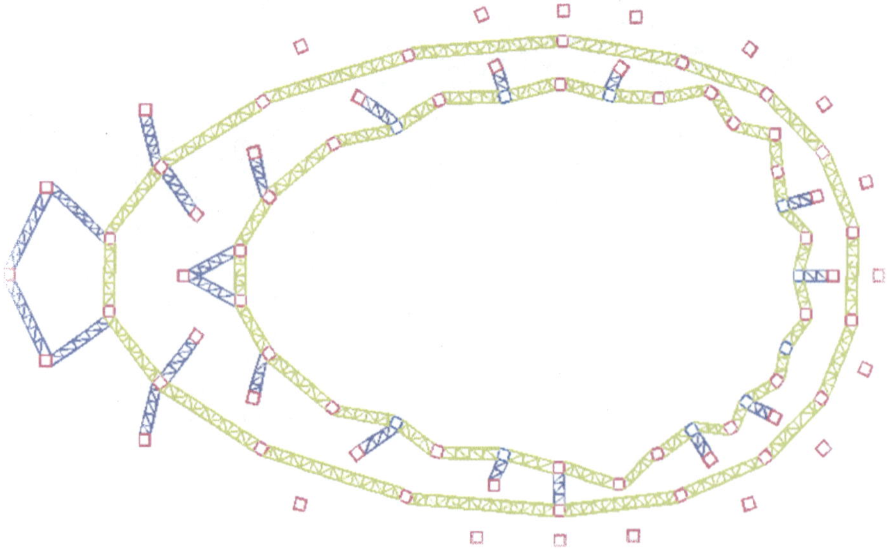

图 3—3 周圈散拼区临时支撑布置图

3.1.3 中部提升区提升技术

中部提升区采用整体提升，共设置 21 个提升点，其中边缘 17 个提升点分别设置 1 个提升塔架，每个塔架上设置 1 台 100 t 油缸（图 3—5）；网壳中间设置四个塔架，塔顶用水平联系支撑连接，中间塔架上设置 200 t 油缸。边缘一圈下吊点采用原有网壳节点板焊接耳板作为锚固结构（图 3—6）；中间下吊点采用圈梁设置牛腿作为锚固结构。中部提升区提升总重约 959 t。整体提升情况见图 3—7。

(a) 吊装示意图

(b) 吊装施作现场

图 3—4 外围散拼区域杆件吊装

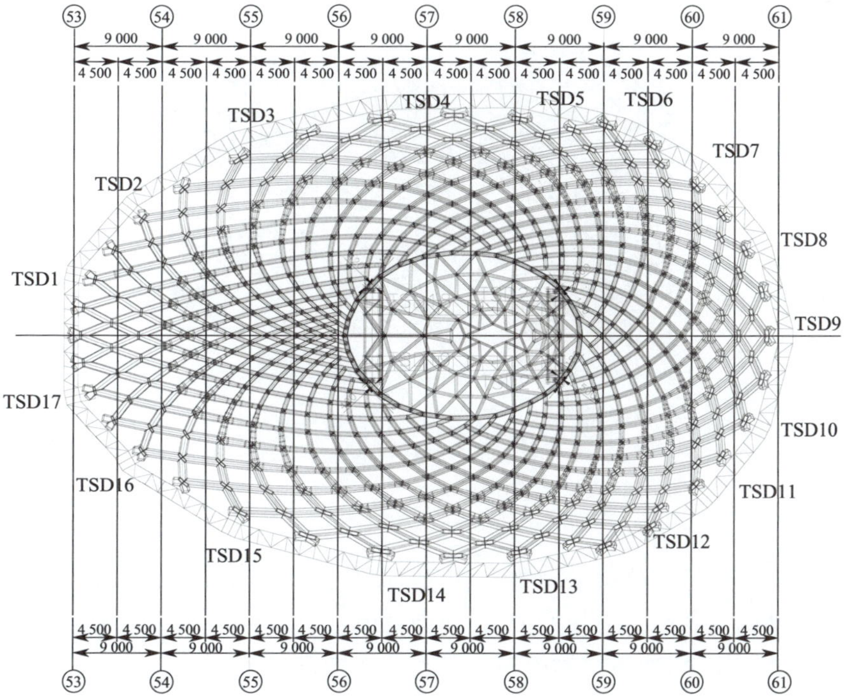

图 3—5 整体提升布置图

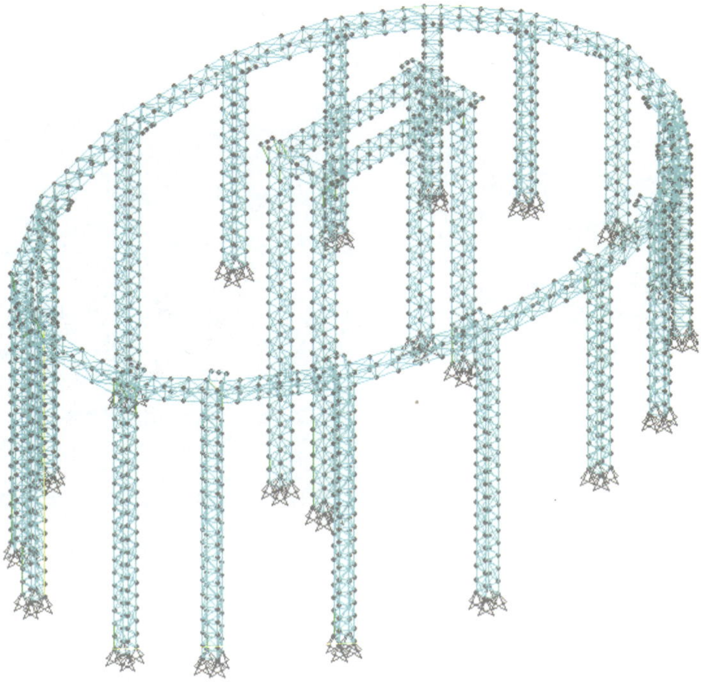

图 3—6 中部提升塔架布置图

图 3—7 中间提升区域整体提升

3.1.4 卸载技术

网壳钢结构在主结构部分施工吊装完成、达到验收标准后，即开始结构的卸载施工。结构卸载是将屋盖钢结构从支撑受力状态下，转换到自由受力状态的过程，即在保证现有钢结构临时支撑体系整体受力安全，主体结构由施工安装状态顺利过渡到设计状态。网壳钢结构卸载方案遵循的原则：卸载过程中结构构件的受力与变形协调、均衡、变化过程缓和、结构多次循环微量下降并便于现场施工操作，即“分区、分节、等量，均衡、缓慢”的原则来实现。根据结构特点通过“从内向外卸载”和“从外向内卸载”两种不同流程下结构的变形及应力计算，经过多次分析论证后，最终采用“从内向外”逐次卸载的方案。

为了进一步控制卸载过程中结构的变形，降低卸载风险，结合结构的特点和各构件在结构体系中的受力大小及其相互依赖的主次关系，将 94 个支撑点划分成 5 个卸载区，详见图 3—8 和表 3—1。

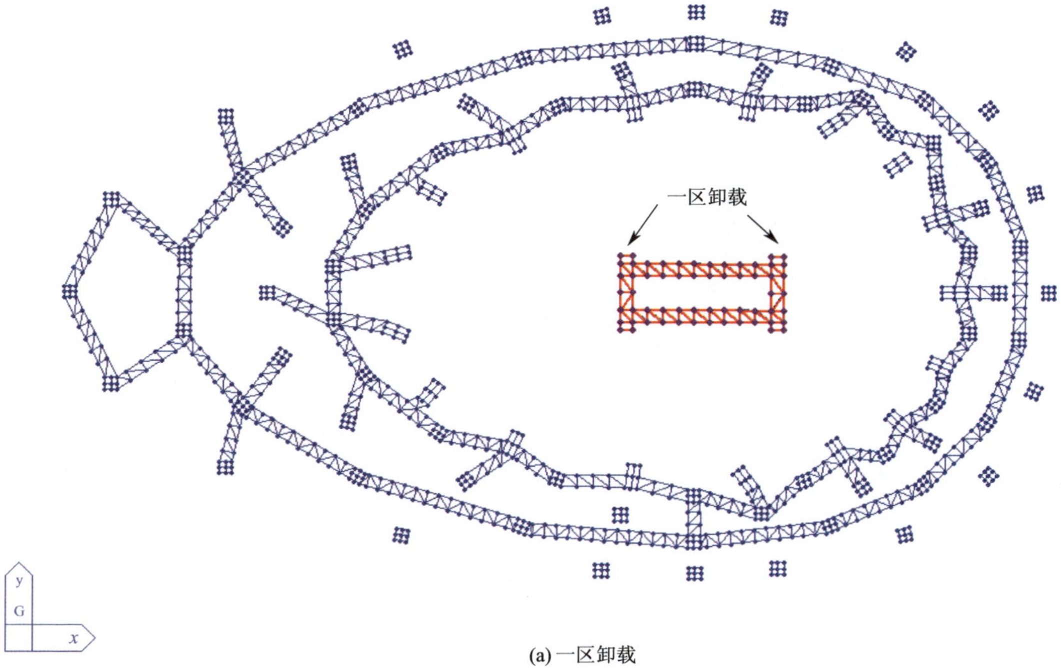

(a) 一区卸载

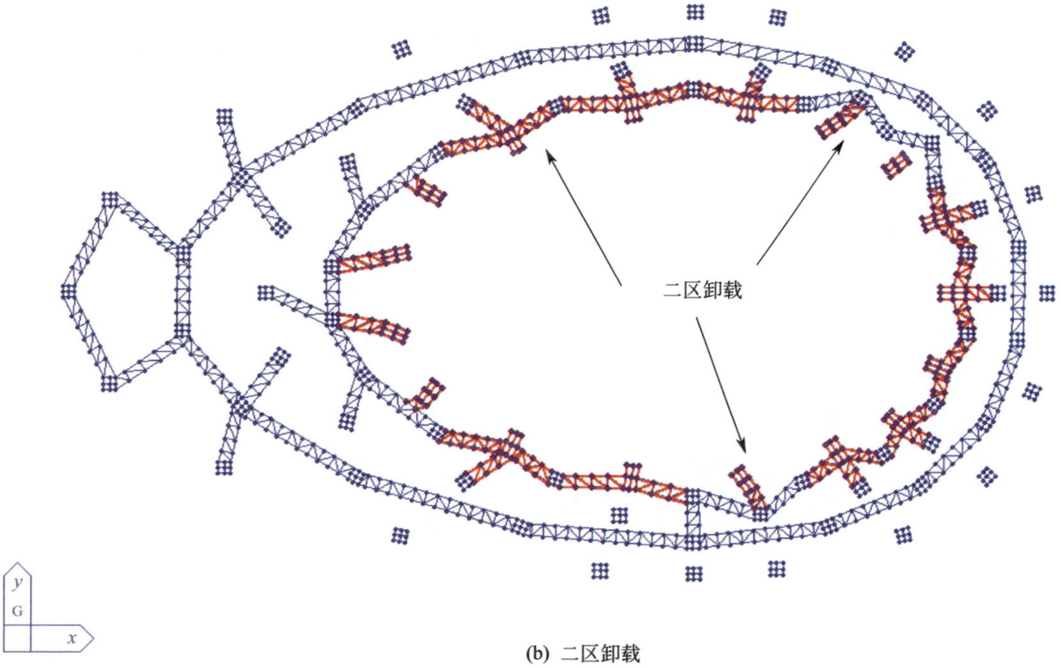

(b) 二区卸载

图　3—8

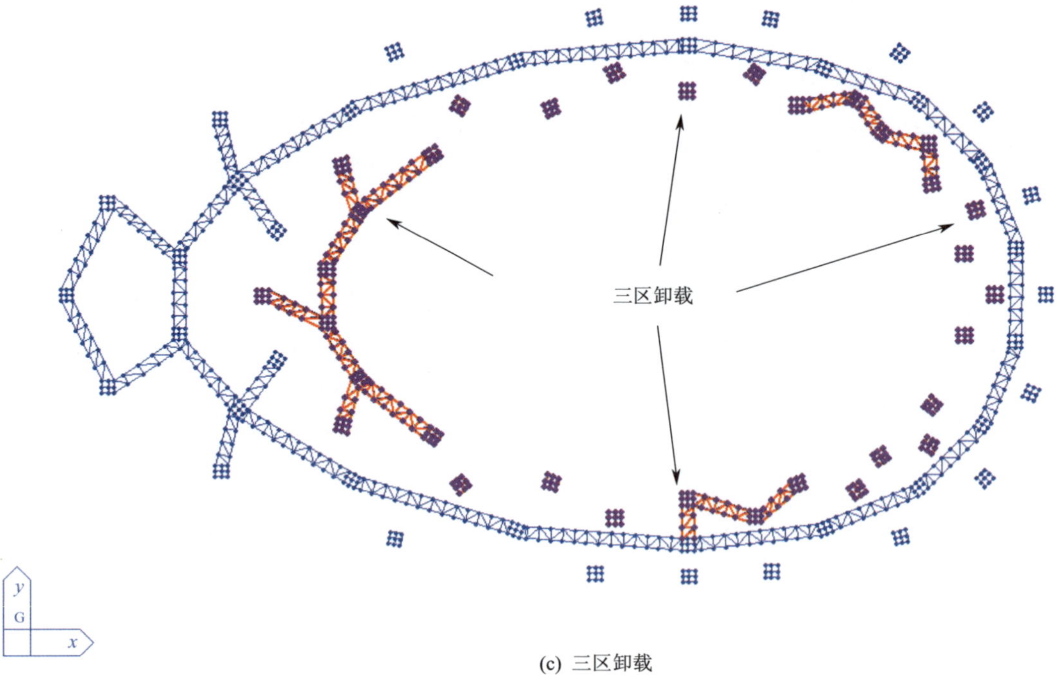

(c) 三区卸载

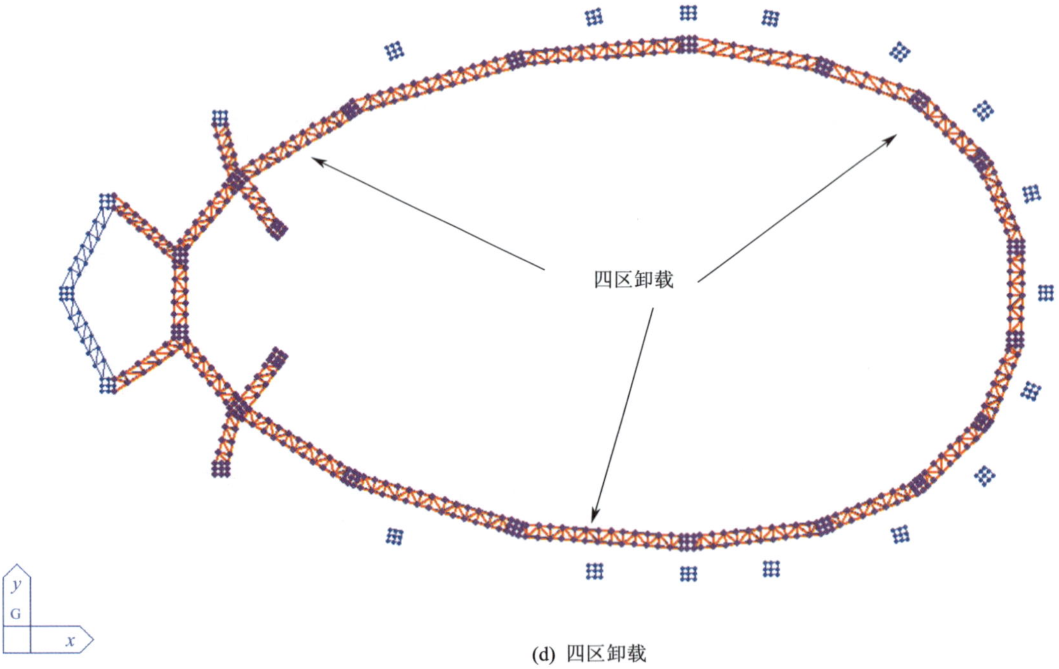

(d) 四区卸载

图 3—8

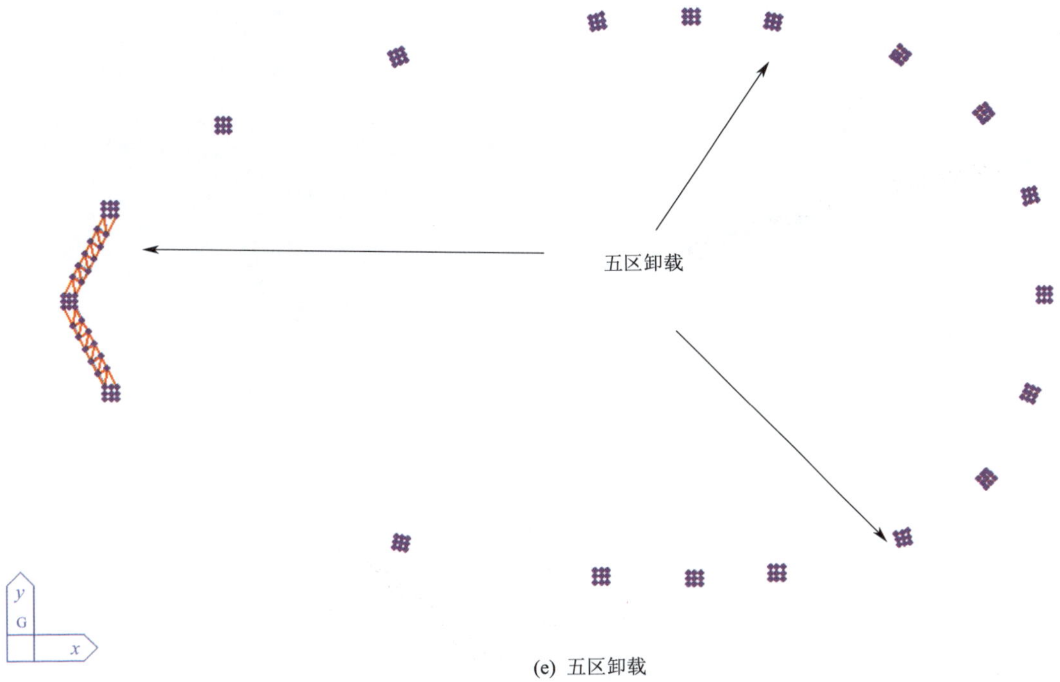

(e) 五区卸载

图 3—8　网壳钢结构分区卸载

表 3—1　各卸载分区支撑点数量及每个分区同步卸载次数

卸载分区	一区	二区	三区	四区	五区
支撑点	4 个	17 个	33 个	21 个	19 个
卸载阶段	1 次	3 次	4 次	3 次	3 次

3.2　实验研究

3.2.1　节点承载力试验研究

网壳钢结构选取以下 3 个节点进行试验。

(1)1 号节点(J1)为网壳内部节点，处于 1.0 恒+1.0 活工况下的应力最大区域内，为四杆件交汇的十字隔板焊接节点，由方钢管和隔板焊接形成，见图 3—9。节点 J1 加载情况见图 3—12。

(2)2 号节点(J2)为网壳顶环梁节点，为六杆件交汇相贯节点，主管为矩形钢管，支管为矩形钢管和圆钢管，主管与支管焊接处设有加劲肋。由于网壳主体结构与天窗次结构不在同一空间曲面内，天窗环梁与顶环梁之间以斜杆相连，故节点构造较复杂且承受较大扭矩作用，见图 3—10。

(3)3 号节点(J3)为网壳底环梁节点，为四杆件交汇的相贯节点，主管为类 1/4 圆钢管，支管为矩形钢管，主管与支管焊接处设有加劲肋。由于网壳结构跨度较大且较扁平，所选节点位于网壳长轴端点最扁平处，故节点构造较复杂且承受较大水平推力，见图 3—11。

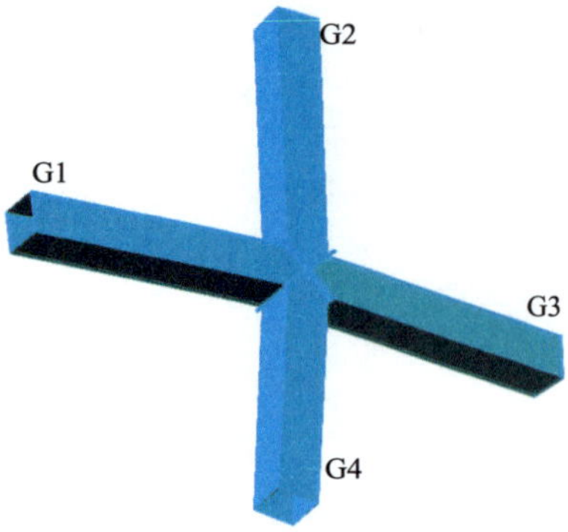

图 3—9　节点 J1

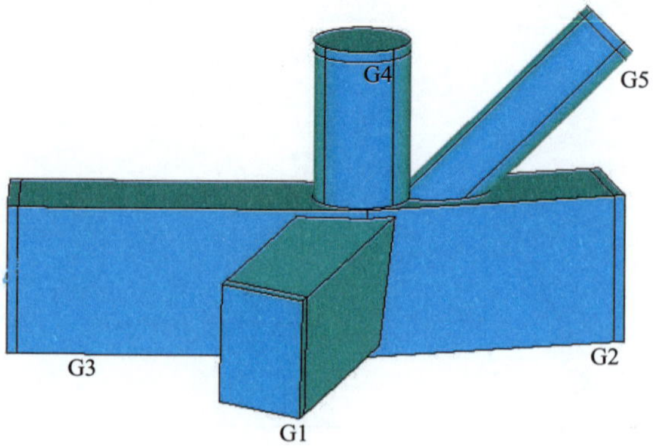

图 3—10　节点 J2

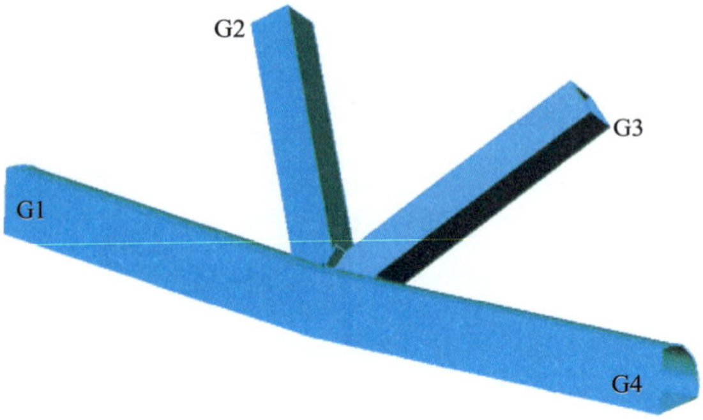

图 3—11　节点 J3

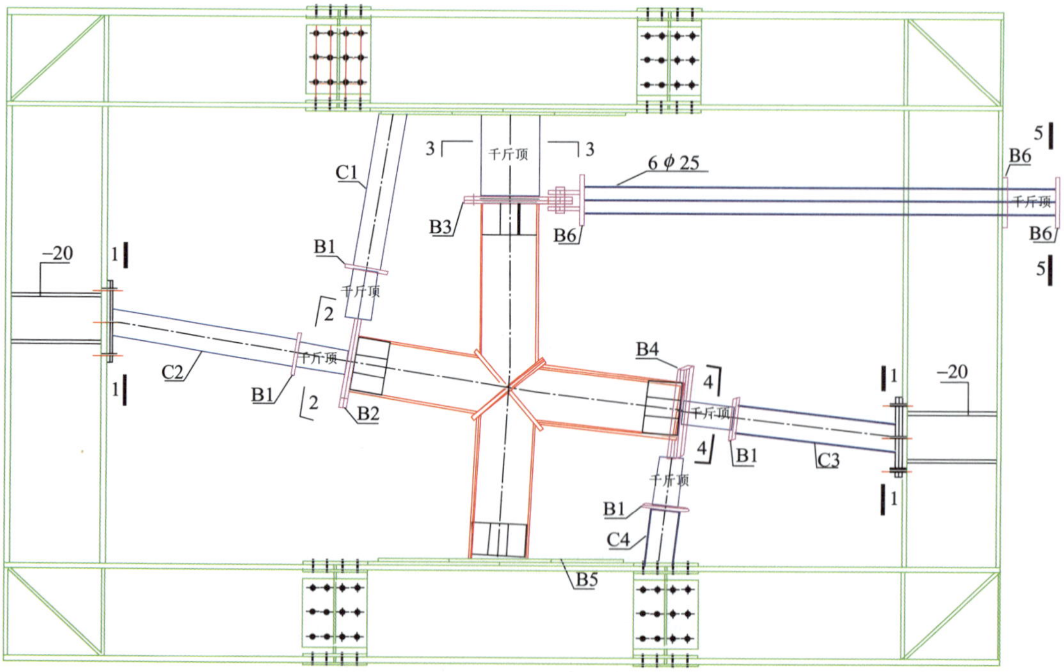

图 3—12　节点 J1 加载示意图

节点 J2 加载情况见图 3—13。固定 G2、G5 端，千斤顶加载 G1、G3、G4 端；双向偏心加载轴向力，产生 N、M_y、部分 M_z；偏心加载 y 向剪力，产生 V_y、部分 M_z。

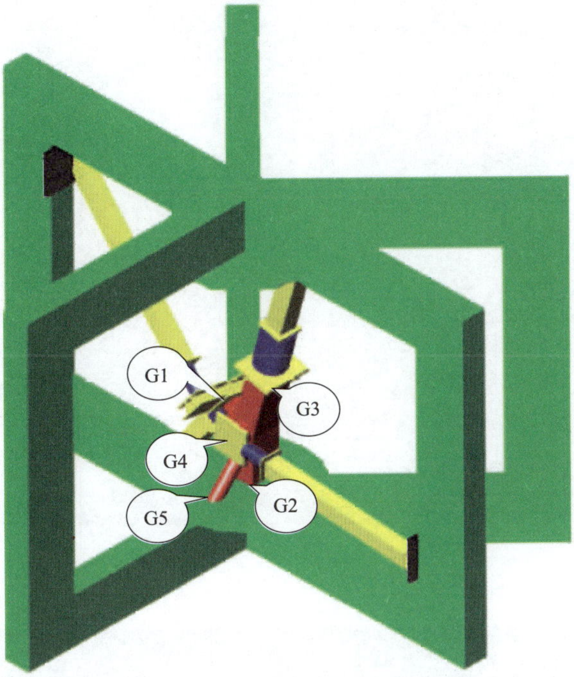

图 3—13　节点 J2 加载示意图

节点 J1 加载情况见图 3—14 和图 3—15，其数据采集仪器见图 3—16。

图 3—14　节点 J1 试验现场 1

使用 ANSYS 有限元分析软件，分别对典型杆件和各关键节点进行精细分析，分别模拟不同状态，分析过程逐步接近实际的试验状态，并与试验结果进行对比。通过对比分析有限元与试验结果，可以得出以下结论：

(1)对各箱形杆件所承受的荷载进行一定的简化、换算，最终使用 2 个偏心荷载达到压、弯、剪、扭等 6 个内力分量共同作用的效果，且对节点域应力影响较小。这种荷载的简化方案、

图 3—15 节点 J1 试验现场 2

图 3—16 节点 J1 试验数据采集仪器

换算方法是合理、可行的。

(2)与理想情况相比,实际试验不可避免地会存在各种各样的误差,其中千斤顶的安装误差、加载误差、附加影响等因素会对节点域应力产生较大影响,有限元分析与试验结果对比时有必要根据校核性测点对理论试验荷载进行适当修正。同时也说明试验时设置一定数量的校核性测点是相当有必要的。

(3)各项试验结果与修正后的有限元分析基本一致,这种有限元分析方法是合理、可行的。

(4)试验所选取的各关键节点构造合理,节点承载力满足设计要求且具有一定的安全储备,各连接焊缝强度满足要求。

(5)试验所选取的底环梁节点支座转动性能较好,满足于家堡单层网壳边界条件的设计要求。

3.2.2　双支座转动受力研究

于家堡站房工程共设计 36 个支座承担整个钢结构的竖向荷载和水平推力,其中 31 个双支座,5 个单支座,共计 67 个支座。设计竖向承载力分 6 级:即 4 000 kN、5 000 kN、7 000 kN、8 000 kN、12 500 kN、15 000 kN,双向活动,沿环梁切向位移±50 mm,沿环梁法向或竖向位移±20 mm,支座设计转角 0.03 rad。其中受力最大的为 R19 节点,水平推力为 15 000 kN,竖向压力为 4 000 kN。研究对象为 R19 号节点支座的缩尺模型,型号为 QZ-1000-SX 和 QZ-250-SX,数量为 2 台,按照 16 ∶ 1 比例进行缩尺,其试验工装(双点划线)、产品外形见图 3—17。

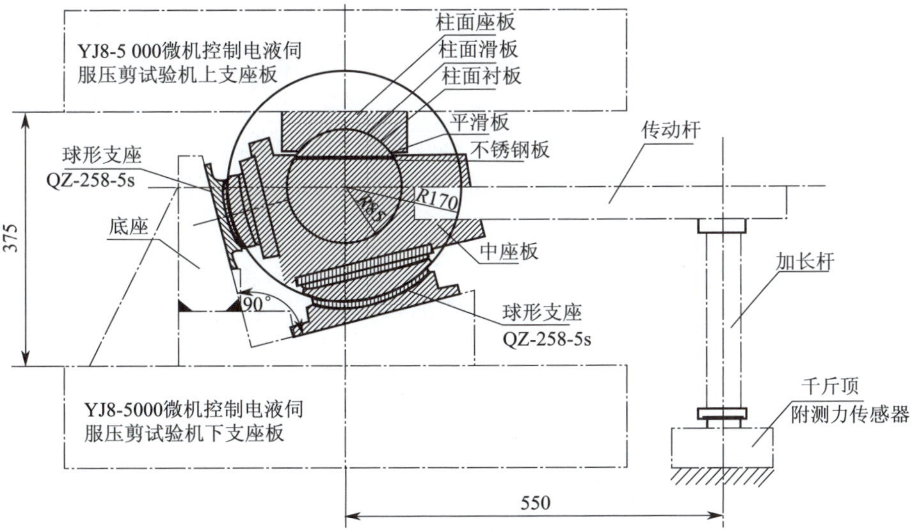

图 3—17　实验缩尺产品外形图(单位:mm)

通过对穹顶钢结构的双支座在正常加载测试和超载加载测试条件下的受力性能和转动性能的试验研究,双支座的受力性能和转动性能完全能够满足本穹顶钢结构后期的整体受力要求,以及后期穹顶钢结构受外界温度变化和其他额外荷载情况下的转动和变形,为后期类似工程积累相应的研究数据和经验参数,解决了国内首个单层网壳钢结构双支座支撑体系技术难题。

4 穹顶钢结构施工技术实施

4.1 底环梁支座安装

4.1.1 支座定位锚固注浆

支座定位锚固注浆施工流程为：清洗→支设模板→注浆→养护。

(1)清洗

①侧面预留孔先用高压气泵全部吹洗干净，在注浆支设模板之前，重新用高压气泵进行吹洗，并同时利用高压水枪冲洗，彻底保证侧面预留孔洞清吹干净，保证后期灌浆的锚固结合强度。

②底面支座预留孔同样用高压气泵吹洗干净。后期注浆支设模板之前，由于底环梁安装过程中部分雨水、灰尘落入吹净的预留孔内。根据现场实践经验，首先利用简易的手动吸水器吸出雨水，吸干净之后再用高压水枪对每一个孔进行清洗，之后再用手动吸水器吸干净内部冲洗水。

(2) 支设模板

用厚 18 mm 胶合板根据每个支座与主体混凝土之间的间距，分别下料。为了进一步保证模板的牢固，间距过大的用拉杆进行二次加固，部分模板与混凝土结构之间存在的缝隙采用泡沫胶填充料密封，确保注浆的实际效果。

(3)注浆

用高压注浆机针对不同的支座进行注浆，特别是底面支座采用从下至上注浆，见图 4—1。

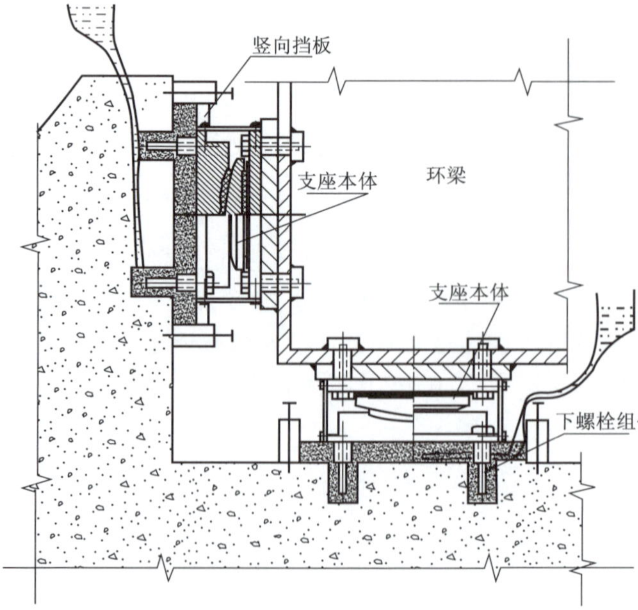

图 4—1 重力注浆示意图

为了确保注浆的密实度，侧面支座从牛腿后面的 4 个预留管注浆，先注下面两个，后注上面两个，直到浆面溢满整个模板高度为止。注浆料水灰比为 0.13，即每袋注浆料(25 kg)配3.25 kg 的水。

(4)养护

支座注浆完成后，采用防火岩棉进行保湿养护，派专人进行定时洒水，确保支座注浆料的保湿程度。

4.1.2　底环梁支座安装

(1)底环梁安装准备工作

在图 4—2 中，首先将支座钢垫板和套筒安装于环梁底，三者焊接一体。焊接于环梁底面或侧面的钢垫板平面角度公差必须在±0.003 rad 以内。环梁及钢垫板上的连接孔应采用数控设备加工，以保证支座的位置准确，焊接时对套筒内螺纹进行防护，防止飞溅的焊渣对螺纹的损坏。

(2)支座与环梁安装

环梁吊装前，通过支座梁底锚固螺栓将支座本体分别固定于梁底部和梁侧面，支座本体与钢垫板之间不得留有间隙，支座吊装方式见图 4—3。

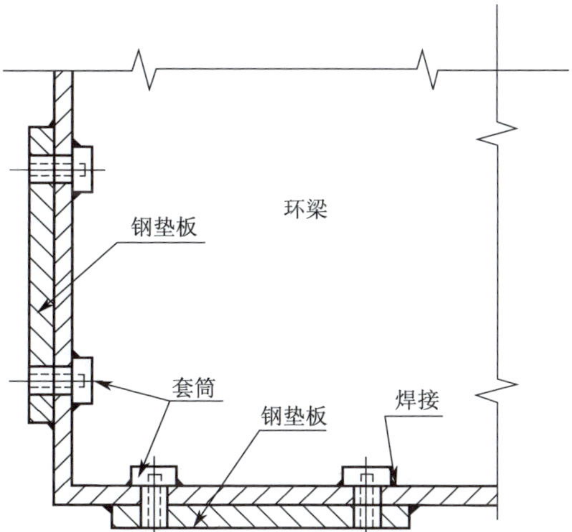

图 4—2　支座钢垫板及套筒的定位示意图

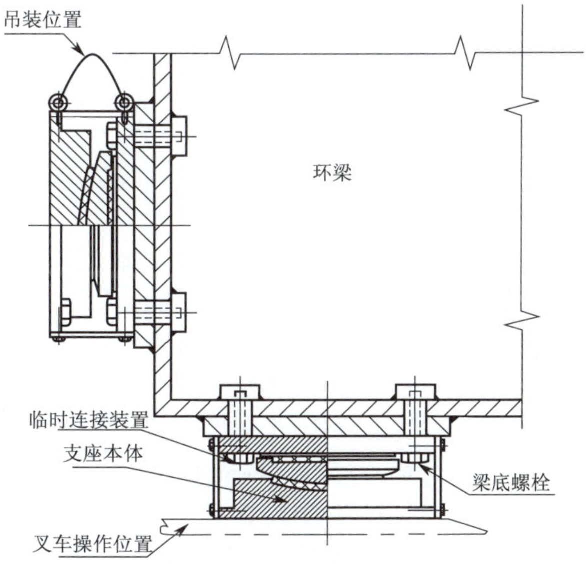

图 4—3　安装支座至梁部

(3)支座预安装

首先确认支座本体与梁底钢垫板的连接安全可靠以后，吊装环梁节点(带支座)，将梁缓缓落在临时支承千斤顶上，千斤顶的数量和摆放位置应根据实际情况而定，并确保整个环梁节点的稳定性。用千斤顶调整梁体相对高程至设计值，侧面支座的安装间隙亦可采用千斤顶调整，见图 4—4。支座定位准确无误后，将支座中心线位置在墩顶上做好标记，并测量支座底面与墩顶的间隙。

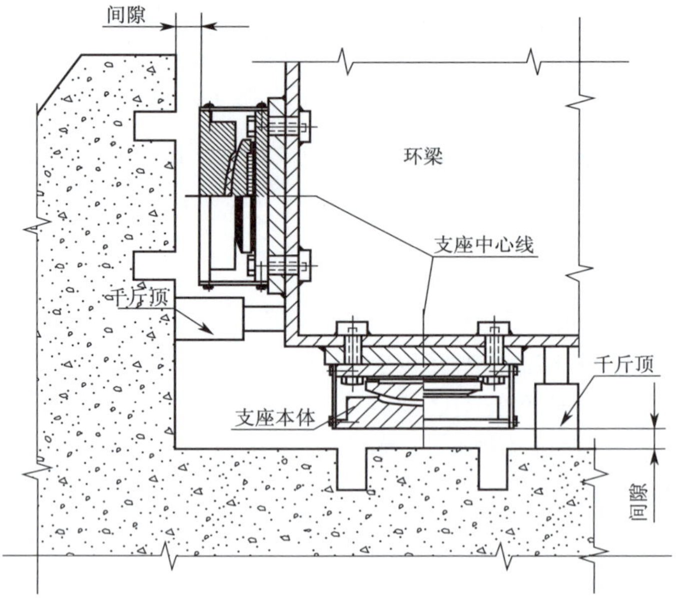

图 4—4 安装定位

(4)墩顶修整

将环梁节点吊装到安全位置，根据墩顶的支座中心线标记重新画出预留孔洞位置，检查孔洞尺寸是否满足安装要求，若有偏离，应由墩顶的施工方根据支座下锚固组件尺寸将孔洞凿大、凿深，保证钢套筒外壁与预留孔内壁有 20 mm 以上的间隙。当支座底面与墩顶的间隙小于 20 mm，还需将整个墩顶面凿掉，以保证灌注层的厚度。

(5)模板安装

凿毛支座安装部位的支承垫石表面，清除预留孔中的杂物，安装注浆用模板，见图 4—5，模板与垫石顶面应采取可靠措施，侧面支座还需增加竖向挡板，防止在重力注浆时发生漏浆。然后用水将支承垫石表面浸湿。

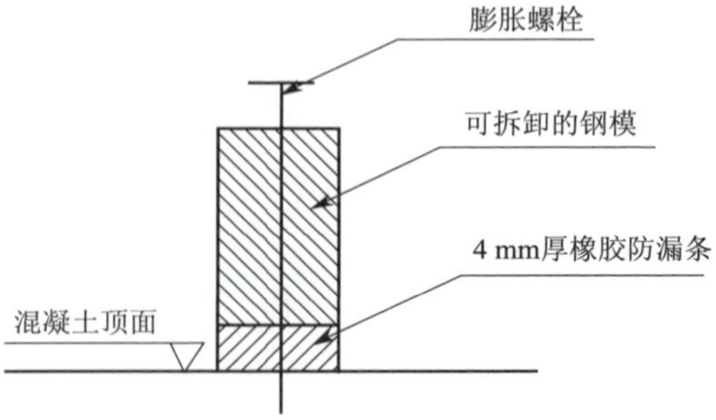

图 4—5 钢模大样图

(6)底环梁支座段正式安装

首先将侧面支座的下锚固套筒放入相应的预留孔洞中，见图 4—6。然后吊装环梁(带支座)，安装底面支座下锚固组件。按照步骤(4)再次进行支座定位，定位完成后将侧面支座下锚固螺栓组件安装好。再用全站仪配合千斤顶、码板将环梁段安装好并点焊固定。

(7)底环梁平直段安装

待无收缩高强度注浆材料强度达到 20 MPa 后，即可开始支座间平直段钢梁安装工作。

4.1.3 底环梁定位测量

底环梁支座段吊装到位后，先进行粗调，再由测量员用全站仪配合装配工对底环梁支座段进行精确调整；底环梁支座段测量中，选择图 4—7 中的 6 个点为测量控制点，进行全站仪三维定位测量。

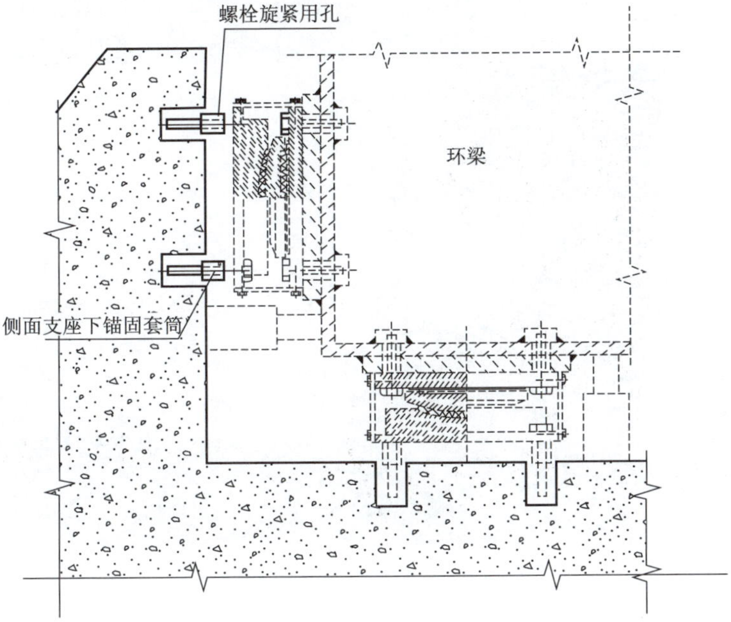

图 4—6 侧面支座下锚固套筒放入

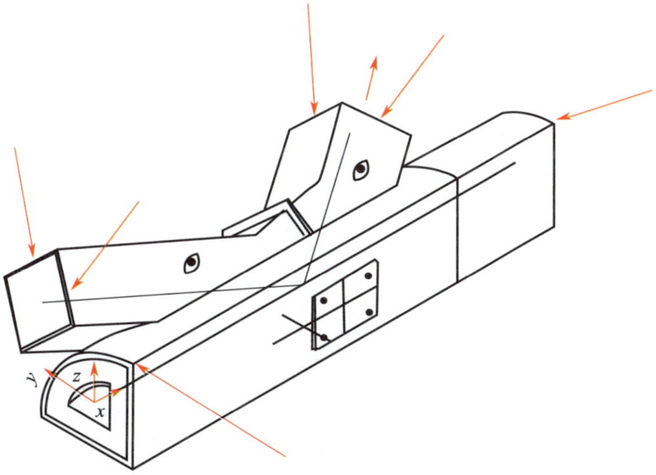

图 4—7 底环梁测量定位控制点

4.1.4 底环梁焊接

(1)环梁段底部焊缝焊接

因环梁底距顶板面距离 150 mm 左右，为保证底焊缝的焊接质量，特采取在环梁分段的平直段钢梁上开侧封板(图 4—8)，来进行俯焊底焊缝，焊接控制要点见表 4—1。

图 4—8 底环梁平直段开侧封板

表 4—1 焊接质量控制的要点

焊接质量控制	焊接工艺控制项	由焊接工艺评定确定焊接方法。优先选用 CO_2 自动和半自动焊的焊接方法，尽量采用单面焊双面成形工艺。选用焊缝金属少，变形量小的坡口形式，规定焊接顺序、焊接方向，综合控制焊接变形
	焊接设备控制项	保证电焊机、CO_2 流量计、烘干箱等设备的计量指示准确，保温筒保温良好。焊接电源前配备 SBW-225 稳压器，保证电源输入电压稳定
	焊接材料控制项	焊接材料必须见进厂复验合格单方可使用，焊条、焊剂必须按规定烘干后使用，严禁使用药皮脱落焊条、生锈焊丝和受潮结块焊剂。手工焊接时，必须随身携带保温筒，且不得敞口使用。CO_2 气瓶倒置存放，使用前放水，保证气体纯度 99.5% 以上
	焊接人员控制项	焊工必须持证上岗，从事其证书规定范围的焊接操作。焊工被发现焊接质量不稳定时，立即下岗培训，合格后再重新上岗，焊工不得疲劳作业
	焊接过程控制项	焊接前将待焊焊缝 50 mm 范围进行打磨，不得带锈焊接。埋弧焊在引板上的起熄弧长度大于 80 mm，焊后切掉引板，不得用锤击落，有预热要求的焊缝，预热范围为焊缝两侧 50 ～ 100 mm，温度由工艺评定确定
	施焊环境控制项	要求焊接作业的环境温度在 5 ℃ 以上，其相对湿度不大于 80%。箱外焊接必须在防风雨设施内进行
	焊接检查控制项	外观检查严格按焊缝外观检查质量标准执行； 内部无损检验严格按焊缝内部质量无损检验标准执行，检验前必须校正检验仪器的灵敏度，保证仪器正常使用

(2)底环梁焊接分区及合龙

为减少焊接应力和变形，在嵌补段环梁安装完毕后，现场对整个环梁按结构合龙缝的方式分四个焊接区域焊接。每个区域的焊接采取由中间向两边顺序，四个焊接区域最终合龙与结构合龙时间一致。底环梁合龙缝位置见图 4—9。

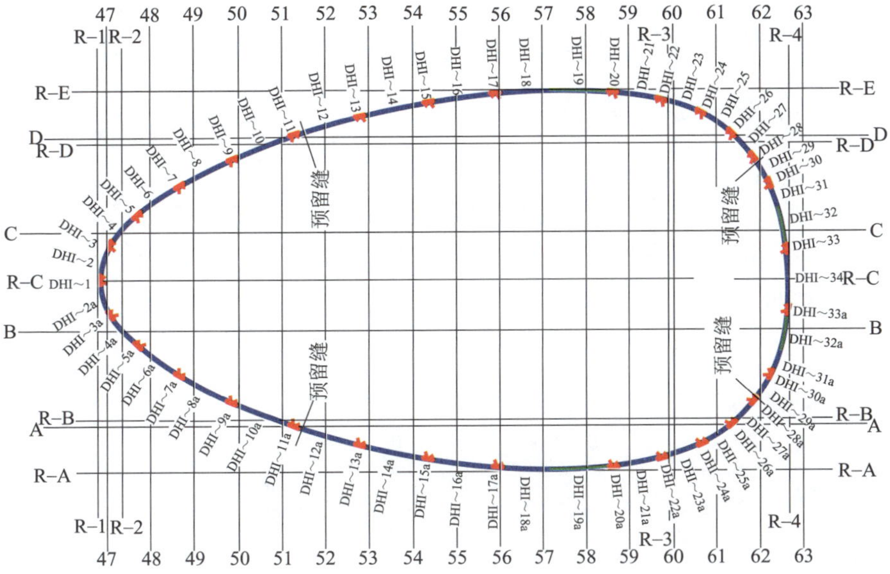

图 4—9 底环梁合龙缝示意图

4.1.5 底环梁保温技术

因为底环梁施工期间处于室外环境，为了保护底环梁冬期不受外界环境的影响，防止底环梁和支座受力过大，特采取以下保温方案对底环梁进行保温(图 4—10)。

图 4—10 底环梁保温

采用电伴热电缆安装 500 mm 间距围绕底环梁螺旋缠绕，用胶带进行固定，在支座牛腿处沿底环梁上表面以上 1 m 范围同时保温，然后采用 A 级阻燃的岩棉被覆盖一层，采用 8 号铅丝进行固定。通电后，安排技术人员在早、中、晚三次对底环梁温度进行量测，保证环境温度在 (5±5)℃范围。根据试验段在 5～10 ℃，即可满足底环梁温差的需要。

4.2 散拼区安装

4.2.1 散拼区临时支撑胎架安装

(1)临时支撑分布

根据整体安装方案需要，选择竖立格构式临时支撑，并用水平连系环加以连接。其中散装区竖向临时支撑共 1 026 m 水平连系支撑 800 m。

(2)临时支撑设计(图 4—11)

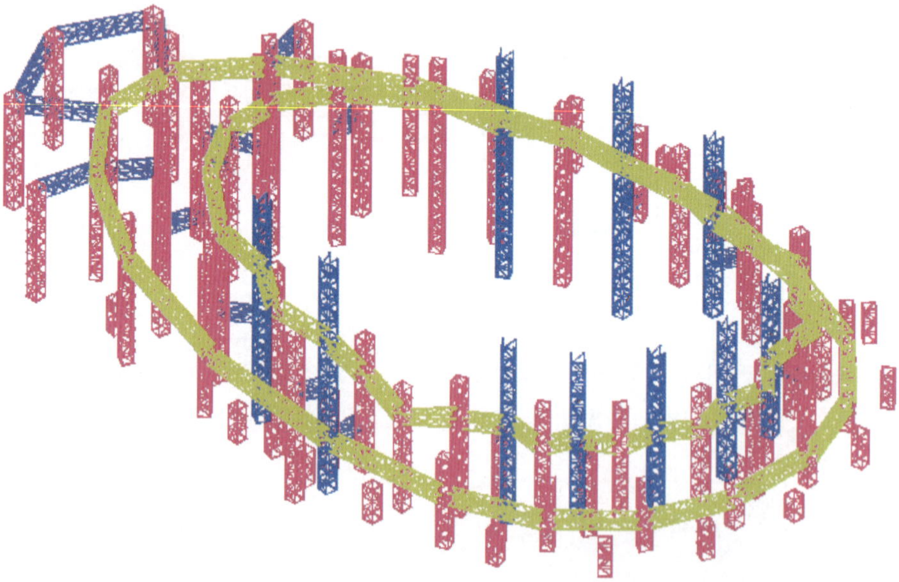

图 4—11 散拼区临时支撑轴测图

根据现场实际情况，临时支撑的施工方法可分为两类。第一类为可整体吊装的临时支撑(全部竖向临时支撑)；第二类为分片吊装的临时支撑(水平向连系临时支撑)。

①临时支撑钢材为 Q235B，也可选用 Q345B 的钢材。

②竖向临时支撑的截面尺寸为 1 500 mm×1 500 mm。

③临时支撑主杆中不同管径对接时，可通过垫板厚≥10 mm 的 Q235B 钢垫板过渡(图 4—12)。

④竖管与底部小平台相接节点位置，用加劲肋对小平台工字钢梁加强，见图 4—13。

(3)临时支撑制作(图 4—14)

(4)临时支撑顶部与构件连接形式(图 4—15 和图 4—16)

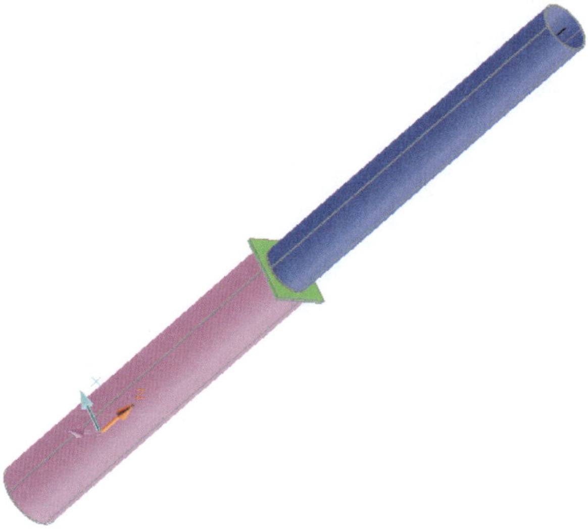

图 4—12 临时支撑不同主杆截面对接图

图 4—13 临时支撑胎架加工图

(5)临时支撑底部与楼板结合(图 4—17)

(6)临时支撑竖杆与水平桁架杆连系(图 4—18)

(7)操作平台

由于网壳钢结构构件的吊装均为高处操作,为保证节点和构件的定位便利和操作人员的安全,设置高处操作平台及高处行走通道。高处操作平台的总体思路:充分利用临时支撑架搭设平台,在临时支撑的顶部设置操作平台,平台应有足够的操作空间并有防滑措施,四周采用封闭防护拦杆。高处操作平台见图 4—19。

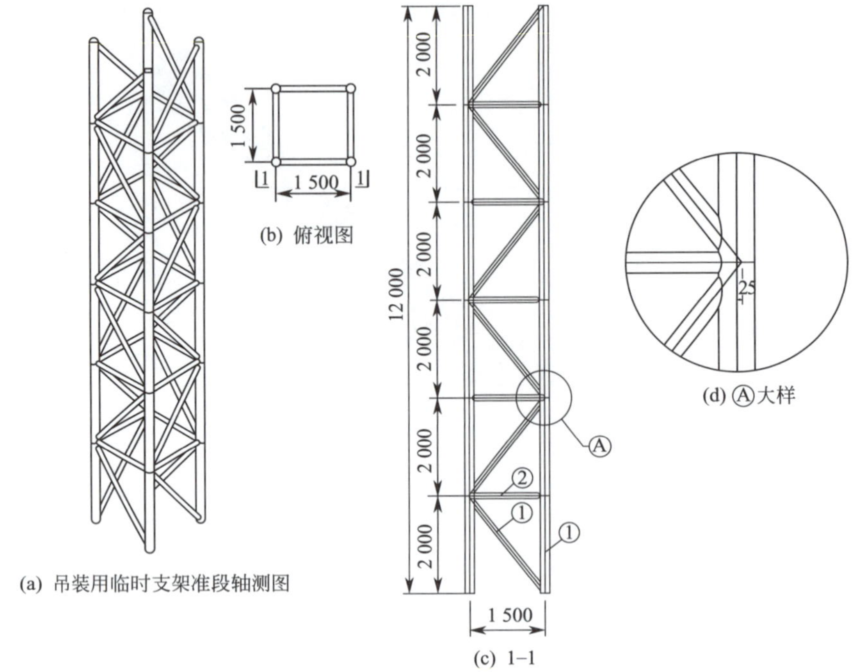

图 4—14 临时支撑胎架加工尺寸图(单位:mm)

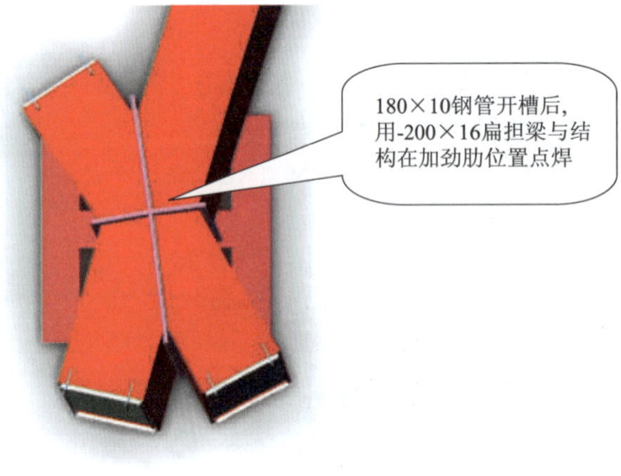

图 4—15 顶部俯视图(单位:mm)

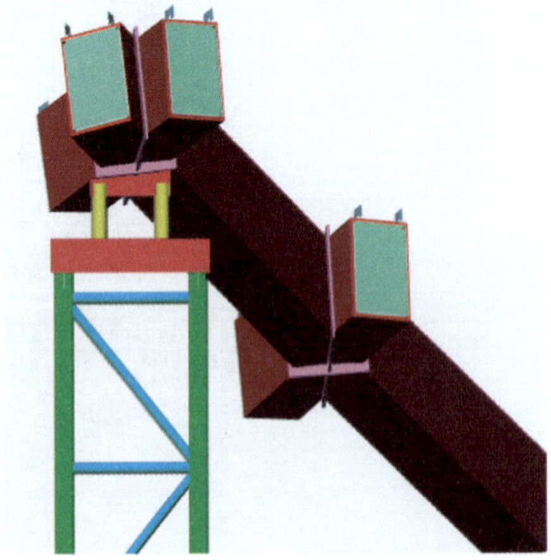

图 4—16 顶部轴测图

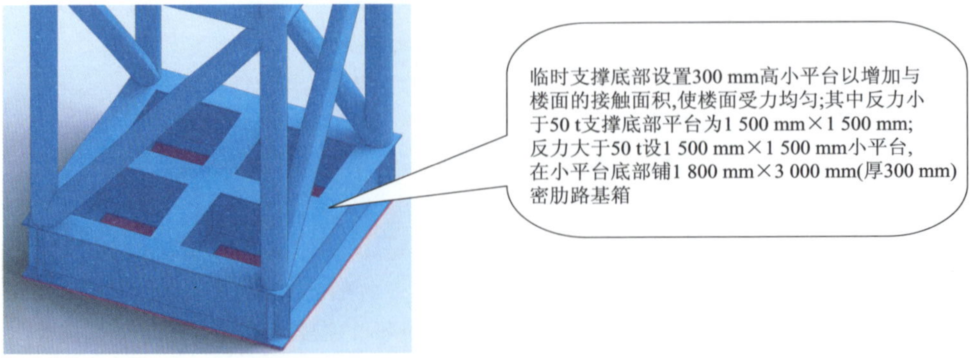

图 4—17 临时支撑底部与楼板结合面的结构示意图

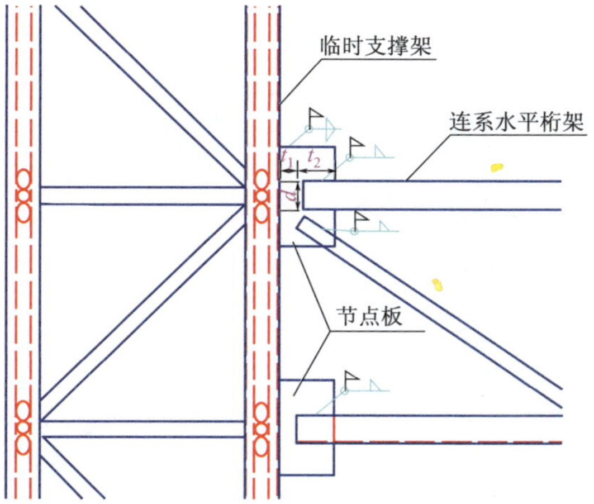

图 4—18 临时支撑竖杆与水平连系桁架节点图
（t_1<30 mm;t_2≥1.2 d;节点板 t≥16 mm）

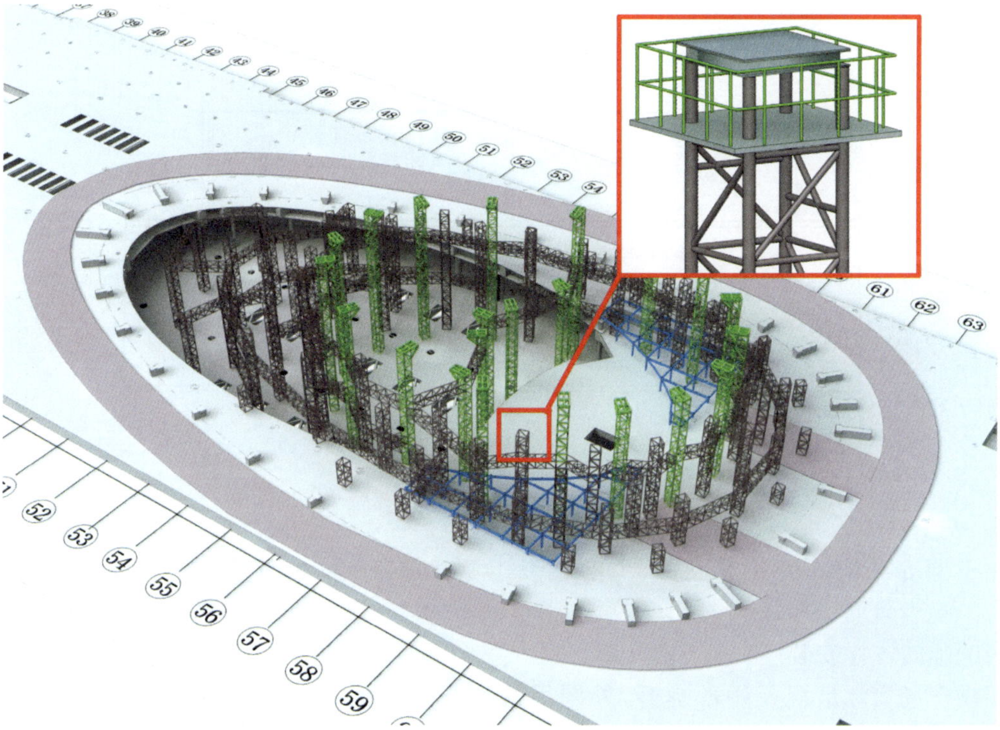

图 4—19 高处操作平台示意图

(8)行走通道

高处操作平台间的行走通道(图 4—20)利用临时支撑间联系桁架,并在上方铺设防滑平台板,设置防护栏杆,在管件的上缘设置安全绳供工人行走时挂安全带使用,见图 4—21。

图 4—20 安全通道布置示意图

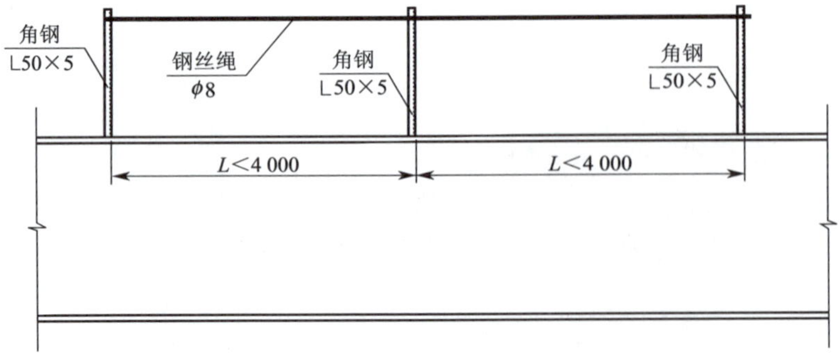

图 4—21 安全绳设置图(单位:mm)

(9)安全网

由于网壳结构高处作业面广,为防止发生坠落事故,需在网壳上设置安全平网,见图 4—22。

(10)临时支撑安装

根据现场实际情况及中部提升,外围吊装的安装方案,制定以下散拼区临时支撑安装流程。

①工况 1:待底环梁安装完成后,铺设第 1 道支撑(图 4—23)。

②工况 2:外围第一圈构件安装完成后,拆除工况 1 安装的临时缆风绳(图 4—24)。

③工况 3:第二圈构件临时支撑安装(图 4—25)。

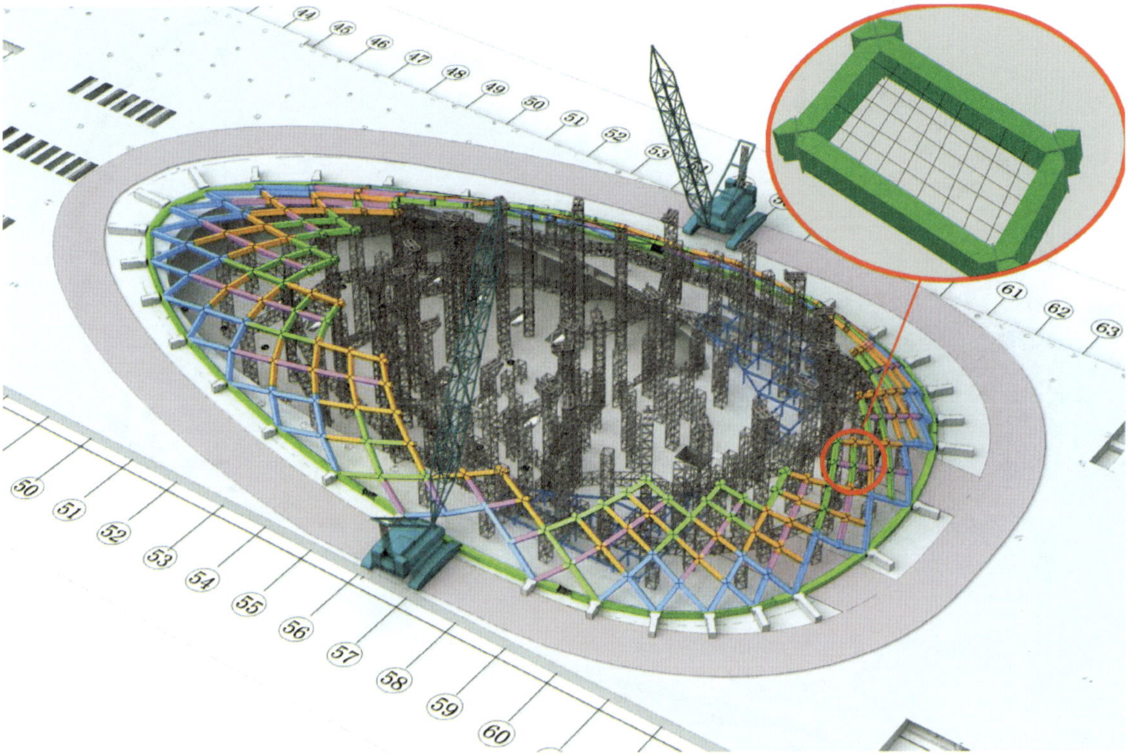

图 4—22 安全网设置示意图

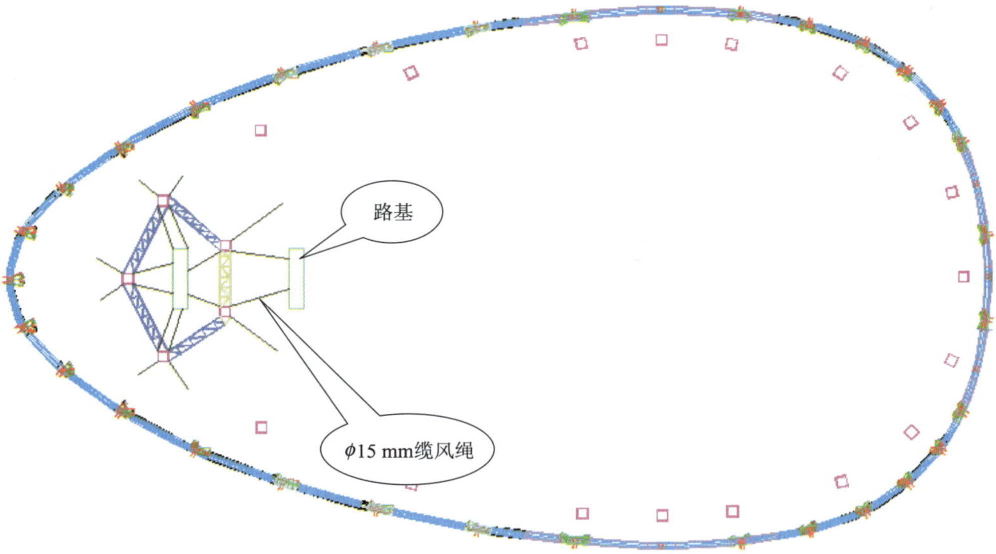

图 4—23 工况 1

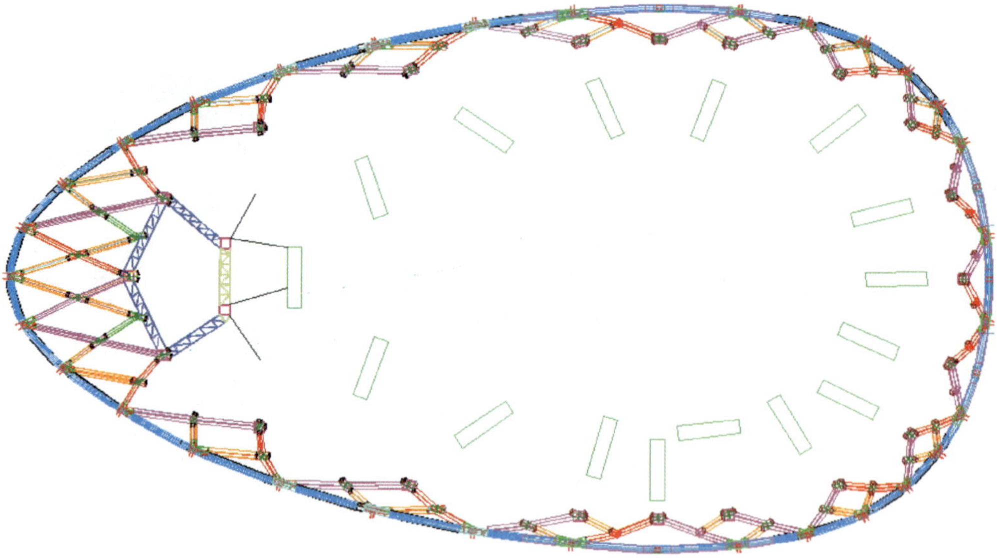

图 4—24 工况 2

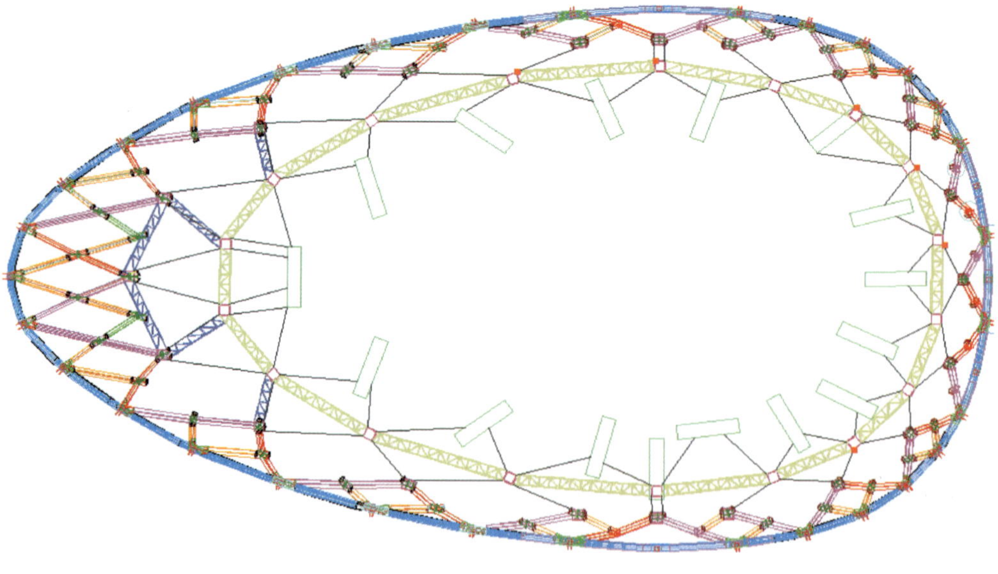

图 4—25 工况 3

④工况 4:外围第二圈构件安装完成后,拆除工况 3 安装的临时缆风绳(图 4—26)。

⑤工况 5:第三圈构件临时支撑安装(图 4—27)。

⑥工况 6:外围第三圈构件安装完成后,拆除工况 5 安装的临时缆风绳(图 4—28)。

4.2.2 散拼区杆件吊装

下部分区安装胎架完成经检验合格后方可进行杆件的吊装,安装顺序为先主杆后次杆件,由外向里安装。即先安装网壳主杆件,形成一独立稳定体系后安装内部次杆件,垂直方向上从

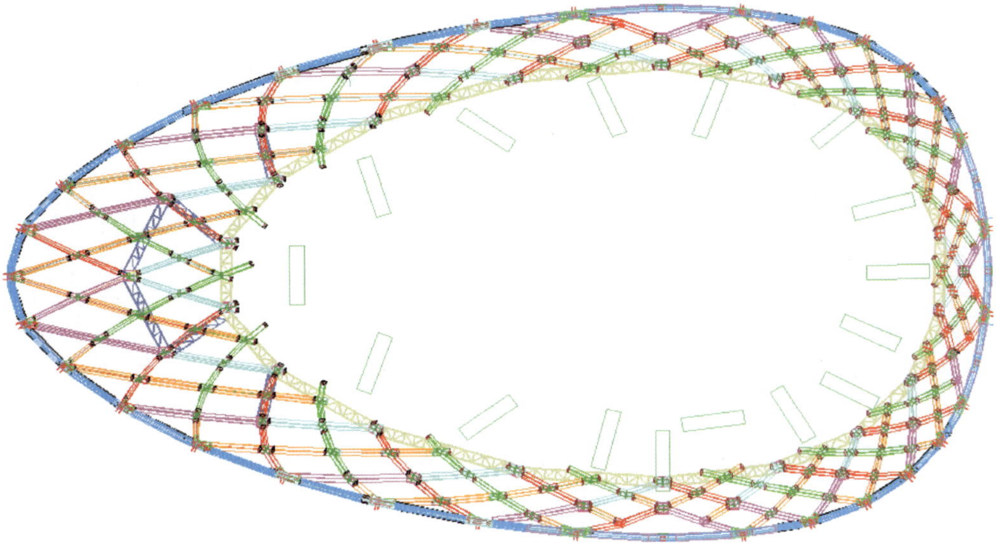

图 4—26　工况 4

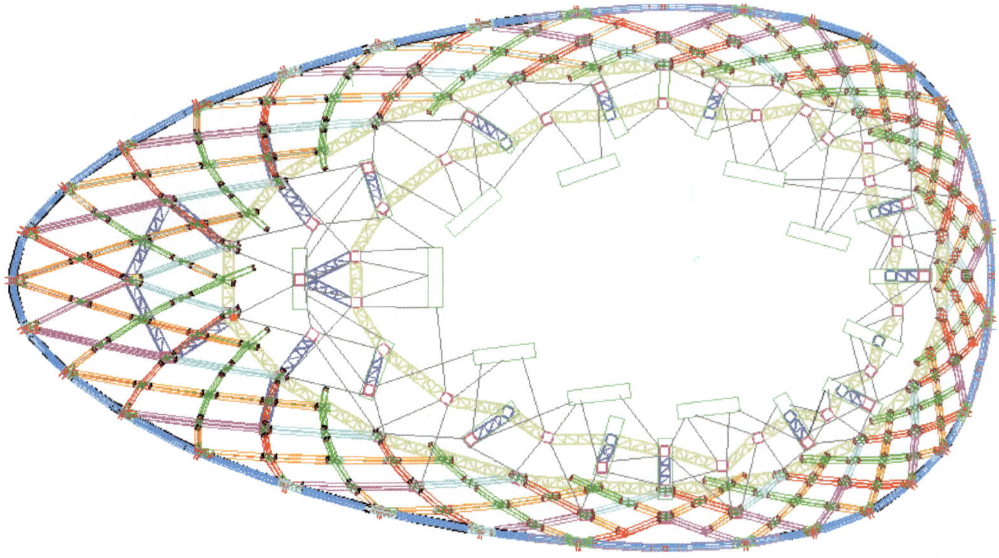

图 4—27　工况 5

下至上安装，见图 4—29。

(1)主杆件安装：根据杆件划分和临时支撑布置，采用逐根吊装。

先在杆件两端拴棕绳作溜绳，这样有利于保持杆件空中平衡，以提高安装效率。杆件的吊装钢丝绳绑好后，先在地面试吊二次，离地 5 cm 左右，观察其是否水平。如不合格应落地重绑吊点。对较长的构件，应事先计算好吊点位置，经试吊平衡后方可正式起吊。

(2)次杆件安装：次杆件较轻，为提高吊装效率采用一钩多吊方法，绑扎时先安装构件在最下面依次向上绑扎。一钩多吊上下钢梁之间的距离不应少于 1.5 m，以便安装人员操作。

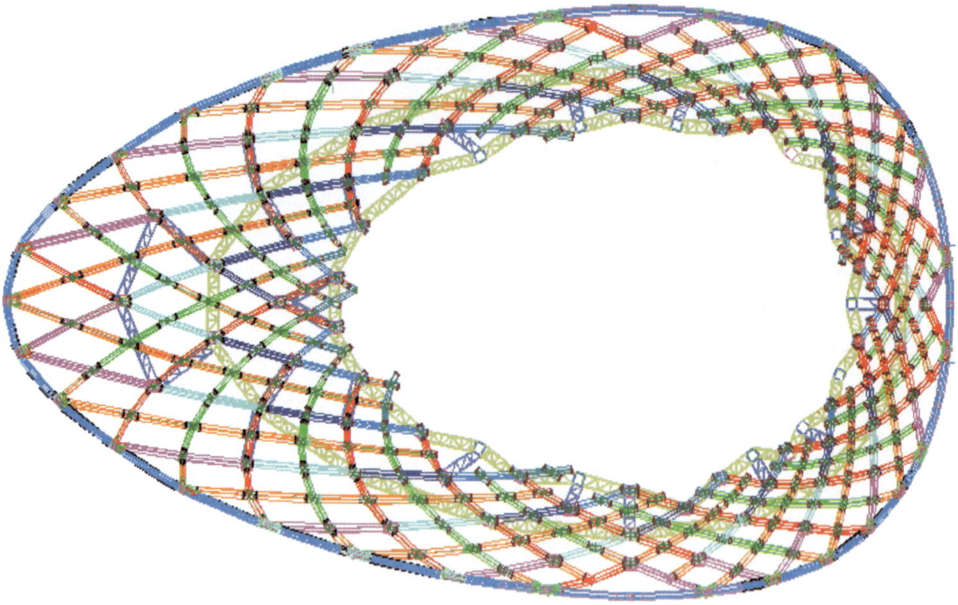

图 4—28 工况 6

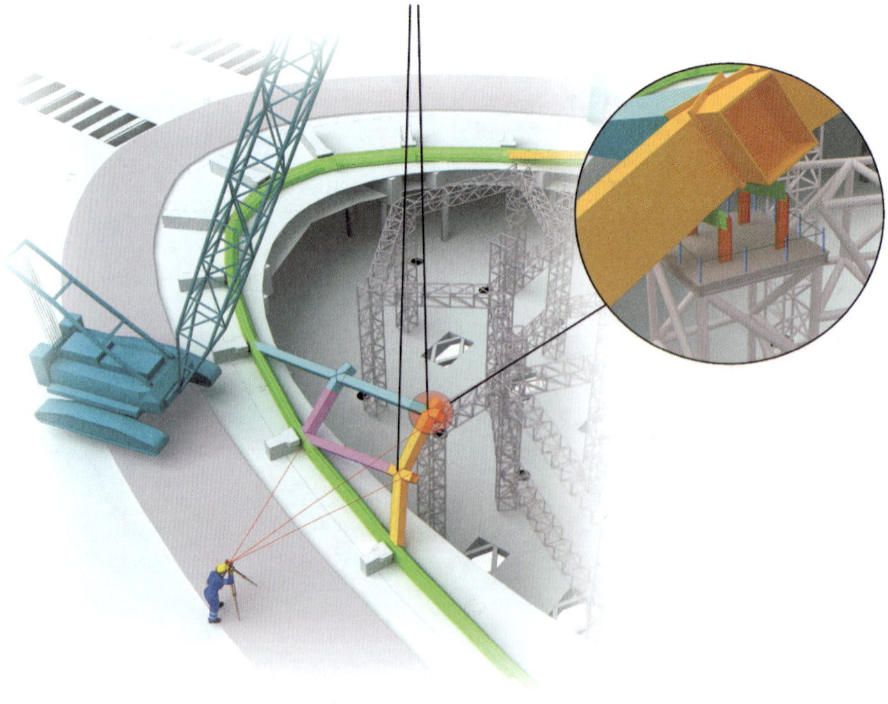

图 4—29 杆件安装

(3)杆件吊装就位、临时固定。

当杆件徐徐下落到接近安装部位时,起重工方可伸手去触及,先用临时卡板固定。严禁发生构件不到位,起重工就用手生拉硬拽强行就位的现象发生。

(4)校正。

杆件轴线控制:吊装前每根弦杆标出中线,就位时确保中心线对齐牛腿上的基准线。主次杆件、牛腿与主杆件的定位用全站仪测量，并使用自制简易校正器进行校正。

4.2.3 散拼区杆件定位测量

散装区分段下端与已安装构件连接后，由测量员配合装配工用全站仪进行精确调整。散装构件的测量控制点选择分段的上口四边中点，并对构件两侧牛腿截面四边中点进行校核，见图 4—30。

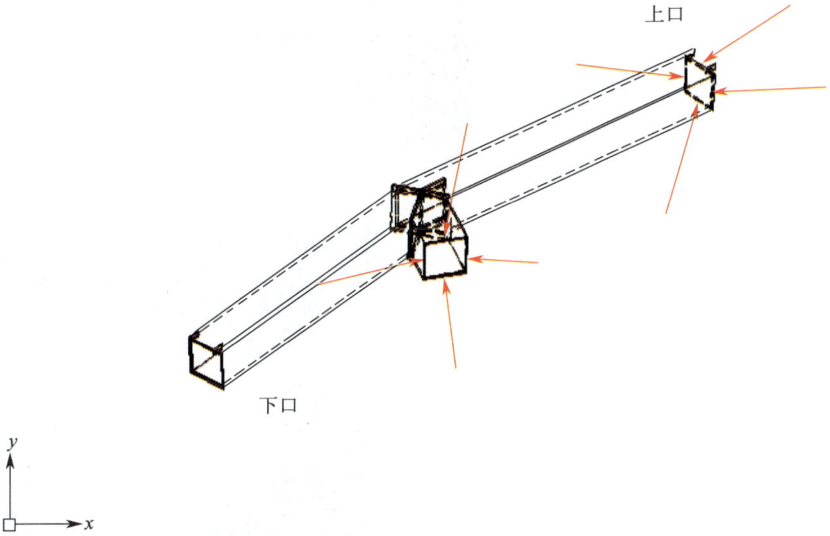

图 4—30 散拼区杆件定位测量控制点

散拼区构件其中的节点部位全部采用工厂焊接，通过电脑控制裁剪放样，全部采用电脑自动焊接，保证了节点杆件的焊接质量和焊接精度。现场节点杆件安装采用足够刚度的塔架作为竖向支撑，减少杆件安装过程中的变形，节点杆件之间通过嵌补段进行安装，减少进一步的安装误差，通过以上各种措施相结合有效底控制了散拼区逐层安装的精度，在后期与提升区杆件进行嵌补合龙的精度控制中，最大偏差为 6 mm，满足设计精度要求，为最终的合龙嵌补奠定了基础。

4.2.4 散拼区杆件焊接

(1)散拼区杆件焊接顺序

应由两名焊工同时从两侧不同方向对称焊接。对于箱形梁，两人先焊接 A、B(C、D)焊缝高度的 40%，再进行 C、D (A、B)焊缝 40%的焊接，之后再进行 A、B(C、D)焊缝剩余 60%的焊接，最后结束 C、D(A、B)焊缝的焊接。箱形梁焊接顺序见图 4—31。

(2)散拼区杆件焊接措施

① 引弧和熄弧。

引弧时由于电弧对母材的加热不足，应在操作上注意防止产生熔合不良、弧坑裂缝、气孔和夹渣等缺陷的发生，另外，不得在非焊接区域的母材上引弧和防止电弧击痕。

当电弧因故中断或焊缝终端收弧时，应防止发生弧坑裂纹，特别是采用 CO_2 半自动气体保护时，更应避免发生弧坑裂纹，一旦出现裂纹，必须彻底清除后方可继续焊接。无论采用何种焊剂方法，焊缝终端的弧坑必须填满。

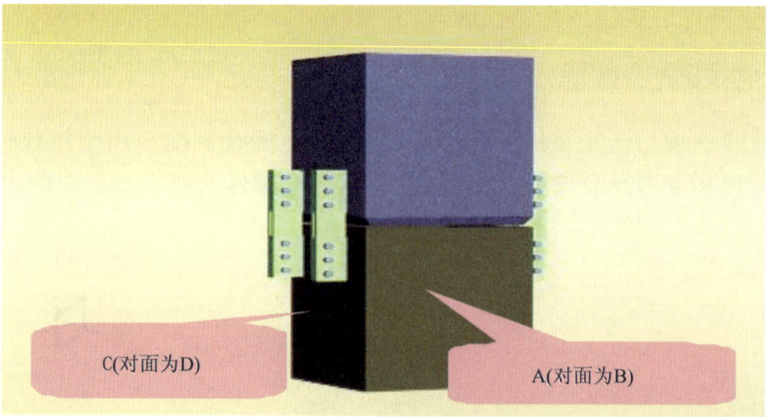

(a) 焊缝位置

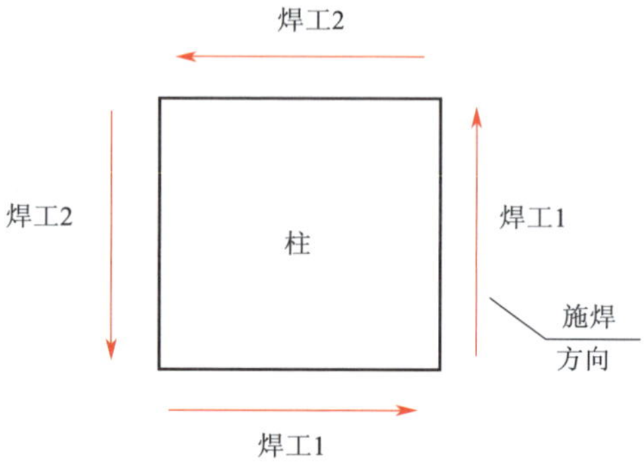

(b) 施焊方向

(c) 施焊

图 4—31 箱形构件焊接顺序示意图

② 采用背面垫板的对接坡口焊缝，垫板与母材之间的接合必须紧密，应使焊接金属与垫板完全熔合。

③ 已完焊缝的清理。焊接完毕，焊工应清理焊缝表面的熔渣及两侧的飞溅物，检查焊缝外观质量，合格后在工艺规定的部位打上焊工钢印。

④ 现场焊接接头的保护。对现场焊接接头区域，应适当作除锈处理。

⑤ 不良焊接的修补：

a. 焊缝同一部位的返修次数，不宜超过两次，超过两次时，必须经过焊接责任工程师及监理工程师核准后，方可按返修工艺进行。

b. 焊缝出现裂纹时，焊工不得擅自处理，应及时报告焊接技术负责人查清原因，订出修补措施，方可修理。

c. 对焊缝金属中的裂纹，在修补前用无损检测方法确定裂纹的界限范围，在去除时，应自裂纹的端头算起，两端至少各加 50 mm 的焊缝，一同去除后再进行修补。

d. 对焊接母材的裂纹，原则上应更换母材，但是在得到技术负责人认可后，可以采用局部修补措施进行处理。主要受力构件必须得到原设计单位确认。

e. 修正焊接变形。

f. 焊接变形的校正，以不损坏材质为原则，低合金高强度结构钢在火工校正过程中严禁浇水激冷，其加热温度严禁超过正火度。

4.2.5　散拼区杆件安装过程计算分析

以下为临时支撑受力计算。

（1）安装、卸载全过程施工中临时支撑应力变形计算

钢结构分段高处吊装，采用临时支撑作为辅助结构；软件采用 MIDAS/GEN 8.0，考虑吊装提升动力系数 1.1，荷载为结构自重，每个节点加 2 kN 的竖向活荷载（节点处增加 200 多吨活荷载），根据专家建议风荷载取 0.13 kN/m²（分两种情况，南北向吹和东西向吹）。高处吊装部位采用临时支撑辅助措施，其格构支撑形式为：支撑截面为 1.5 m×1.5 m，支撑立杆规格 ϕ152×5.5，横杆和斜杆规格为∟90×6，材质均为 Q235。为保证支撑体系的稳定性，临时支撑之间采用联系桁架连接。其支撑布置见图 4—32。

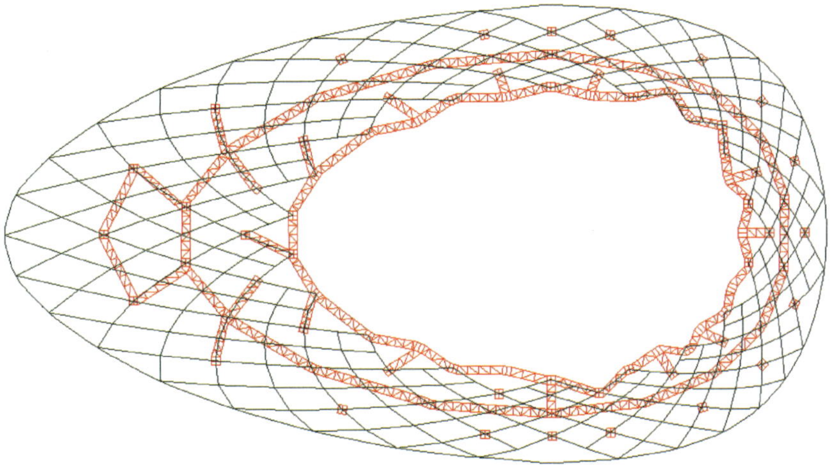

图 4—32　临时支撑布置图

模拟分析共分为 6 个施工工况（cs1～cs6），分别计算出每一步骤下的结构变形、应力变化等情况；各施工工况见图 4—33～图 4—35。

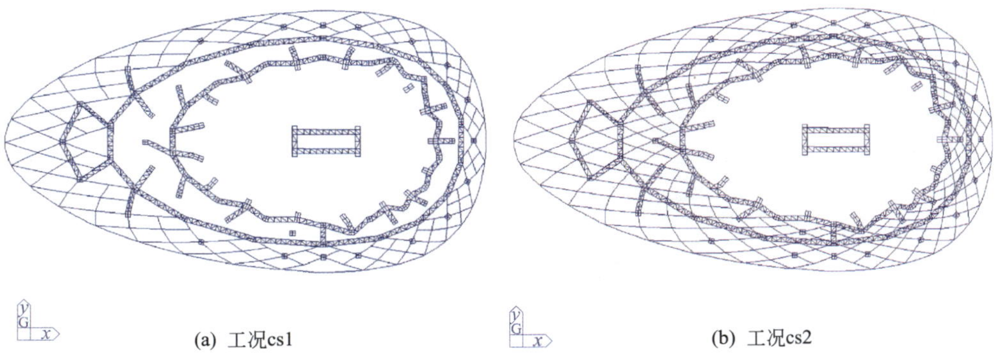

(a) 工况cs1　　(b) 工况cs2

图 4—33　工况 cs1（外围第一圈构件安装完成）和工况 cs2（外围第二圈构件安装完成）

（2）计算结果

南北向（y 向）风荷载作用下结构变形比东西向（$-x$ 向）风荷载作用下变形大，本计算结

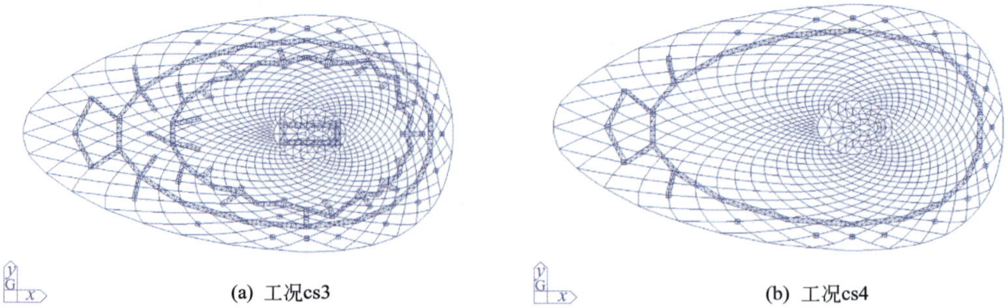

(a) 工况cs3　　(b) 工况cs4

图 4—34　工况 cs3(所有构件安装完成)和工况 cs4(内圈支撑卸载完成)

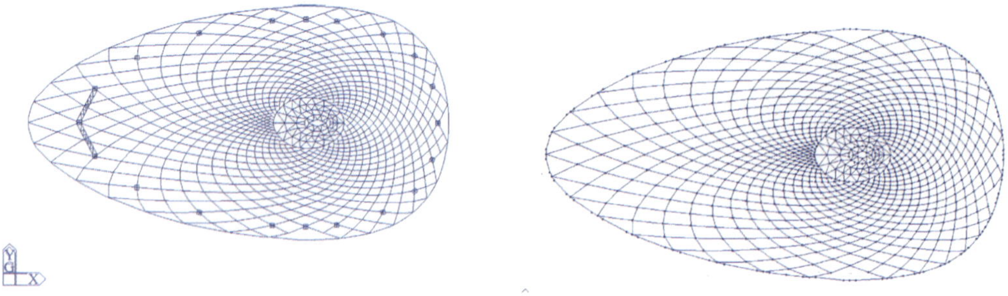

(a) 工况cs5　　(b) 工况cs6

图 4—35　工况 cs5(中圈支撑卸载)和工况 cs6(全部卸载完成)

果为南北向风组合后的结果,见图 4—36。

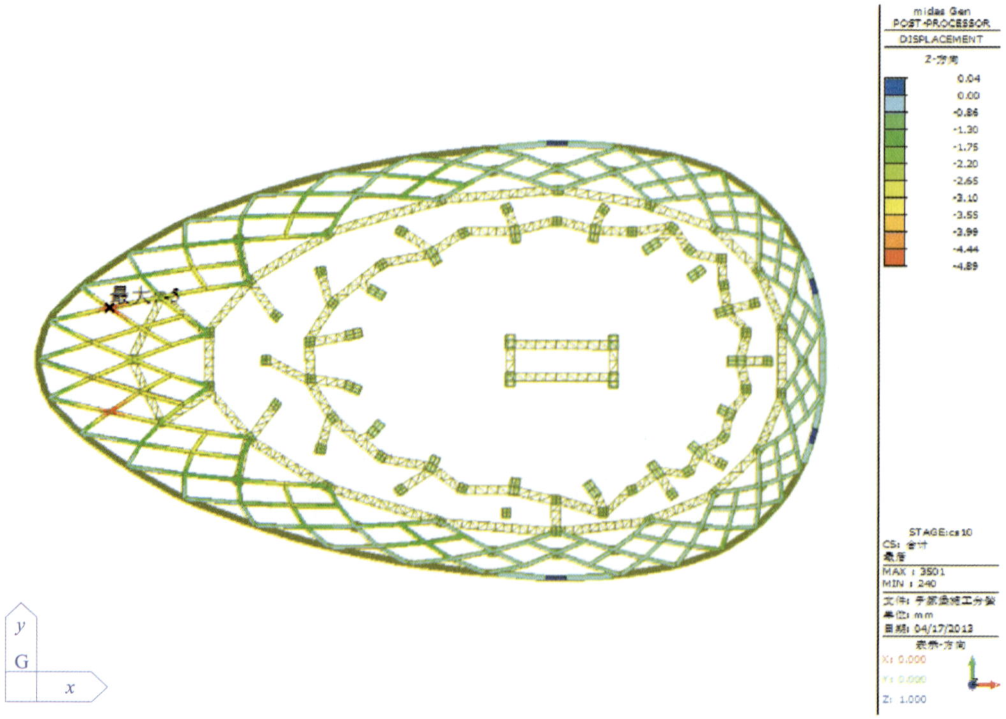

工况 cs1 竖向变形(mm)

图　4—36

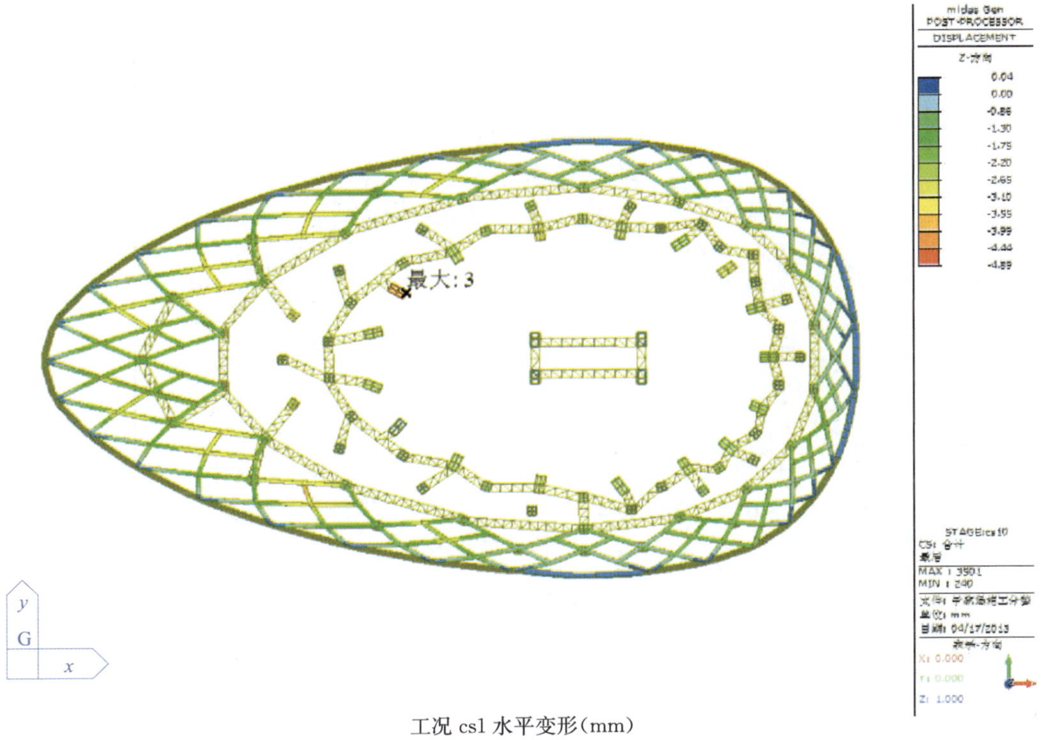

工况 cs1 水平变形(mm)

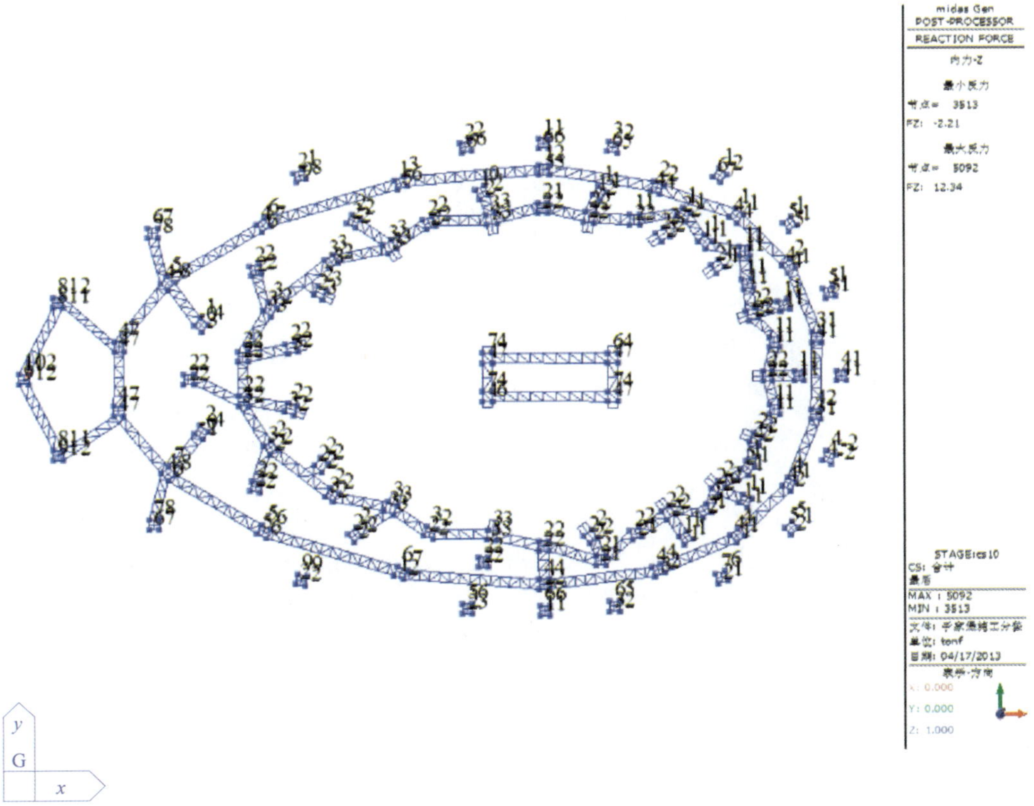

工况 cs1 支撑竖向反力(TONF)

图 4—36

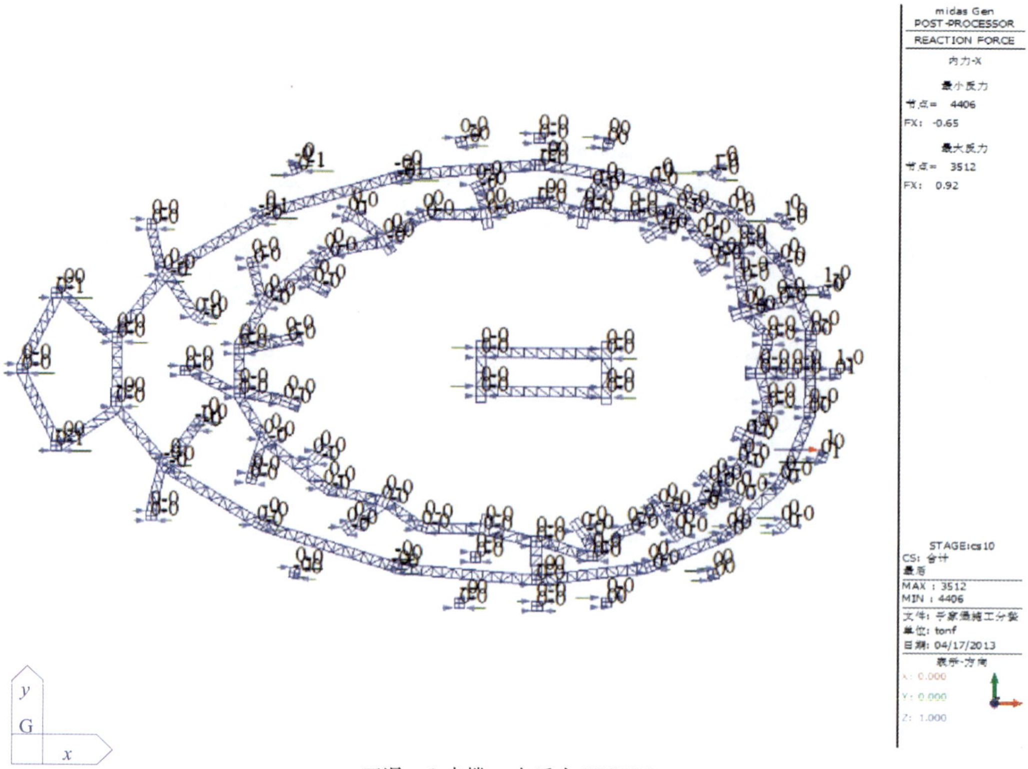

工况 cs1 支撑 x 向反力(TONF)

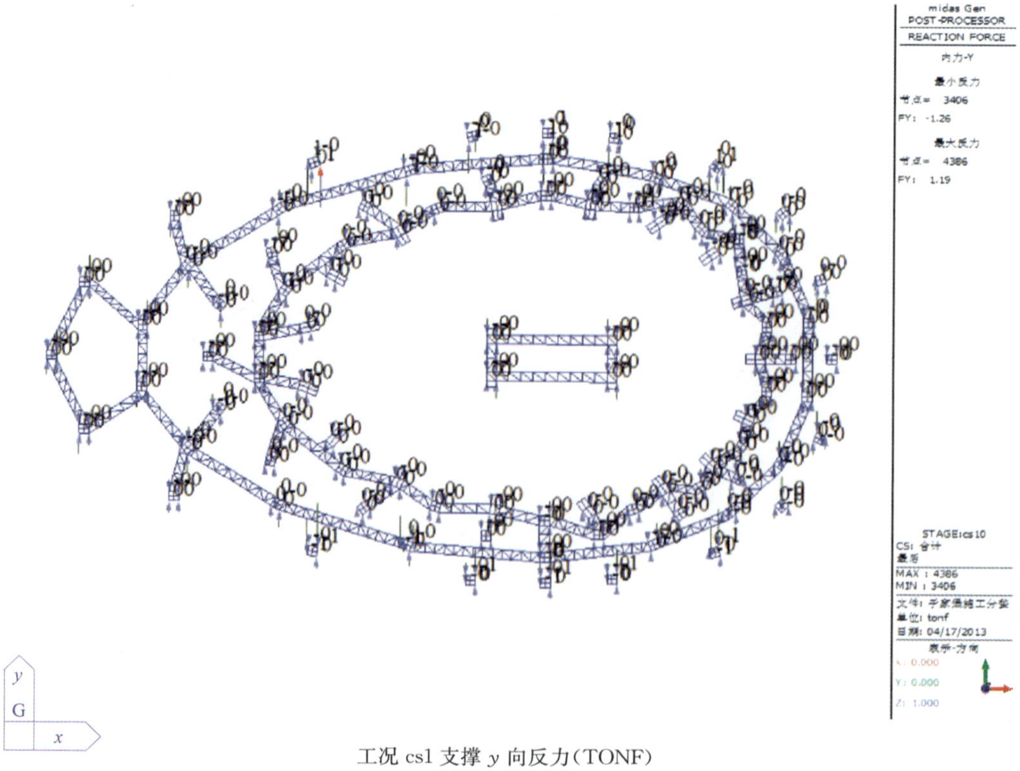

工况 cs1 支撑 y 向反力(TONF)

图 4—36

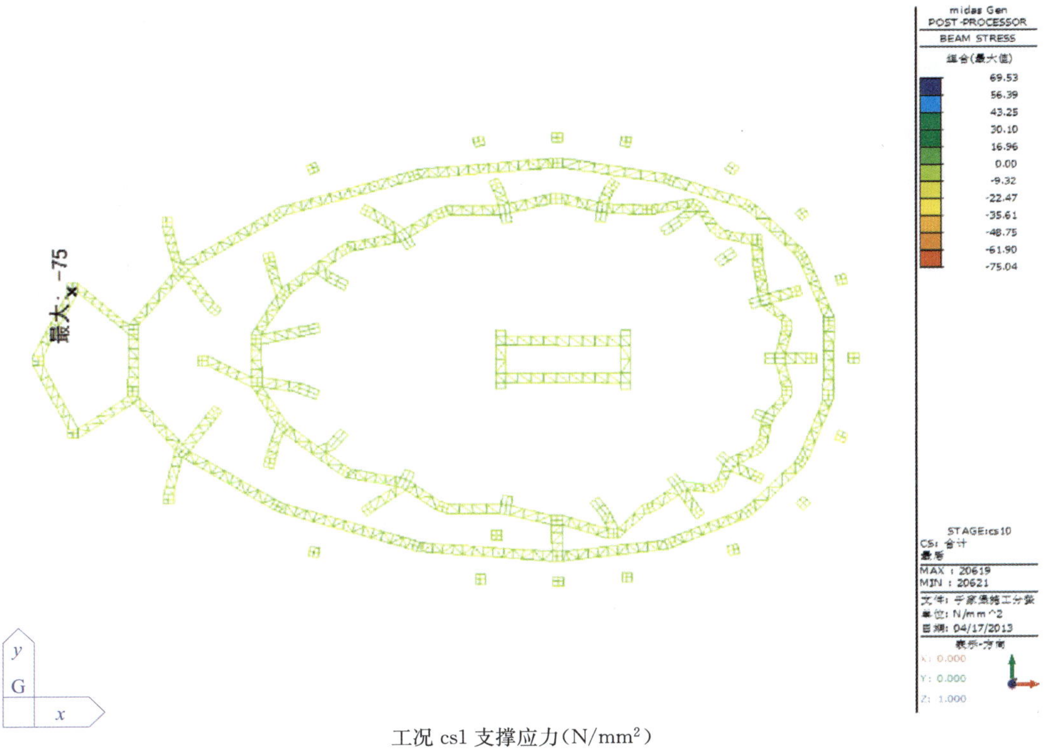

工况 cs1 支撑应力(N/mm^2)

(a)工况 cs1

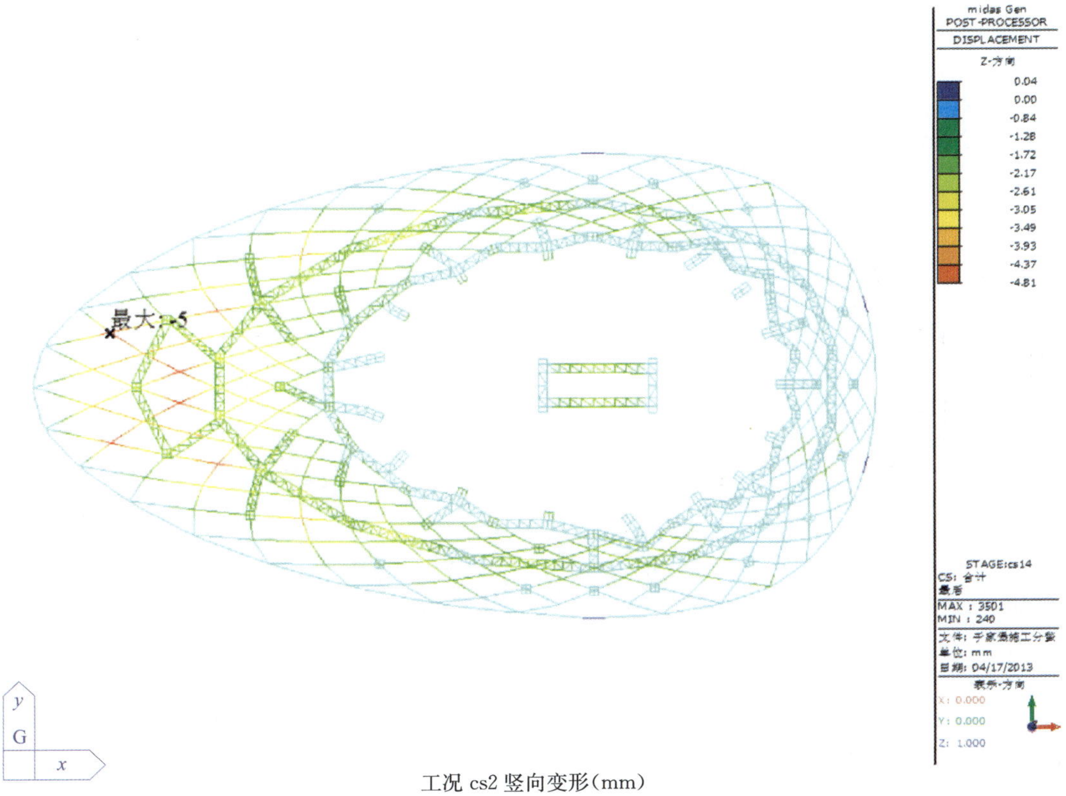

工况 cs2 竖向变形(mm)

图 4—36

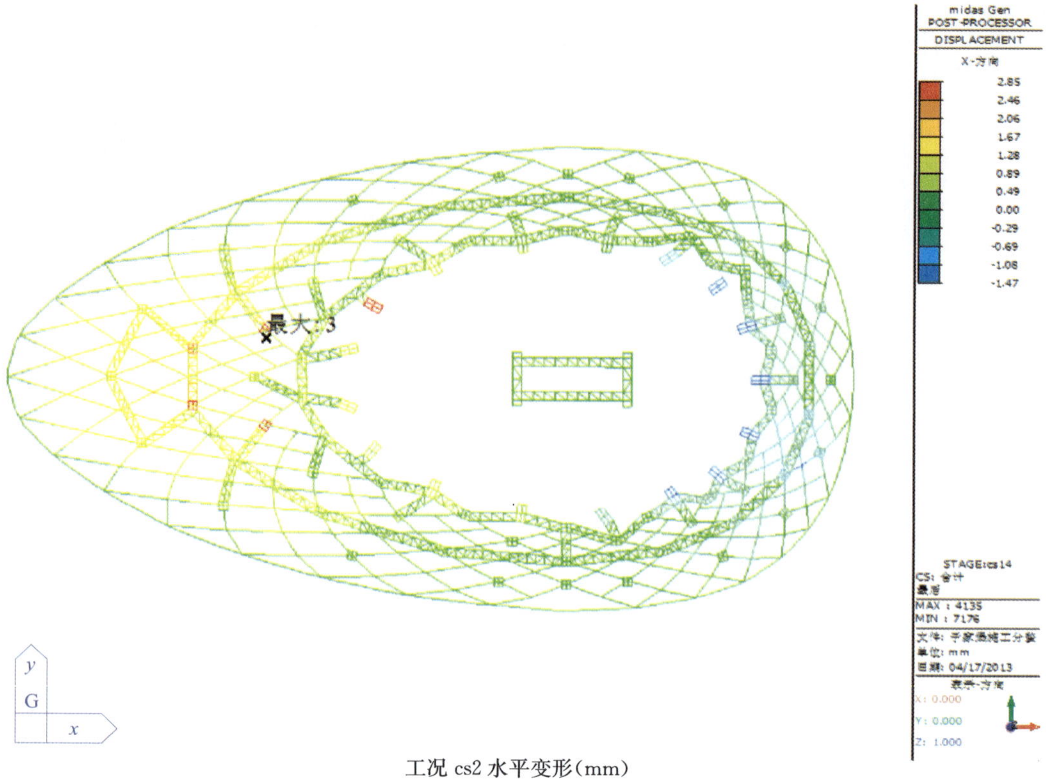

工况 cs2 水平变形(mm)

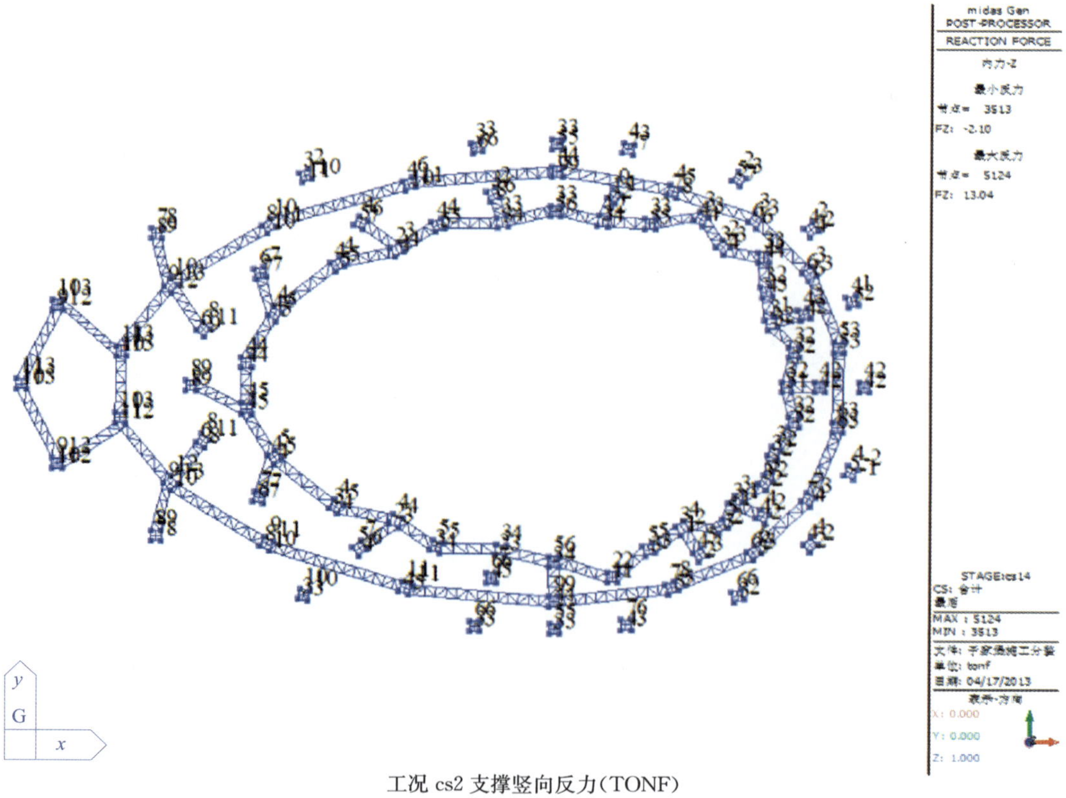

工况 cs2 支撑竖向反力(TONF)

图 4—36

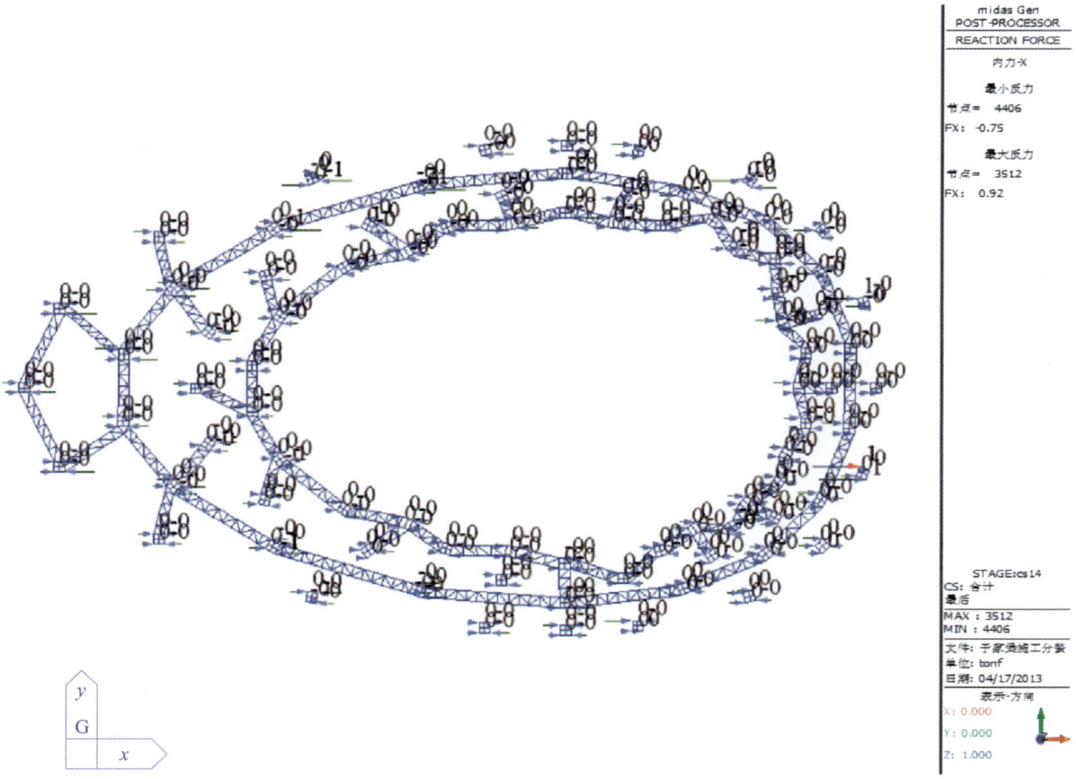

工况 cs2 支撑 x 向反力(TONF)

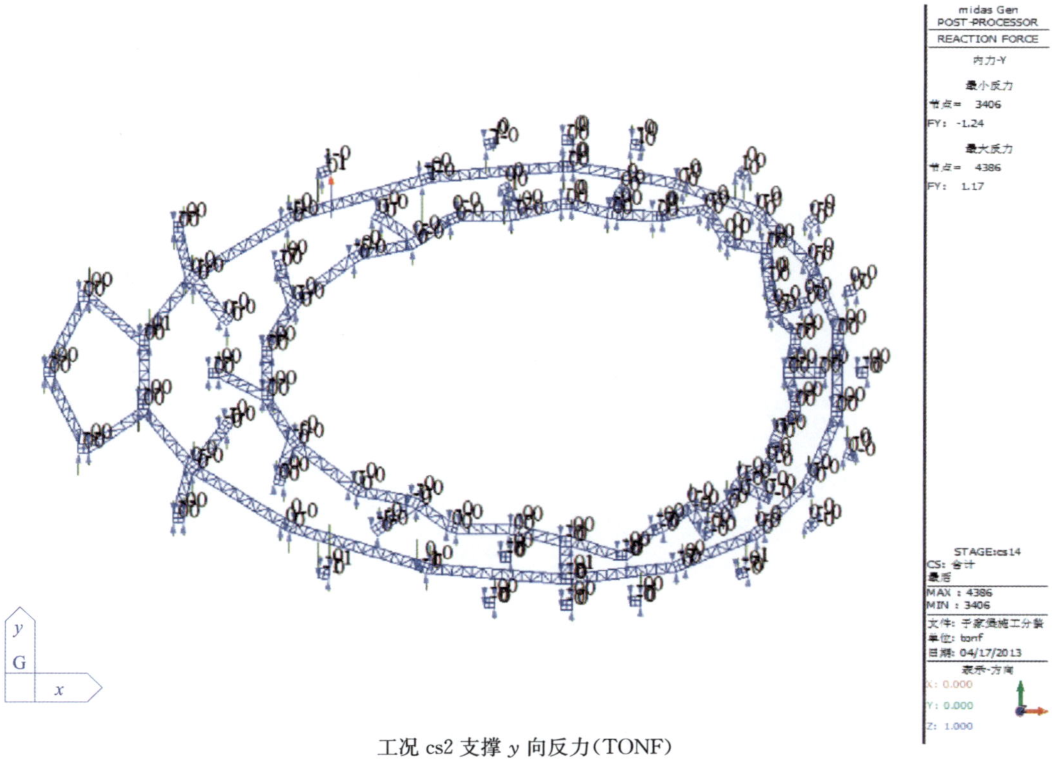

工况 cs2 支撑 y 向反力(TONF)

图　4—36

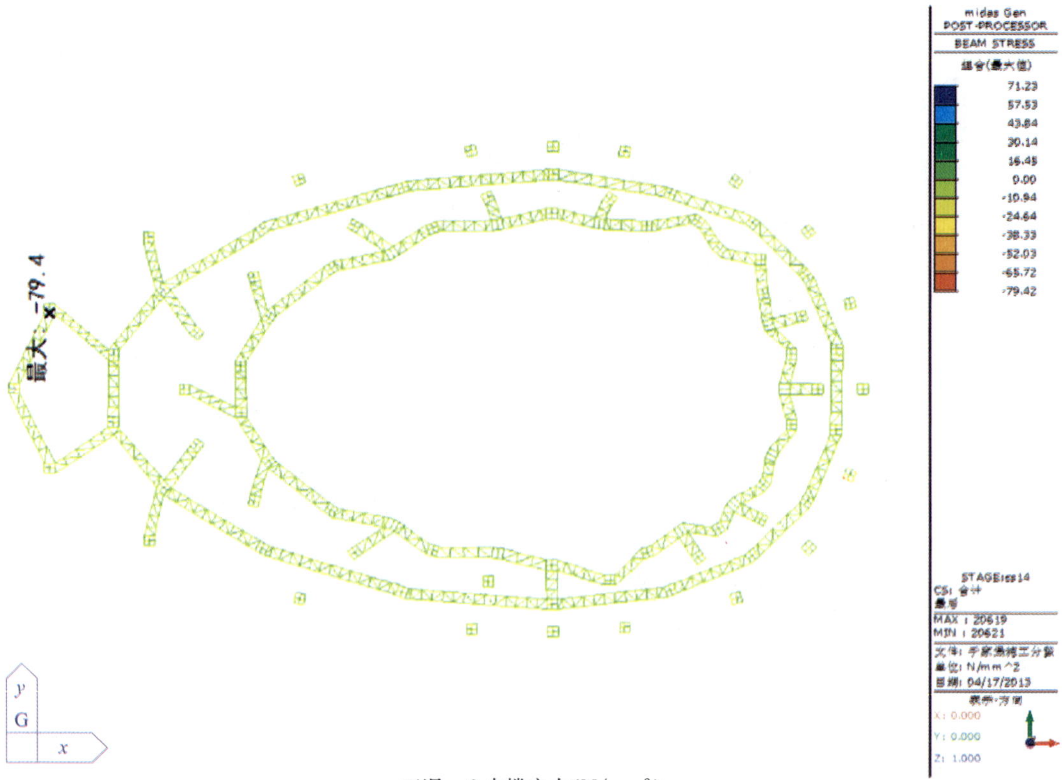

工况 cs2 支撑应力(N/mm²)

(b)工况 cs2

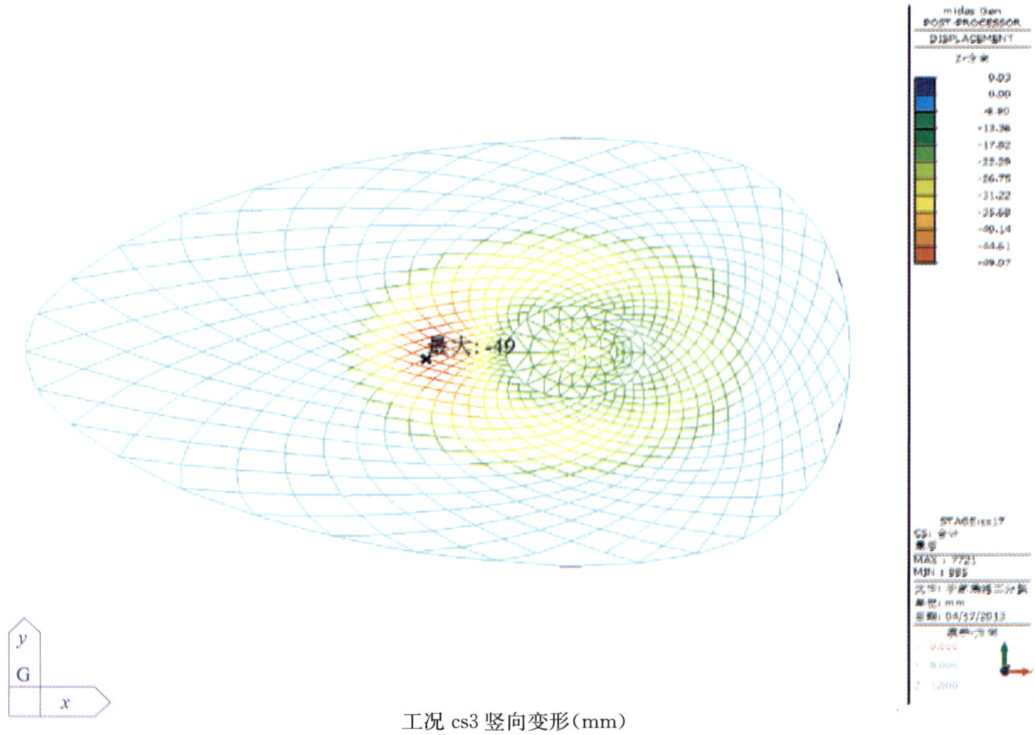

工况 cs3 竖向变形(mm)

图 4—36

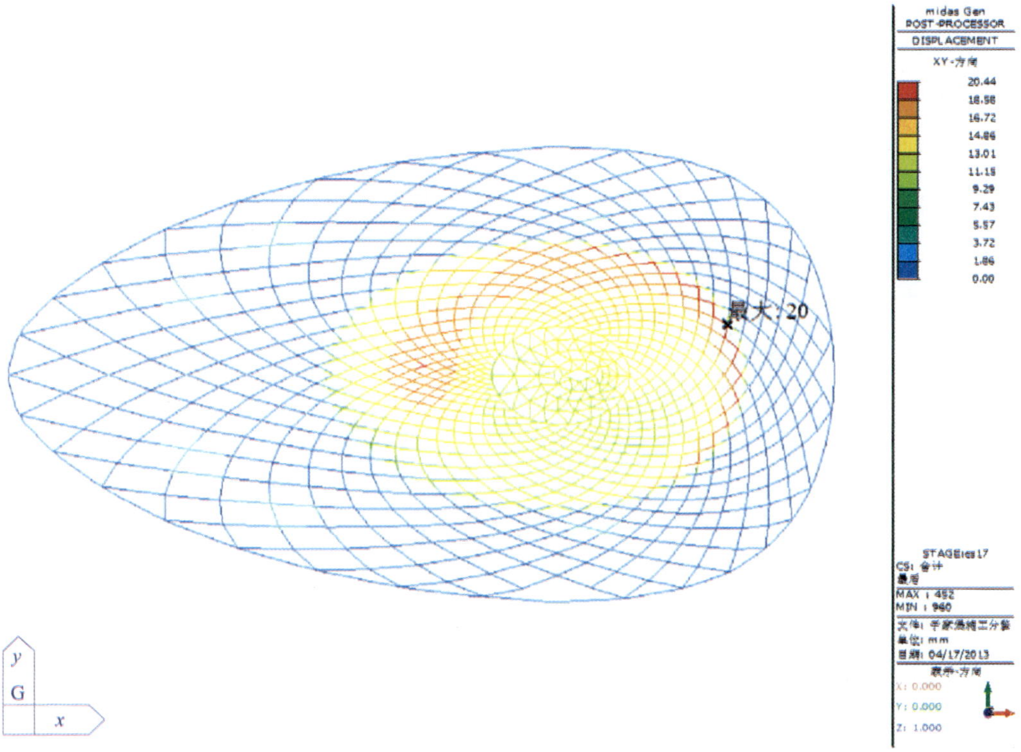

工况 cs3 水平变形(mm)

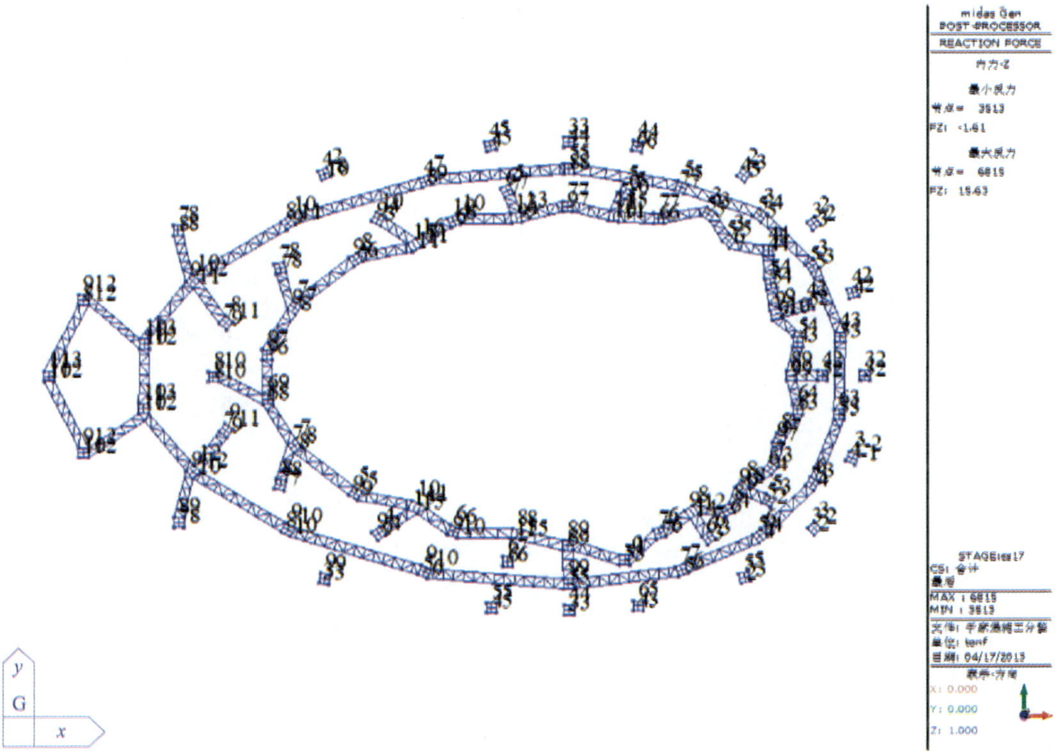

工况 cs3 支撑竖向反力(TONF)

图 4—36

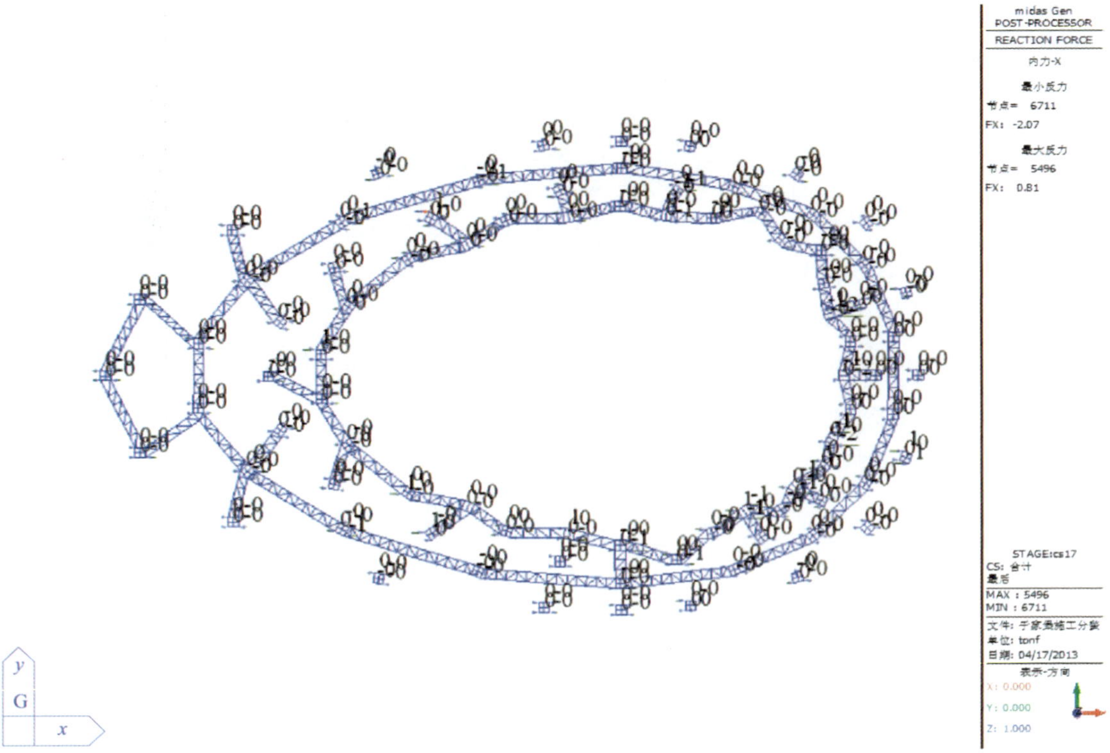

工况 cs3 支撑 x 向反力(TONF)

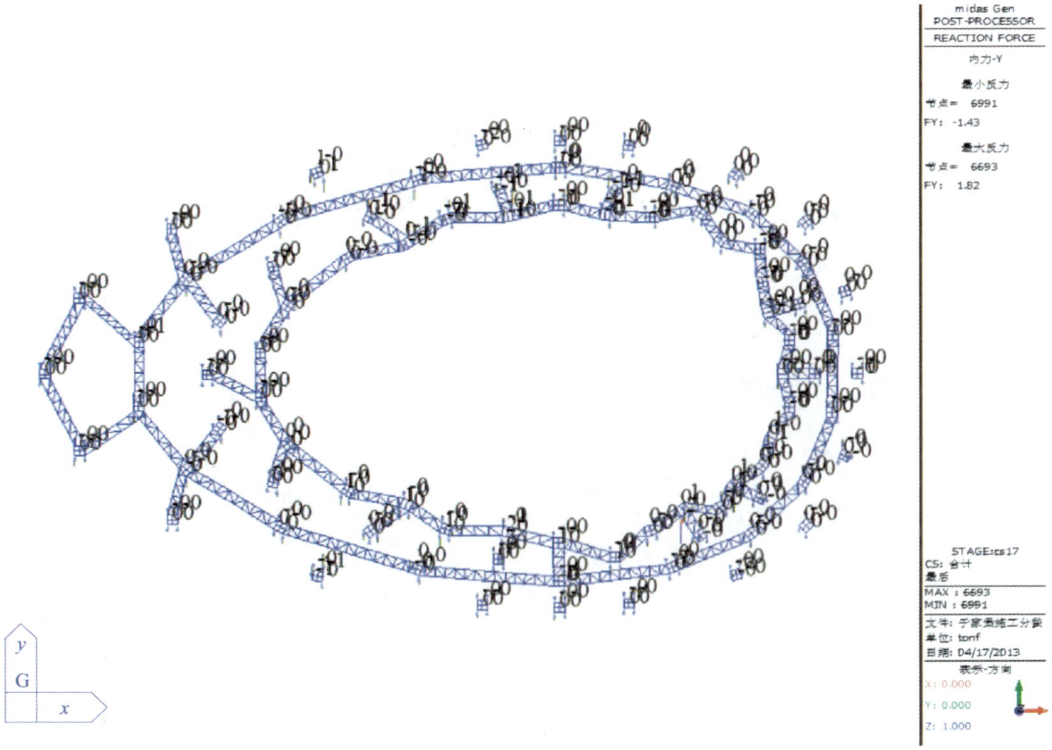

工况 cs3 支撑 y 向反力(TONF)

图 4—36

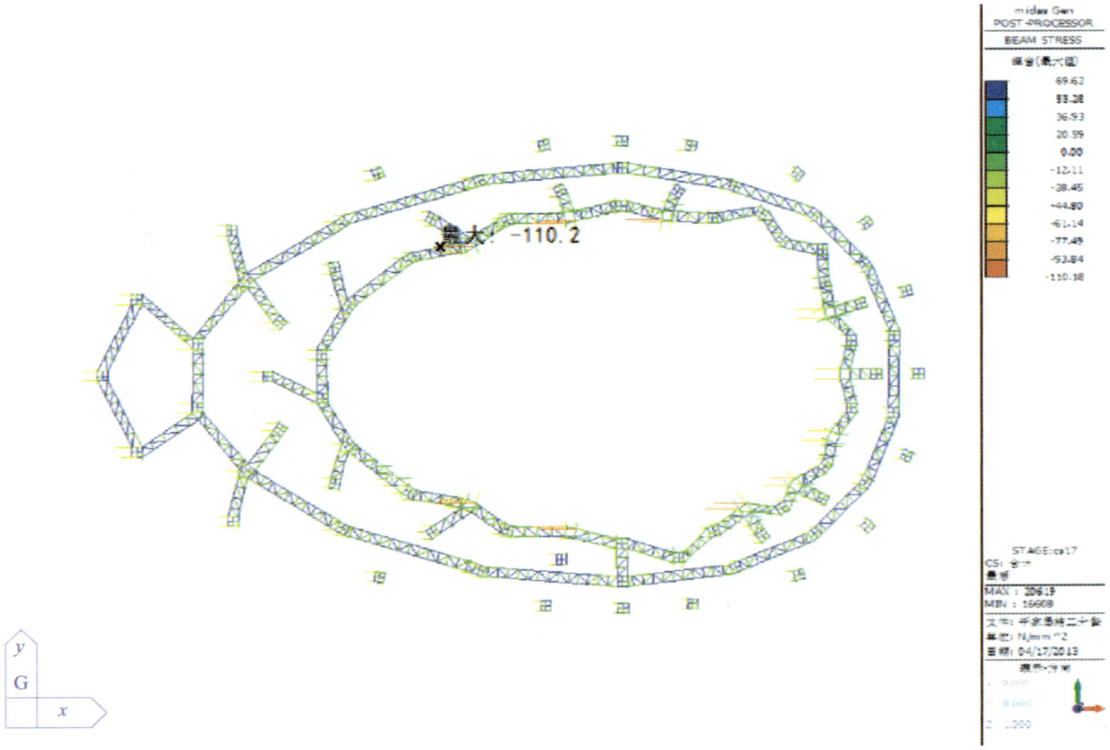

工况 cs3 支撑应力(N/mm^2)

(c)工况 cs3

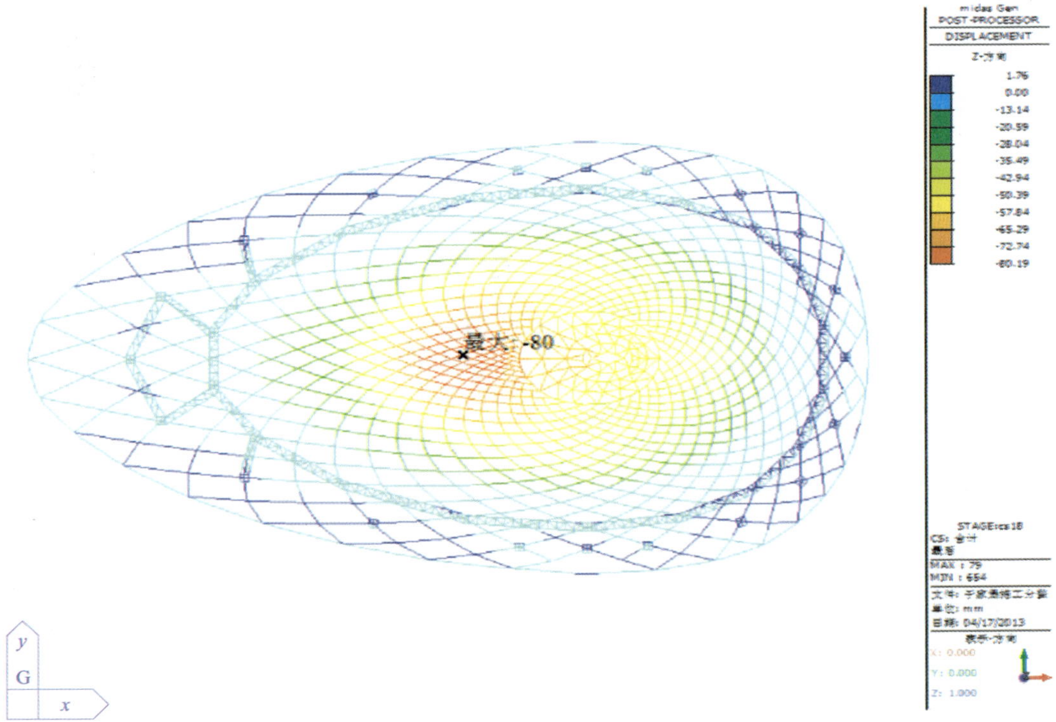

工况 cs4 竖向变形(mm)

图　4—36

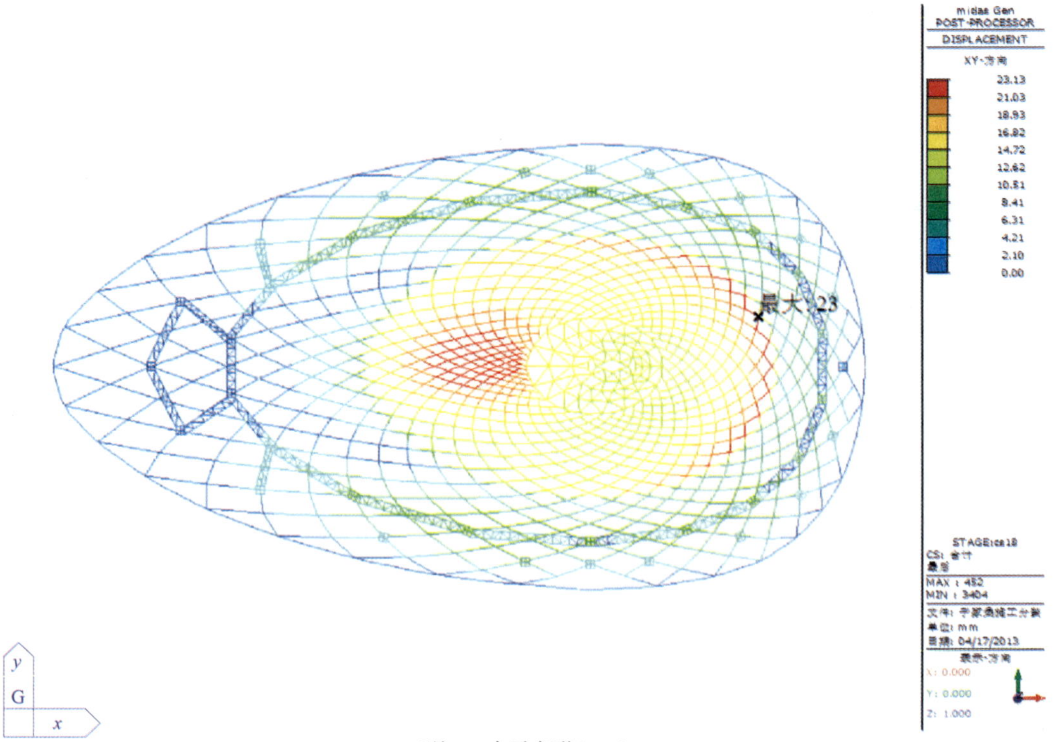

工况 cs4 水平变形(mm)

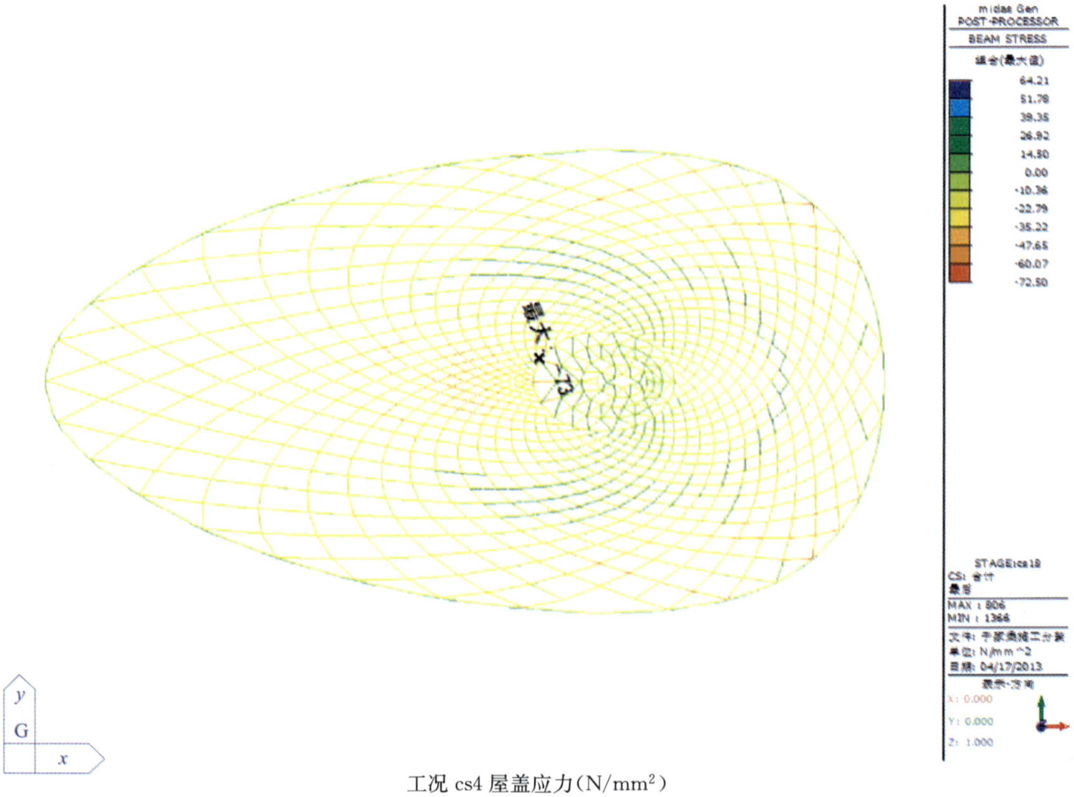

工况 cs4 屋盖应力(N/mm^2)

图 4—36

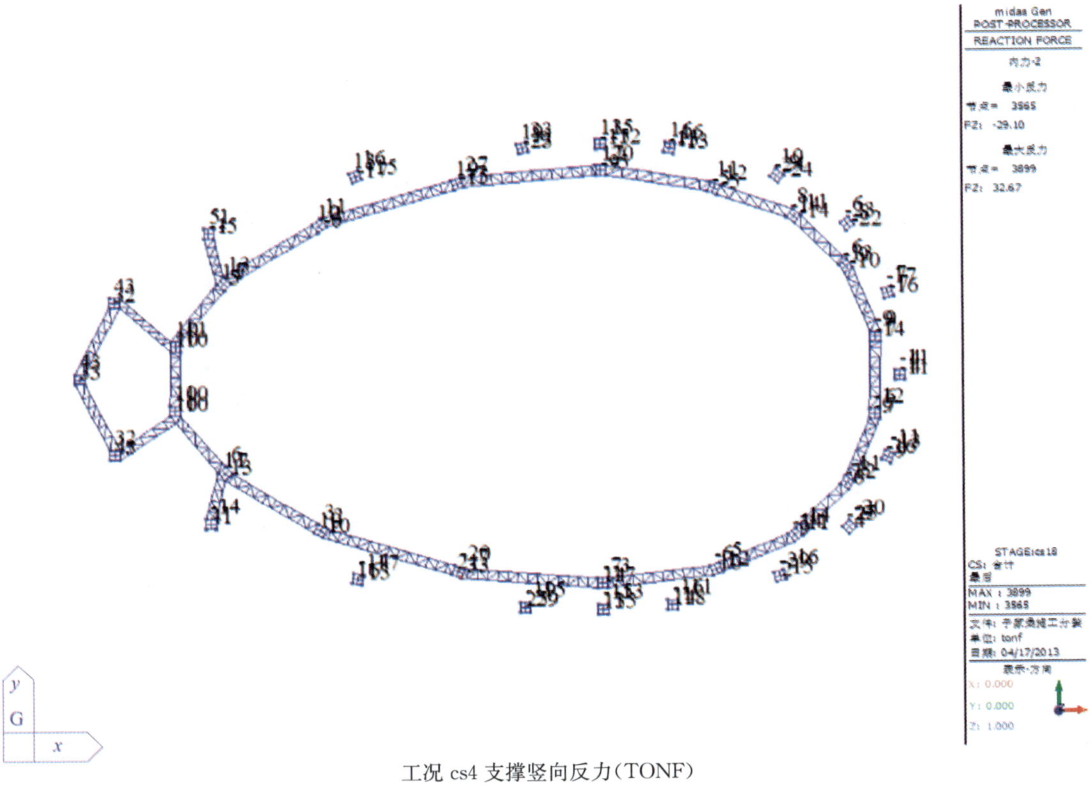

工况 cs4 支撑竖向反力(TONF)

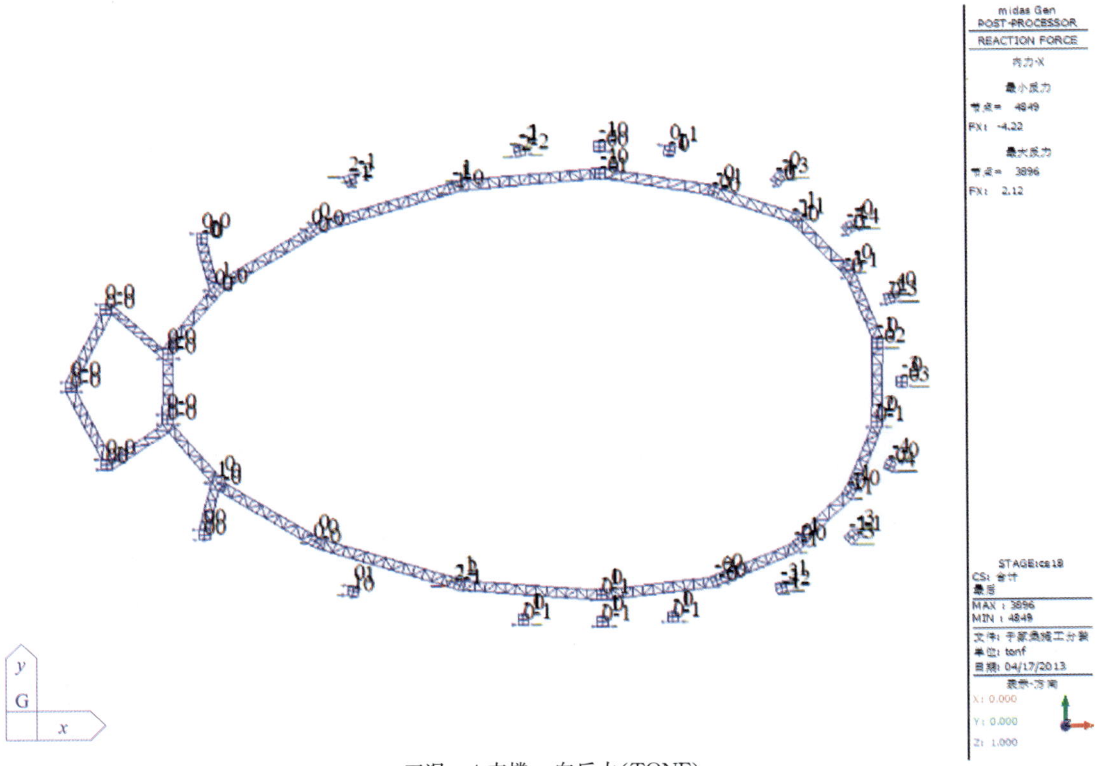

工况 cs4 支撑 x 向反力(TONF)

图 4—36

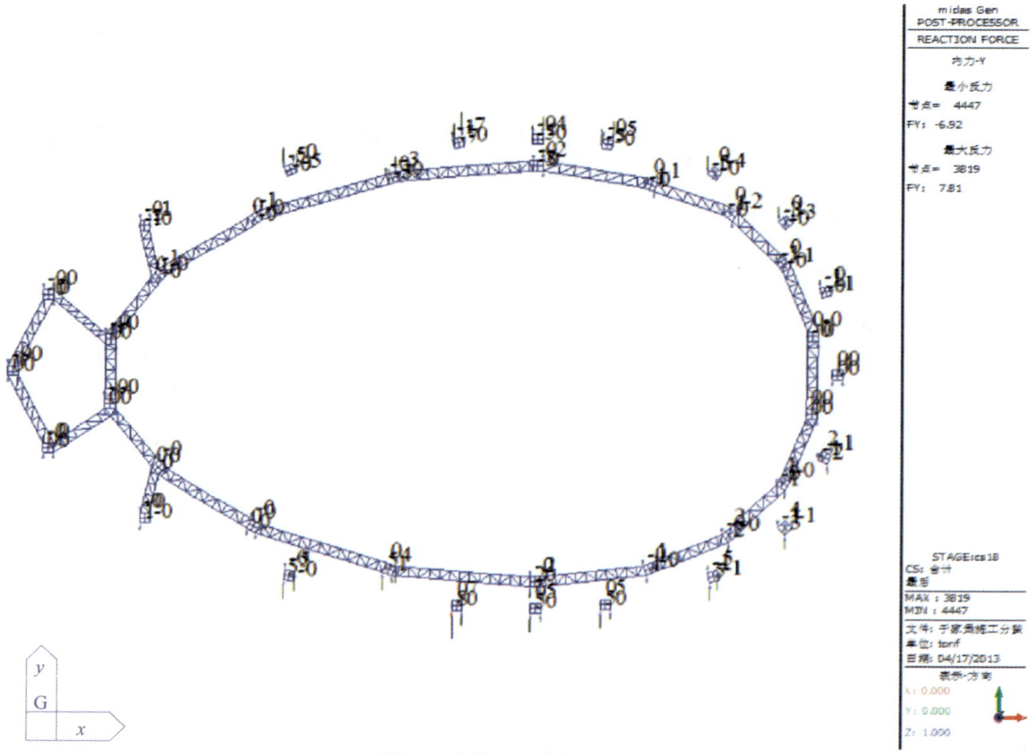

工况 cs4 支撑 y 向反力(TONF)

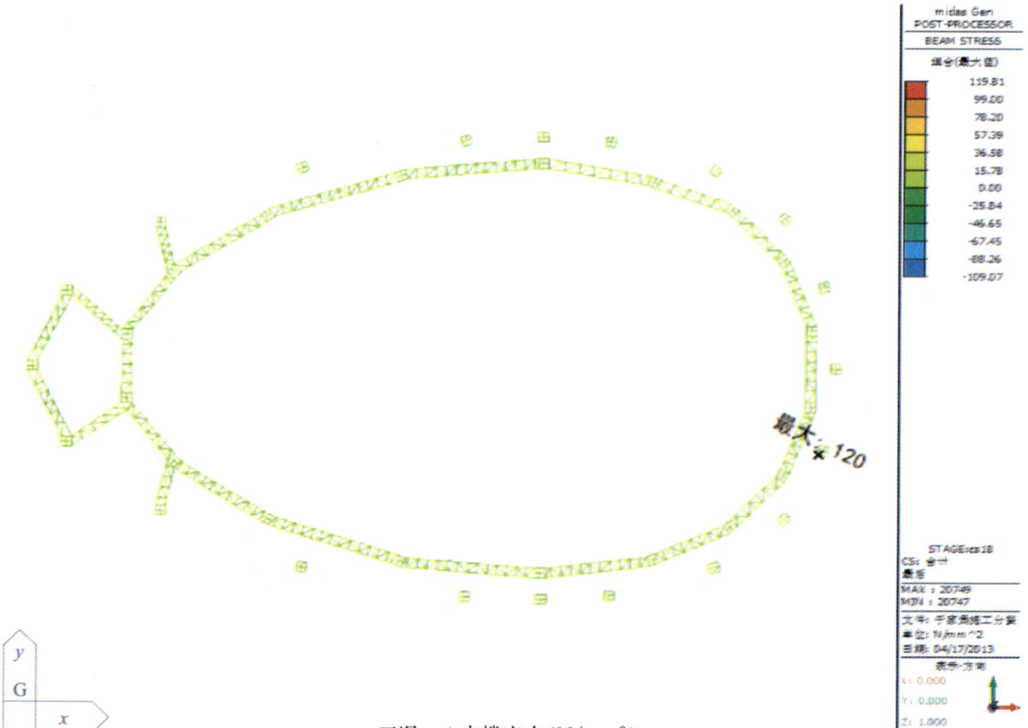

工况 cs4 支撑应力(N/mm^2)

(d)工况 cs4

图 4—36

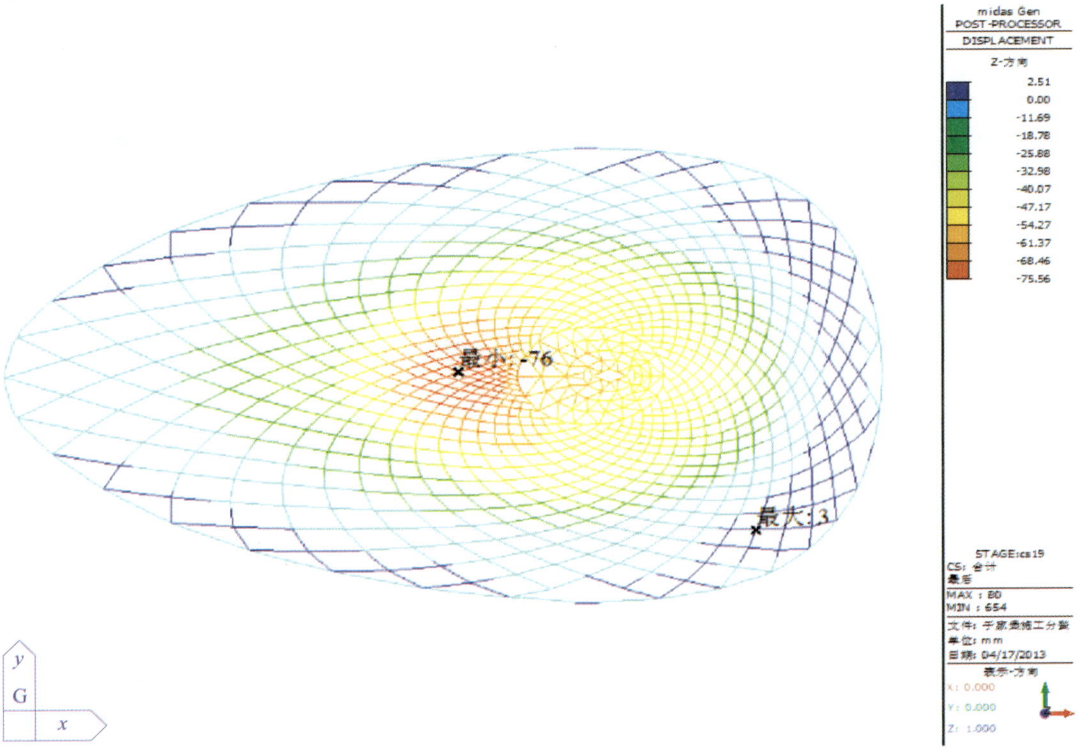

工况 cs5 竖向变形(mm)

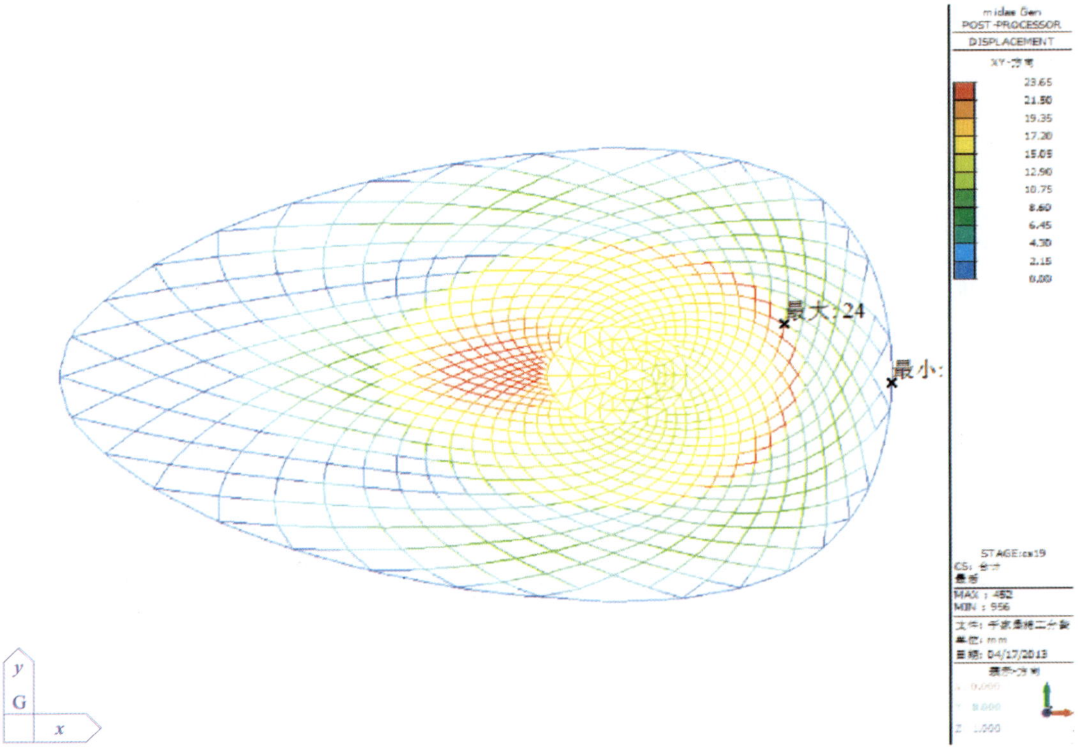

工况 cs5 水平变形(mm)

图 4—36

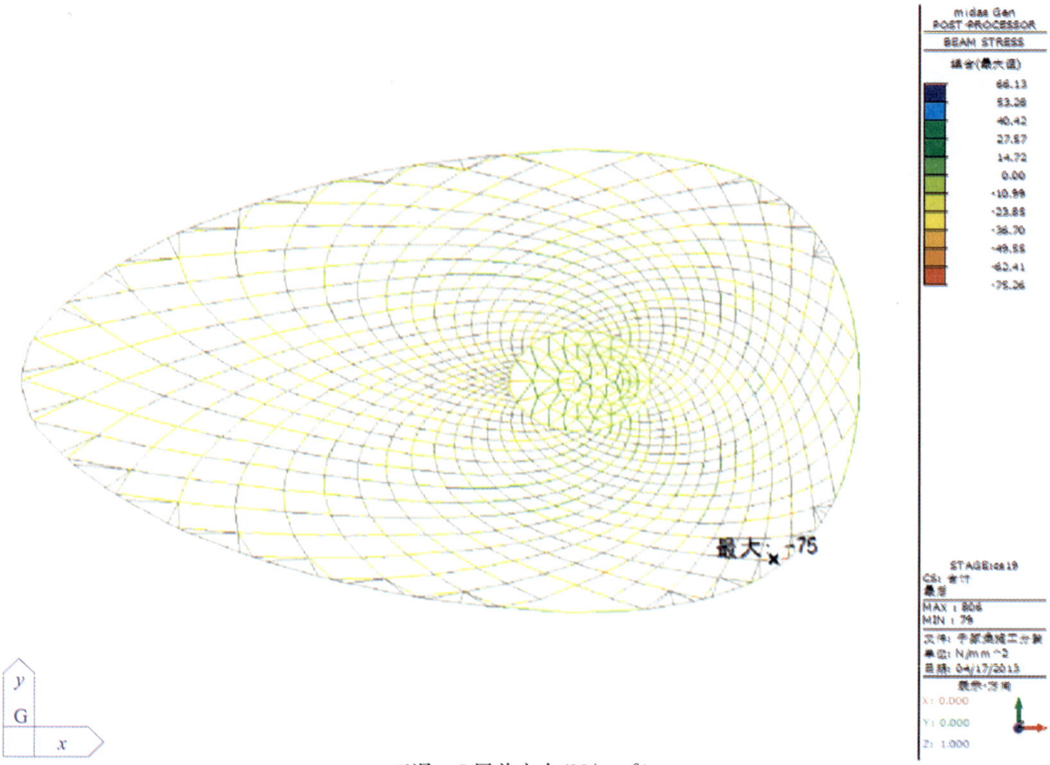

工况 cs5 屋盖应力（N/mm^2）

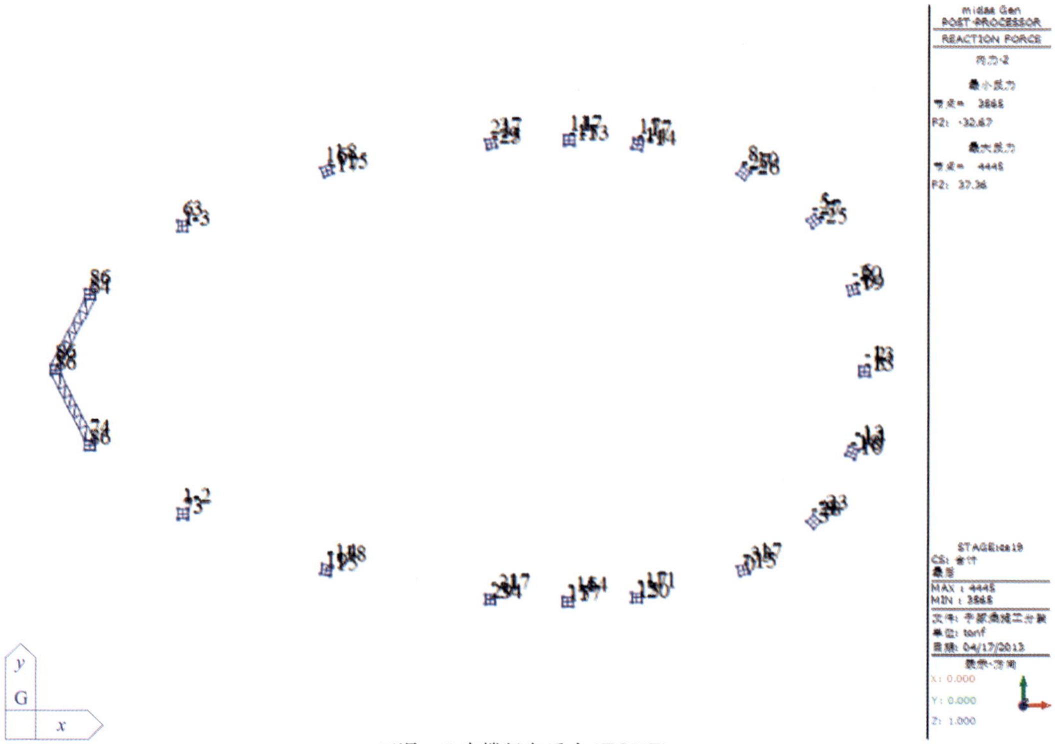

工况 cs5 支撑竖向反力（TONF）

图 4—36

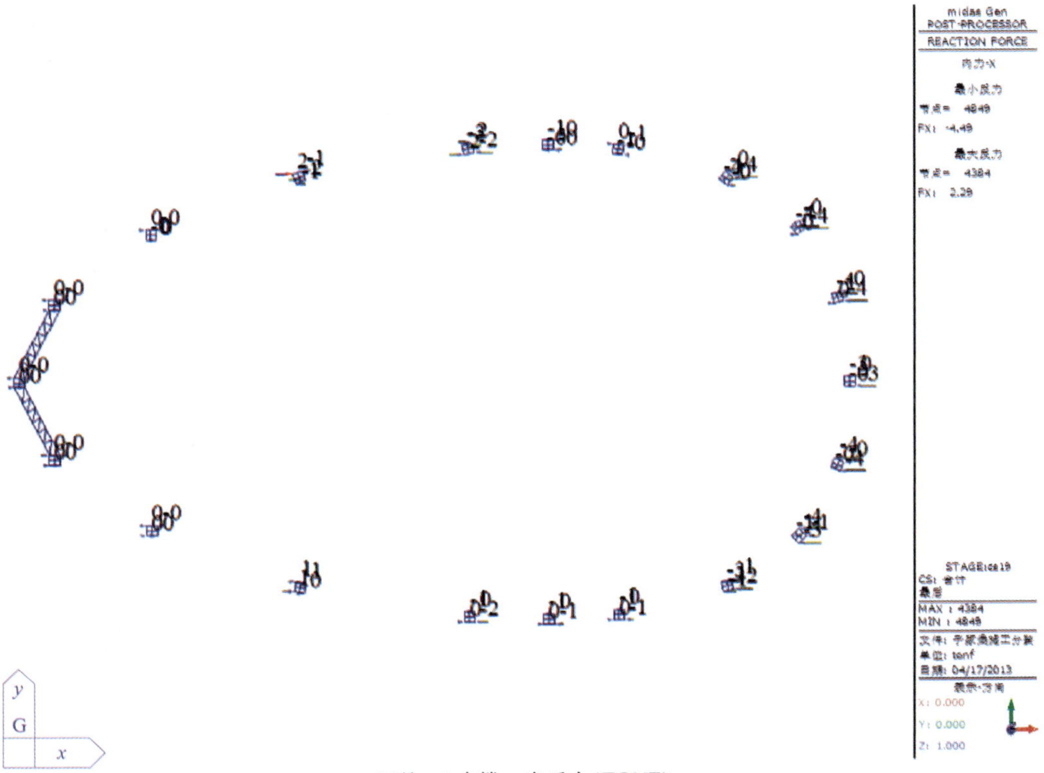

工况 cs5 支撑 x 向反力(TONF)

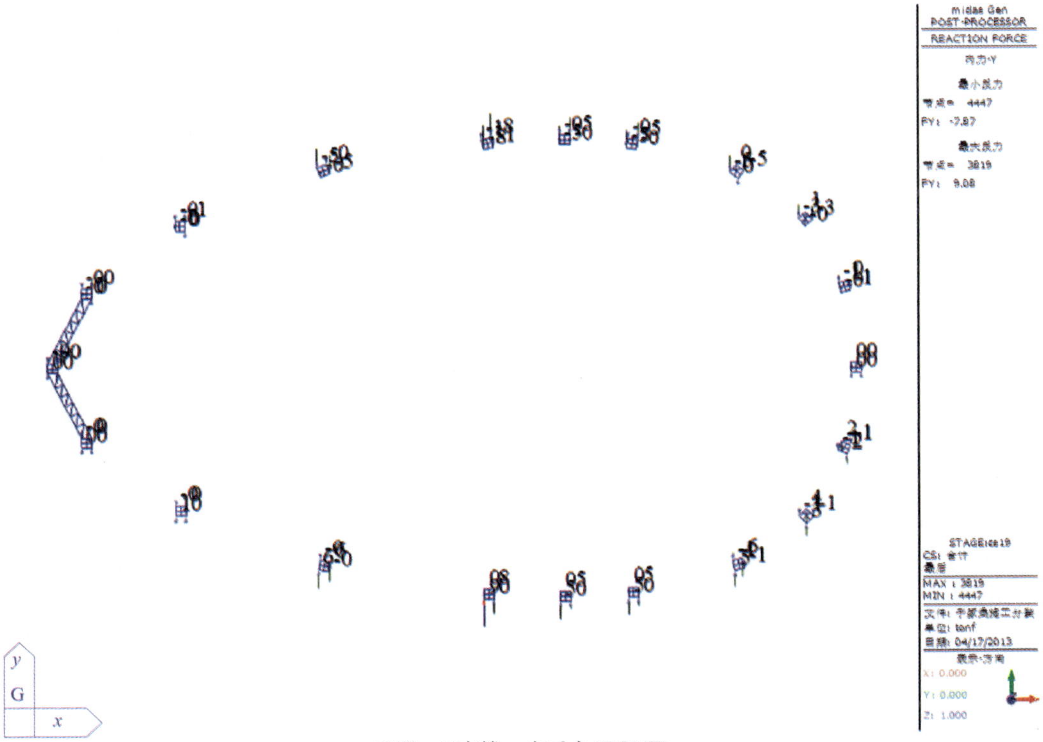

工况 cs5 支撑 y 向反力(TONF)

图　4—36

工况 cs5 支撑应力(N/mm²)

(e)工况 cs5

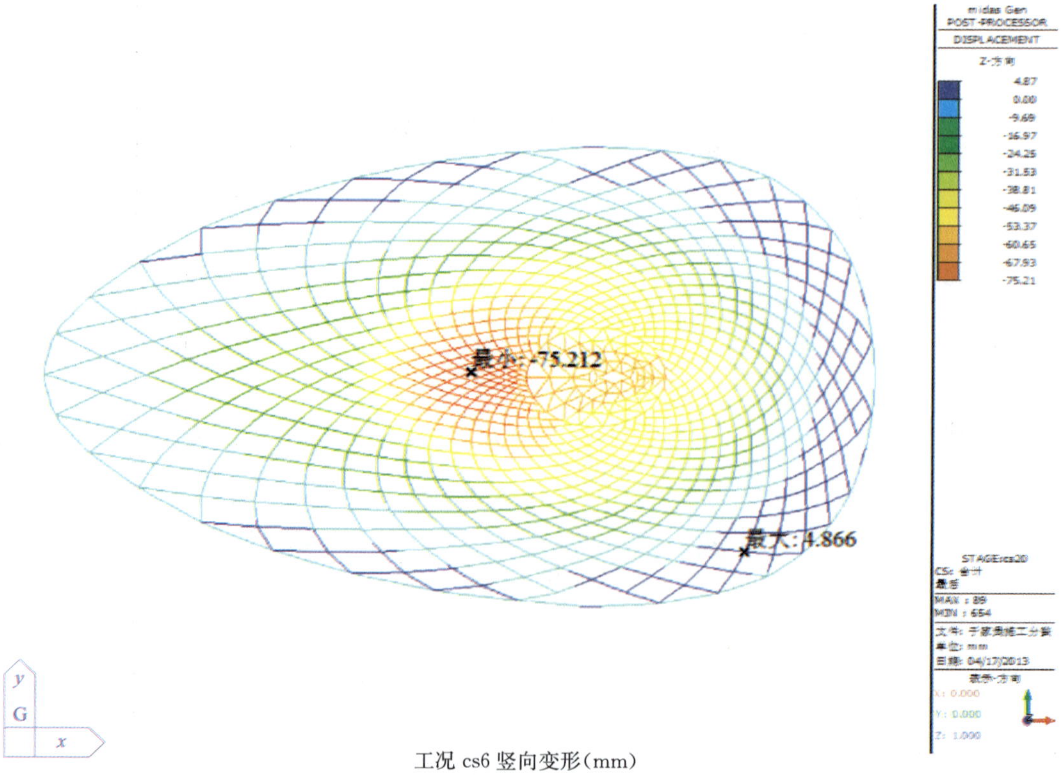

工况 cs6 竖向变形(mm)

图 4—36

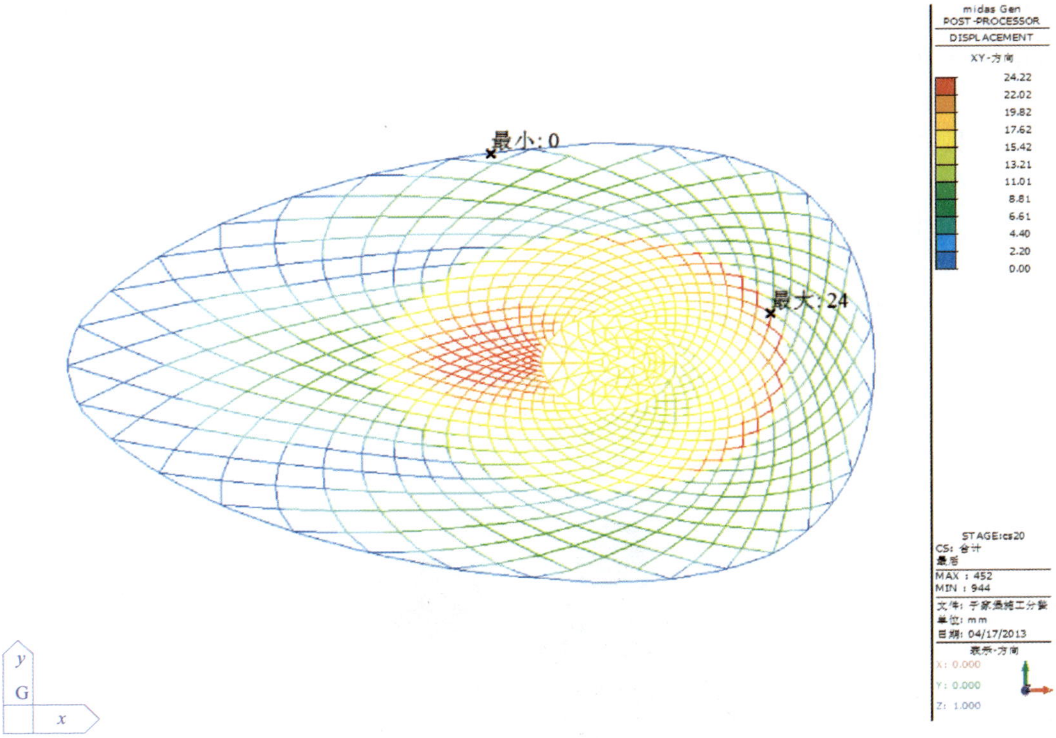

工况 cs6 水平变形(mm)

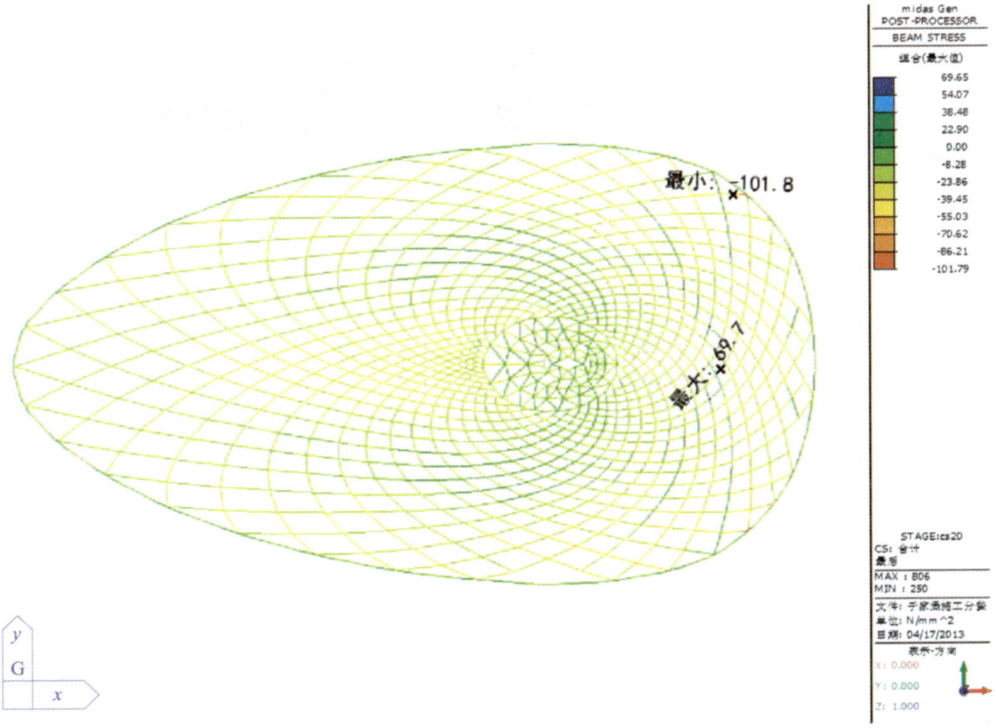

工况 cs6 应力(N/mm^2)

(f)工况 cs6

图 4—36 南北风向组合计算结果

从以上施工过程分析结果可以看出，屋盖结构的最大竖向变形第一次卸载时最大为 80 mm，最大水平变形为 24 mm；临时支撑最大竖向反力为 57.8 t，x 向水平反力为 5.2 t，y 向水平反力为 9 t，临时支撑的最大应力为 142 N/mm^2＜215 N/mm^2，支撑最大应力比为 0.66 满足要求。

4.3 提升区安装

4.3.1 提升区临时支撑胎架安装

临时支架必须保证设立后的整体稳定性，采用刚性支撑或缆风绳将临时支架及地面稳定加固，缆风绳根部固定在预先设置在混凝土梁板的地锚上或路基箱上，缆风绳采用 ϕ17.5 mm 的钢丝绳。见图 4—37。

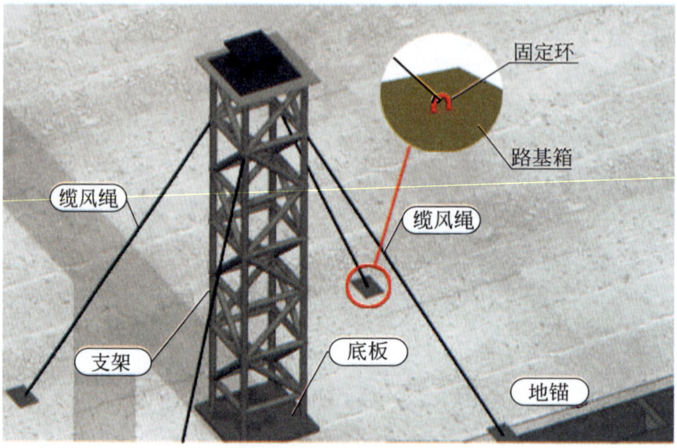

图 4—37 临时支撑临时固定示意图

根据网架分块，提升区共设 44 个临时支撑供结构拼装使用，为了保证支撑的稳定，各支撑之间采用联系桁架连接成一个整体，支撑体系布置见图 4—38。

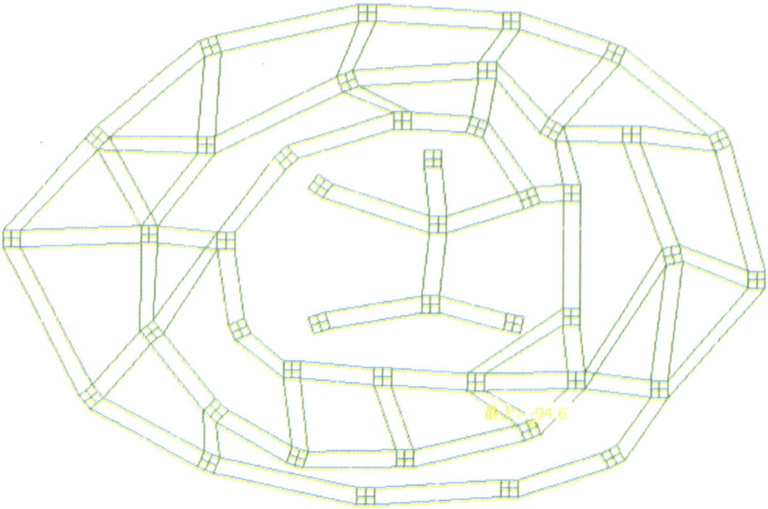

图 4—38 提升区临时支撑布置图

4.3.2　提升区提升架安装

(1)提升架架体设计

提升架根据受力状况,选择 1.5 m×1.5 m 塔身作为提升塔架。

(2)吊点设计

① 单塔上吊点设计(图 4—39)

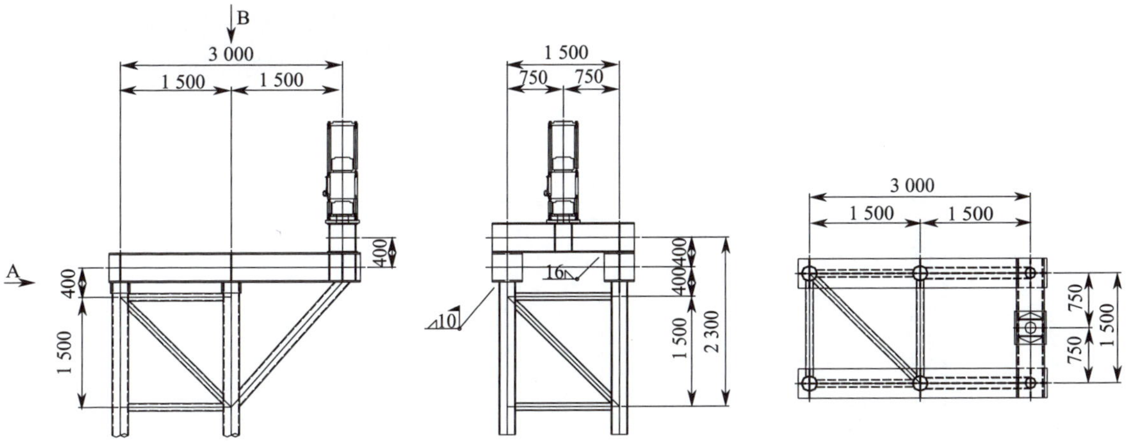

(a) 塔帽　　(b) A向　　(c) B向

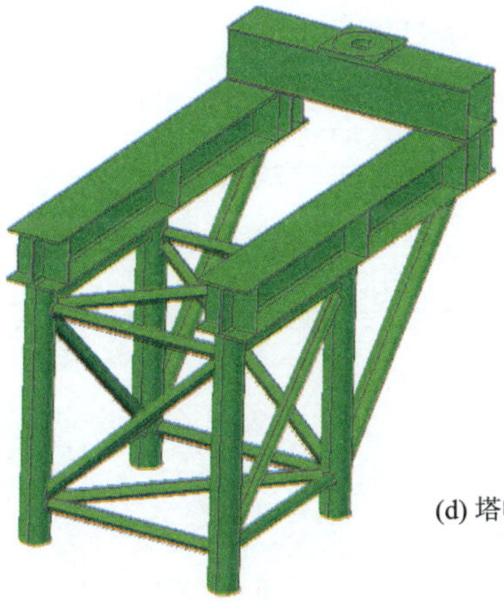

(d) 塔帽轴测图

图 4—39　单塔上吊点(单位:mm)

② 单塔下吊点设计

下吊点采用原有网壳节点板焊接耳板作为提升结构,耳板通过销轴与底锚支架连接,见图 4—40。

③ 塔架群上吊点设计(图 4—41)

④ 塔架群下吊点设计(图 4—42)

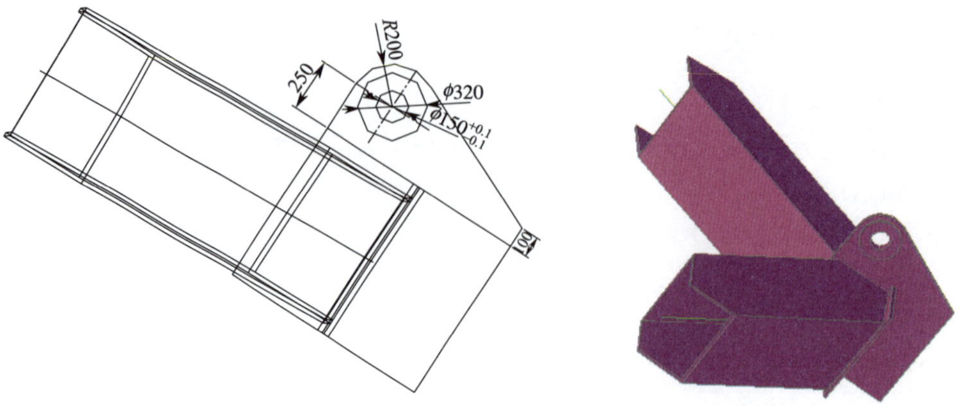

图 4—40　单塔下吊点

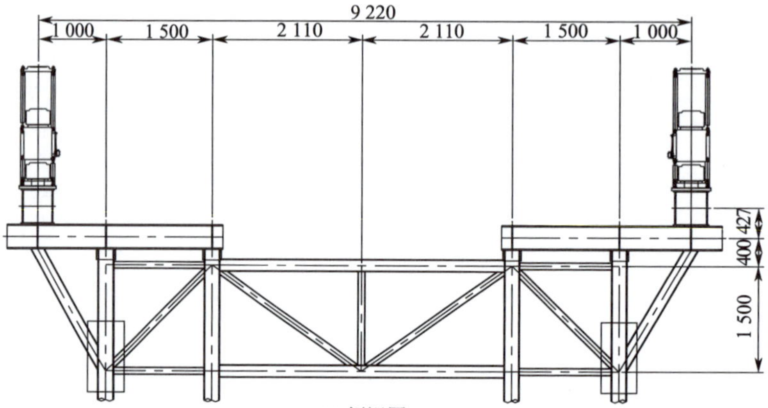

(a) 侧视图

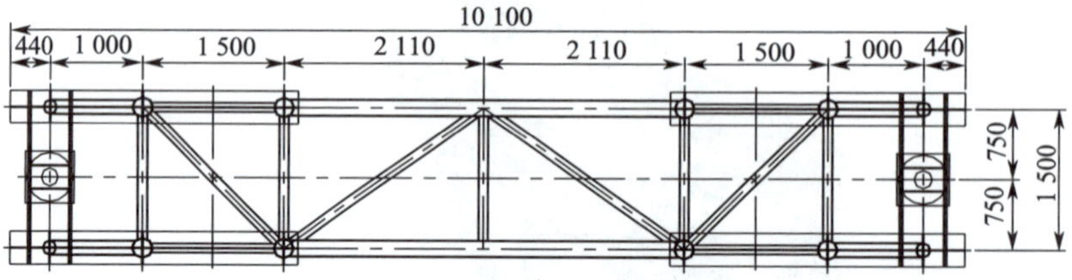

(b) 俯视图

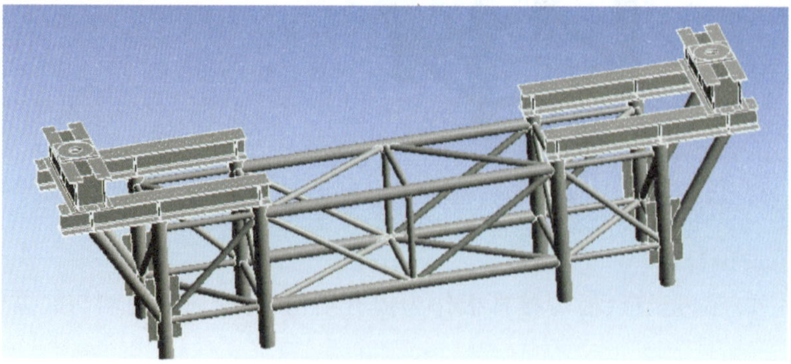

(c) 轴测图

图 4—41　塔架群上吊点(单位:mm)

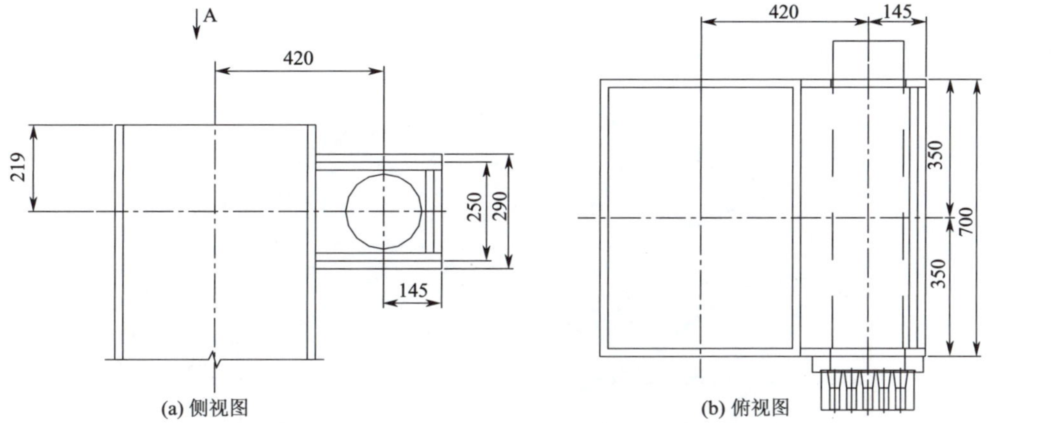

(a) 侧视图　　(b) 俯视图

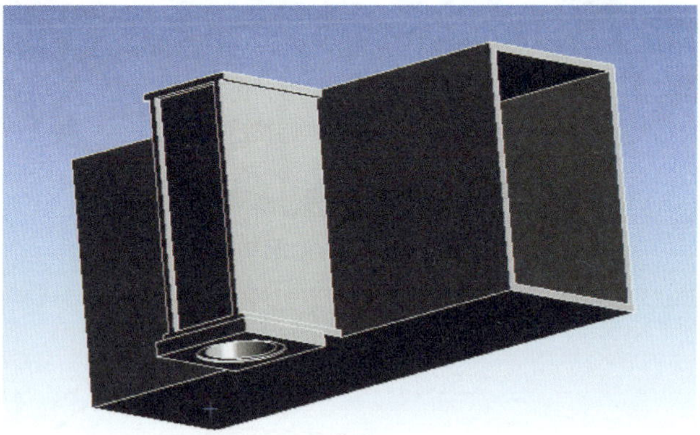

(c) 轴测图

图 4—42　塔架群下吊点

4.3.3　提升区杆件安装

根据现场拼装场地布置位置，拼装由中部向四周拼装，两台履带吊分别位于混凝土中板和顶板上，从混凝土的中板和夹板结合部位向两端逐层拼装。以下为其具体拼装流程。

（1）工况 1：提升区内圈临时支撑搭设。为保证拼装精度，拼装胎架模板上口相对高程采用全站仪进行控制，见图 4—43。

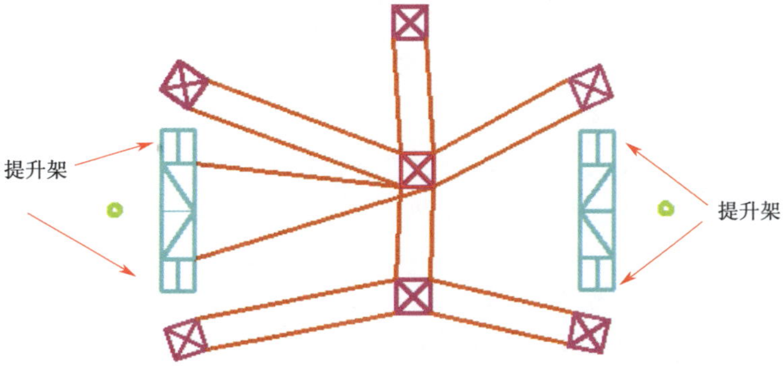

图 4—43　工况 1

(2)工况 2:安装钢管网壳顶部分块。安装时先安装环梁(四块),环梁定位后,再嵌补提升区的天窗内部圆钢管,见图 4—44。

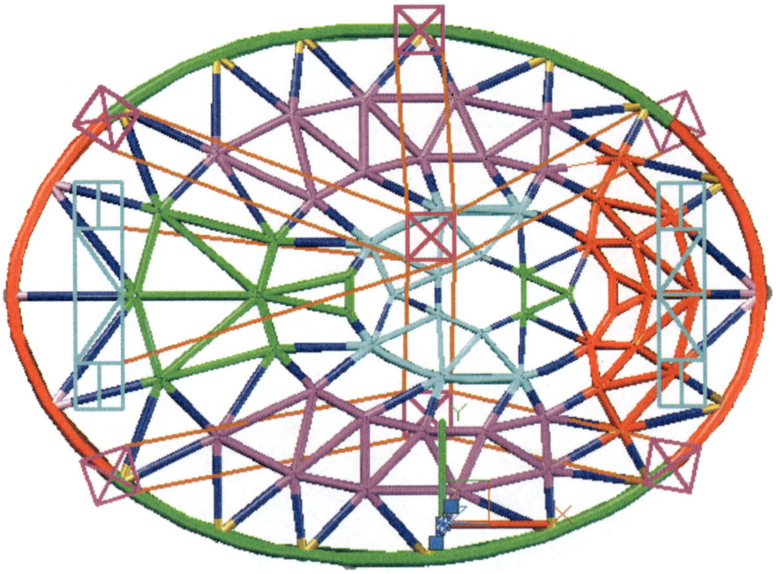

图 4—44 工况 2

(3)工况 3:提升区第二、第三圈临时支撑搭设,见图 4—45。

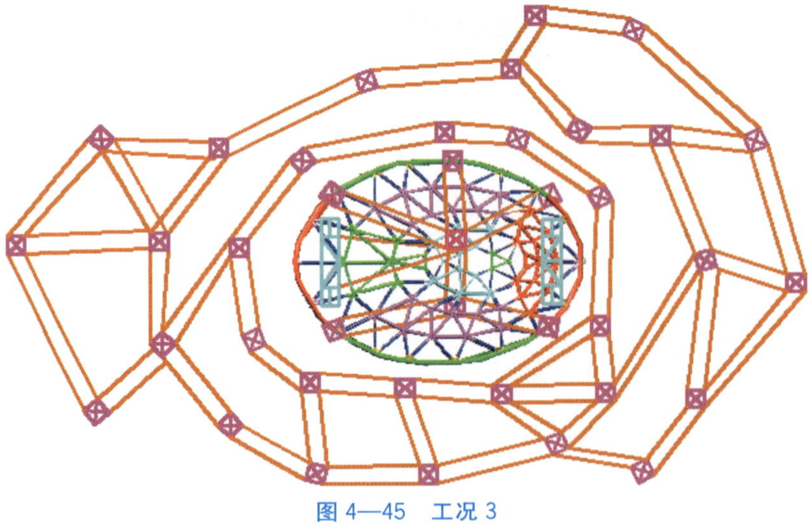

图 4—45 工况 3

(4)工况 4:现场拼装由中部向四周拼装,两台汽车吊分别位于混凝土中板和顶板上从天窗位置分别向两端逐层拼装,见图 4—46。拼装时先将工厂加工好的单片箱形网壳分块进行定位组装,定位时必须对准平台上的中心线和分段位置线,检查分段接口处的坡口间隙和板边差等,符合要求后采用临时定位板固定,并报现场质检员检查。

(5)工况 5:继续安装临时支撑,见图 4—47。

(6)工况 6:继续安装中板提升区域的拼装单元,由中部向外围逐层扩展,完成提升区拼装,见图 4—48。所有焊缝焊接完成后,采用超声波探伤仪检测,合格后进行网壳的整体测量验收。

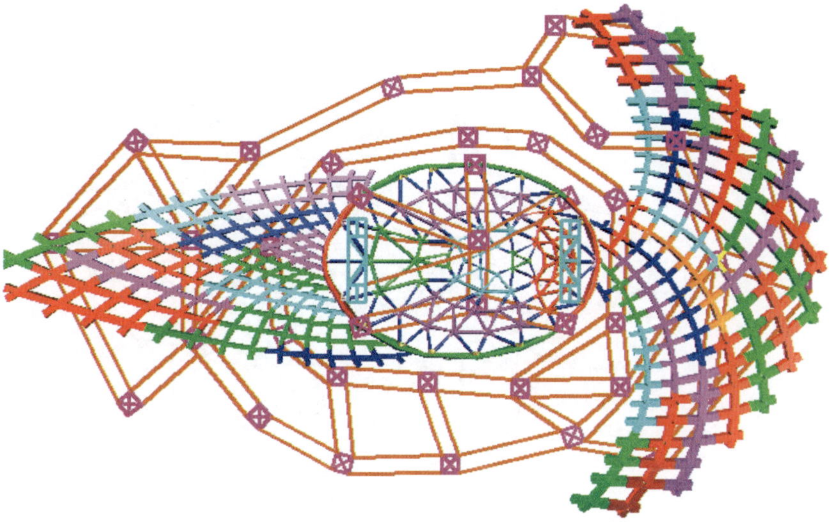
图 4—46 工况 4

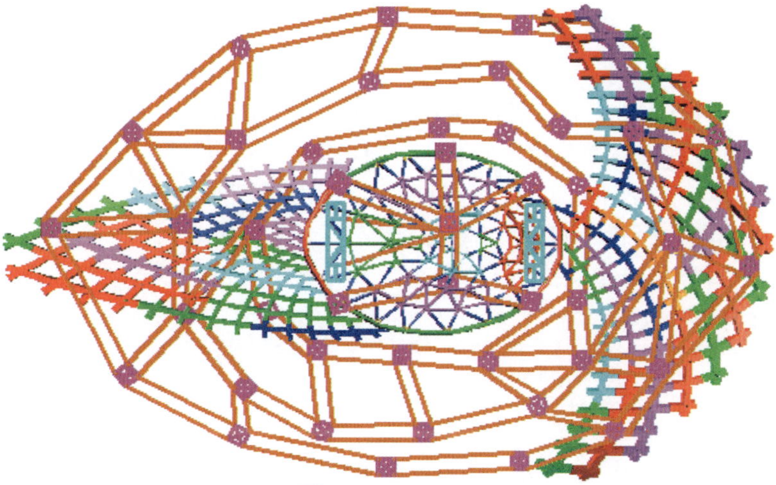
图 4—47 工况 5

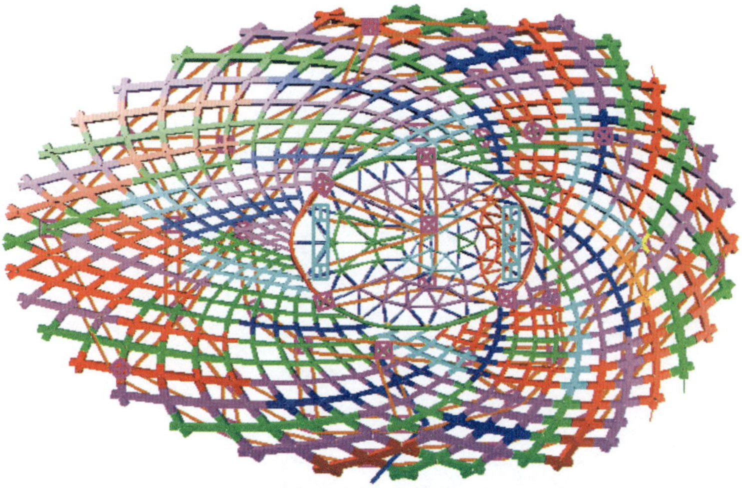
图 4—48 工况 6

(7)工况 7:安装提升区外围提升架,见图 4—49。

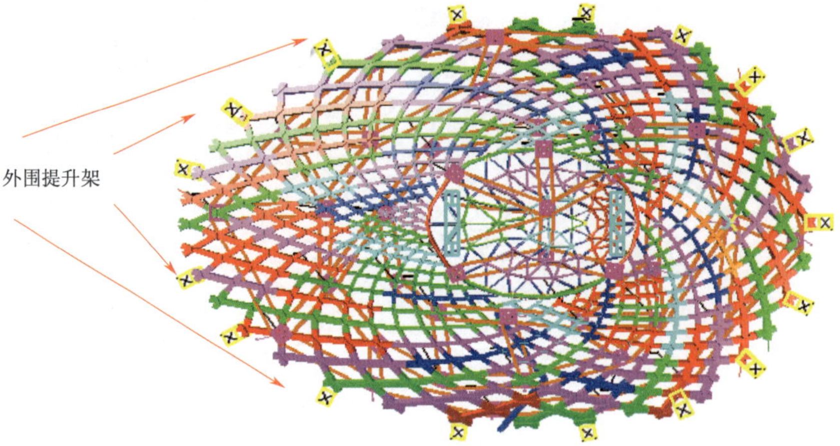

图 4—49 工况 7

4.3.4 提升区整体同步提升过程分析计算

于家堡站房屋盖网壳提升采用整体提升,共设置 21 个提升点,边缘 17 个提升点分别设置 1 个提升塔架,每个塔架上设置 1 台 100 t 千斤顶,网壳中间设置 4 个塔架,塔顶用圈梁连接,中间塔架上设置 200 t 千斤顶。边缘一圈下吊点采用原有网壳节点板焊接耳板作为锚固结构;中间下吊点采用圈梁设置牛腿作为锚固结构。

于家堡站房屋盖提升总重约 959 t。

(1)网壳整体计算

① 计算依据

《钢结构设计规范》(GB 50017—2003);

《建筑结构荷载规范》(GB 50009—2012);

《重型结构(设备)整体提升技术规程》(DG/T J08—2056—2009);

设计院设计图纸。

② 荷载工况

a. 计算荷载

提升荷载:整体提升:钢结构总重约 881.6 t。

风荷载:考虑 x 向和 y 向风荷载,具体的风荷载计算如下:

根据《建筑结构荷载规范》(GB 50009—2012)、《重型结构(设备)整体提升技术规程》(DG/T J08—2056—2009)。工作风按照 7 级风计算,风速为 17.1 m/s,其基本风压 $w_0=0.18\ \text{kN/m}^2$。

7 级风下风荷载的计算如下:

$$w_k=\beta_z\mu_s\mu_z w_0$$

式中 w_0——基本风压,$w_0=0.18\ \text{kN/m}^2$;

μ_s——风荷载体形系数,取 $\mu_s=1.3$;

μ_z——z 高度处的风压高度变化系数,取 30 m 处高度风压变化系数 1.8 (A 类风场);

β_z——z 高度处的风振系数，取 $\beta_z=1.5$。

所以，$w_k=\beta_z\mu_s\mu_z w_0=1.5\times1.3\times1.8\times0.18=0.63\ \text{kN/m}^2$

网壳的风荷载

x 向正面迎风面积约为：$A_{1x}=250\ \text{m}^2$

y 向正面迎风面积约为：$A_{1y}=330\ \text{m}^2$

所以，x 向风荷载为：$F_{1x}=w_k A_{1x}=0.63\times250=157.5\ \text{kN}$

y 向风荷载为：$F_{1y}=w_k A_{1y}=0.63\times330=207.9\ \text{kN}$

塔架的风荷载

x 向正面迎风面积约为：$A_{1x}=31.5\times1.5\times0.6=28.35\ \text{m}^2$

y 向正面迎风面积约为：$A_{1y}=31.5\times1.5\times0.6=28.35\ \text{m}^2$

所以，x 向风荷载为：$F_{1x}=w_k A_{1x}=0.63\times28.35=17.86\ \text{kN}$

y 向风荷载为：$F_{1y}=w_k A_{1y}=0.63\times28.35=17.86\ \text{kN}$

b. 计算工况

标准组合：dead；dead＋live；dead＋live＋w_x；dead＋live＋w_y。

设计组合：1.35（dead）；1.35dead＋1.4live；1.35dead＋1.4live＋1.4w_x；1.35dead＋1.4live＋1.4w_y。

注：dead 为网壳自重；live 为提升点作用力；w_x 为 x 向风荷载；w_y 为 y 向风荷载。

c. 计算工况（表 4—2）。

表 4—2　计算工况列表

总体施工工况	荷载组合	统计数据
整体提升	dead 1.35(dead)	提升点反力网壳变形 网壳结构应力
塔架计算	dead＋live dead＋live＋w_x dead＋live＋w_y	提升点反力 塔架变形 塔架整体稳定
	1.35dead＋1.4live 1.35dead＋1.4live＋1.4w_x 1.35dead＋1.4live＋1.4w_y	塔架结构应力

d. 网架计算模型与结果

ⓐ计算模型(图 4—50)

ⓑ提升点反力(表 4—3)

表 4—3　提升点反力(kN)

提升点编号	荷载组合	F_x	F_y	F_z
TSD1	dead	1	0	346
	dead＋w_x	−5	0	347
	dead＋w_y	1	−7	347
TSD2	dead	0	−1	242
	dead＋w_x	−4	−1	242
	dead＋w_y	1	−5	242

续上表

提升点编号	荷载组合	F_x	F_y	F_z
TSD3	dead	0	−1	296
	dead+w_x	−5	−1	296
	dead+w_y	1	−7	296
TSD4	dead	0	−1	331
	dead+w_x	−6	−1	330
	dead+w_y	1	−8	331
TSD5	dead	0	−1	320
	dead+w_x	−6	−1	320
	dead+w_y	0	−8	321
TSD6	dead	0	0	281
	dead+w_x	−5	0	281
	dead+w_y	0	−7	280
TSD7	dead	0	0	210
	dead+w_x	−4	0	211
	dead+w_y	0	−5	211
TSD8	dead	0	0	217
	dead+w_x	−4	0	219
	dead+w_y	0	−6	218
TSD9	dead	0	0	208
	dead+w_x	−4	0	210
	dead+w_y	0	−5	209
TSD10	dead	0	0	217
	dead+w_x	−4	0	218
	dead+w_y	−1	−5	217
TSD11	dead	0	0	207
	dead+w_x	−4	0	208
	dead+w_y	−1	−5	206
TSD12	dead	0	0	274
	dead+w_x	−5	0	274
	dead+w_y	−1	−6	272
TSD13	dead	0	1	317
	dead+w_x	−6	1	317
	dead+w_y	−1	−7	314
TSD14	dead	0	1	335
	dead+w_x	−6	1	334
	dead+w_y	−1	−6	331
TSD15	dead	0	1	298
	dead+w_x	−5	1	298
	dead+w_y	0	−5	297
TSD16	dead	0	1	241
	dead+w_x	−4	1	241
	dead+w_y	0	−4	240

续上表

提升点编号	荷载组合	F_x	F_y	F_z
TSD17	dead	1	0	346
	dead+w_x	−5	0	346
	dead+w_y	0	−7	346
TSD18	dead	1	0	1192
	dead+w_x	−20	0	1192
	dead+w_y	1	−26	1194
TSD19	dead	1	0	1176
	dead+w_x	−20	0	1176
	dead+w_y	0	−26	1180
TSD20	dead	0	0	865
	dead+w_x	−15	0	864
	dead+w_y	0	−20	866
TSD21	dead	0	0	899
	dead+w_x	−15	0	897
	dead+w_y	0	−21	901

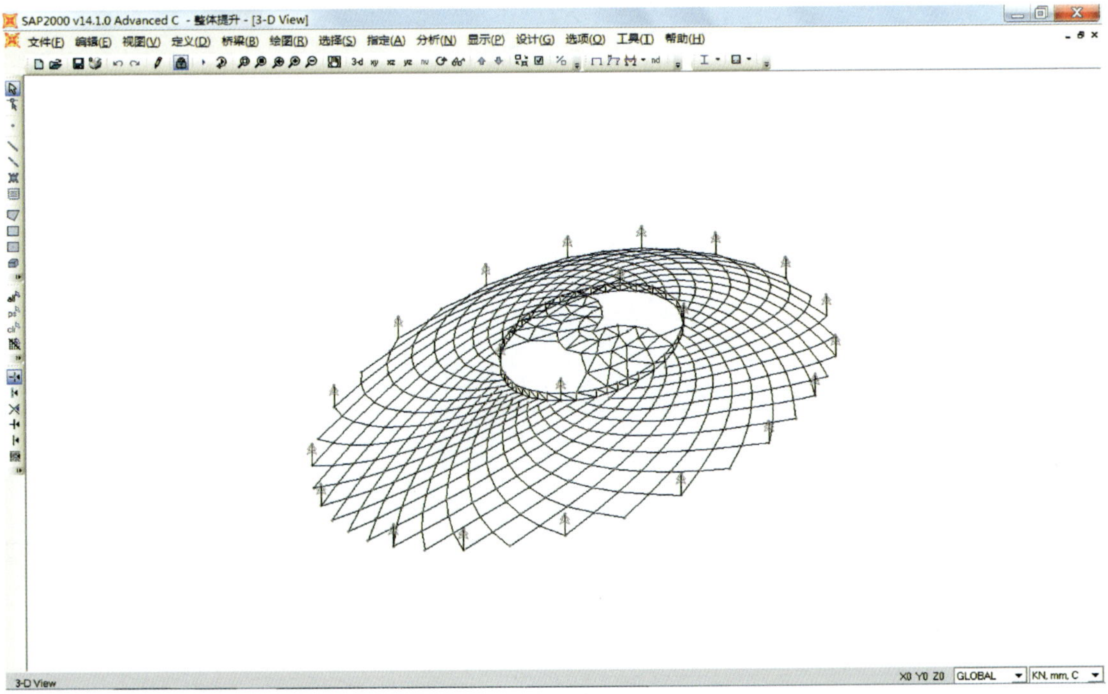

图 4—50　整体提升模型图

ⓒ网壳变形(图 4—51 和表 4—4)

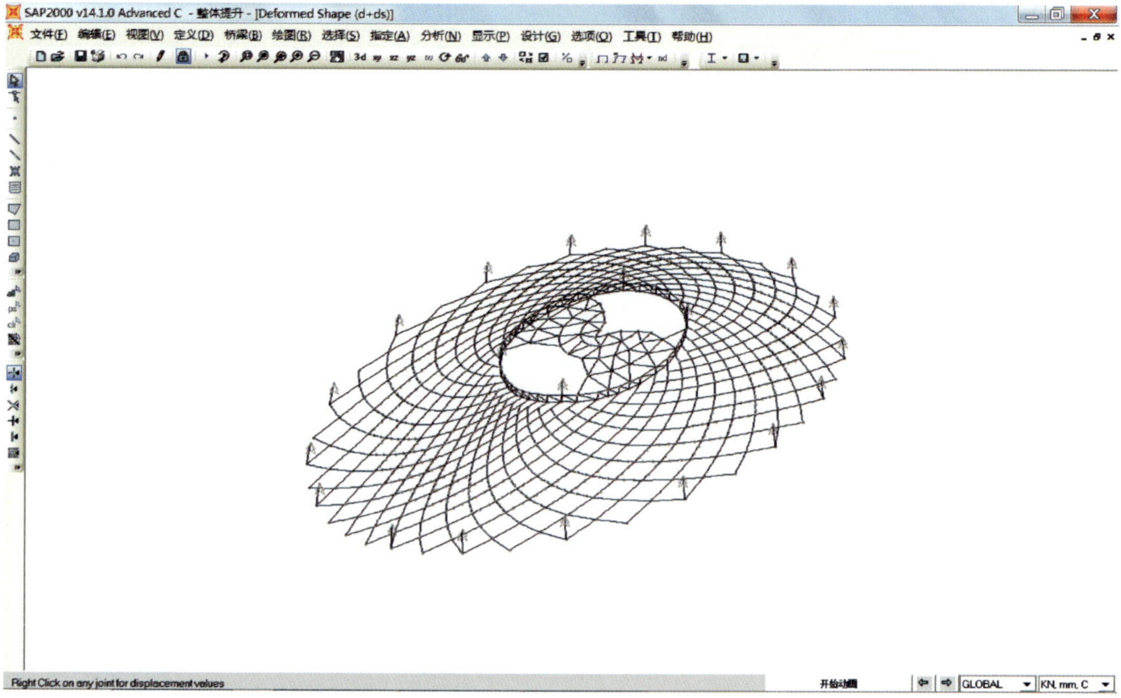

图 4—51　网壳变形

表 4—4　网壳变形(mm)

位置	荷载工况	U_x	U_y	U_z
网壳跨中	dead	5.29	0.00	−48.40
	dead+w_x	56.95	−0.01	−48.25
	dead+w_y	5.34	63.62	−47.82
网壳边跨	dead	2.19	7.03	−3.80
	dead+w_x	53.75	7.06	−3.32
	dead+w_y	−2.78	77.13	−2.82

ⓓ网壳应力(图 4—52 和表 4—5)

表 4—5　网壳主要杆件最大应力比

杆件名称	材料	最大应力比	应力(MPa)	设计强度(MPa)
D203×14	Q345B	0.027	8	310
D299×16	Q345B	0.168	52	310
D450×20	Q345B	0.529	156	295
□600×400×20×20	Q345B	0.064	19	295
□600×500～600×400×20×20	Q345B	0.025	7	295

续上表

杆件名称	材料	最大应力比	应力(MPa)	设计强度(MPa)
□650×600～600×500×20×20	Q345B	0.022	6	295
□700×500×20×20	Q345B	0.145	43	295
□700×700～650×600×20×20	Q345B	0.016	5	295
□700×700×20×20	Q345B	0.020	6	295
□700×700×20×25	Q345B	0.027	8	295
□700×700×25×25	Q345B	0.019	6	295

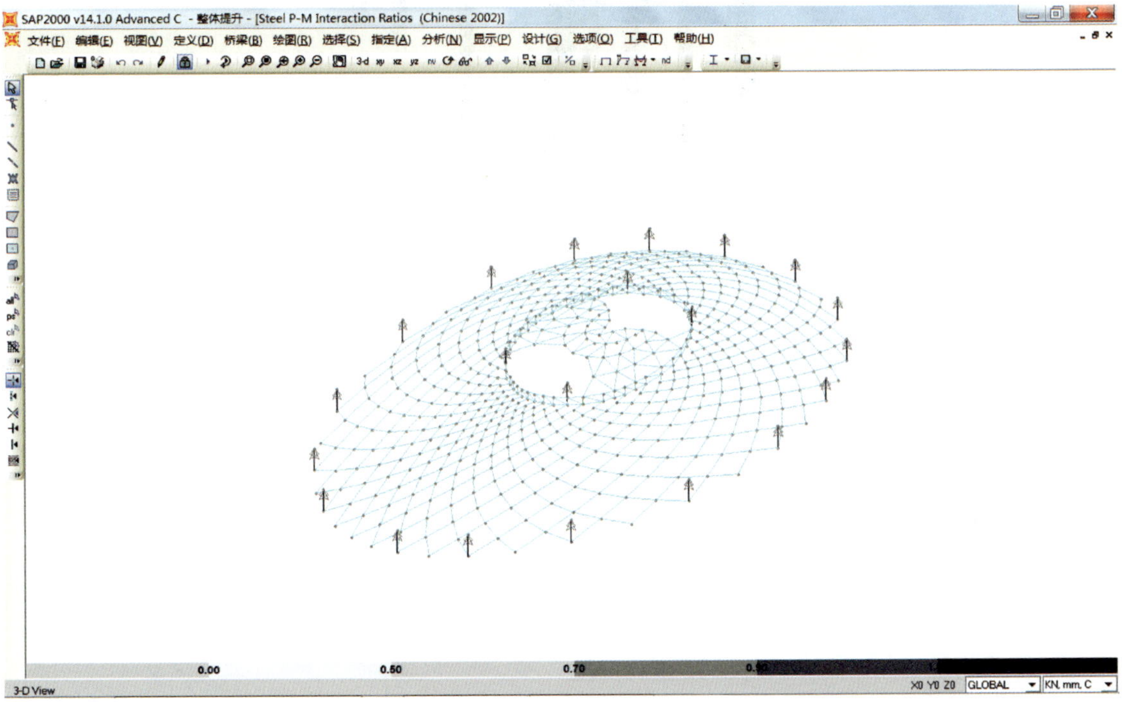

图 4—52　网壳结构应力

ⓔ结论

网壳在提升时，提升点最大反力出现在 TSD18，为 1194 kN。网壳沿 x 向最大变形为 56.95 mm，沿 y 向最大变形为 77.13 mm，沿 z 向最大变形为－48.40 mm，满足规范要求，网壳结构杆件的最大应力为 156 MPa，小于构件强度设计值 295 MPa，网壳在提升时结构强度和刚度均满足要求。

(2)塔架验算

根据整体计算，可知每一个塔架顶油缸力反力，将油缸上的力作为活载施加到塔架上，以校核塔架。

① 计算模型(图 4—53)

② 支撑点反力(图 4—54 和表 4—6)

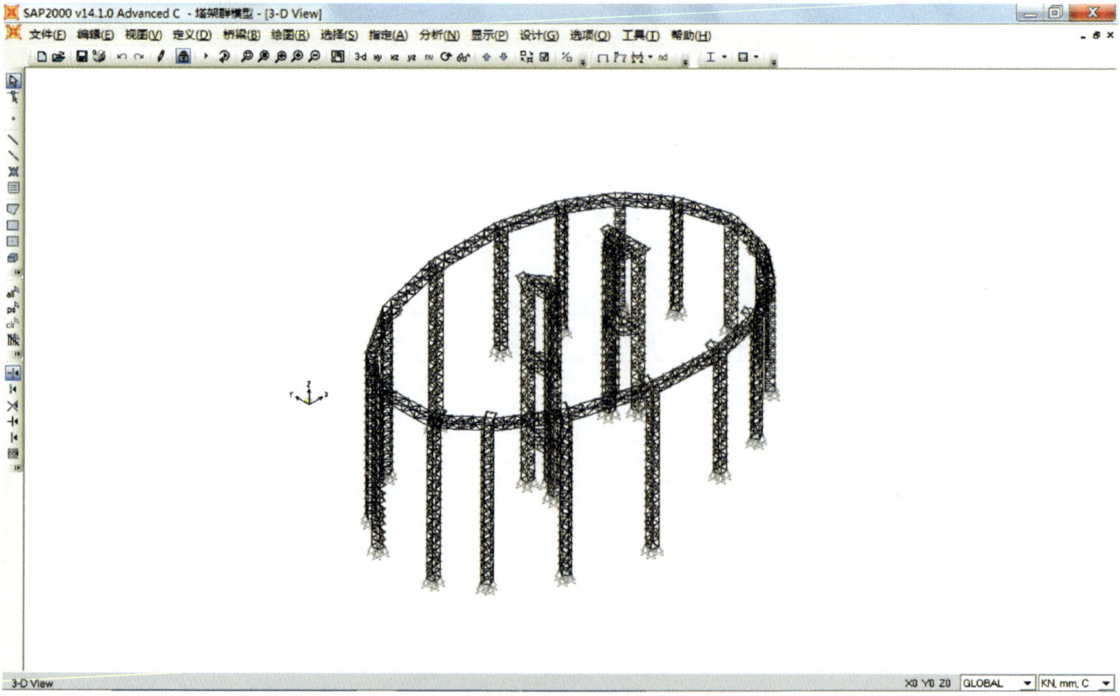

图 4—53　塔架群计算模型

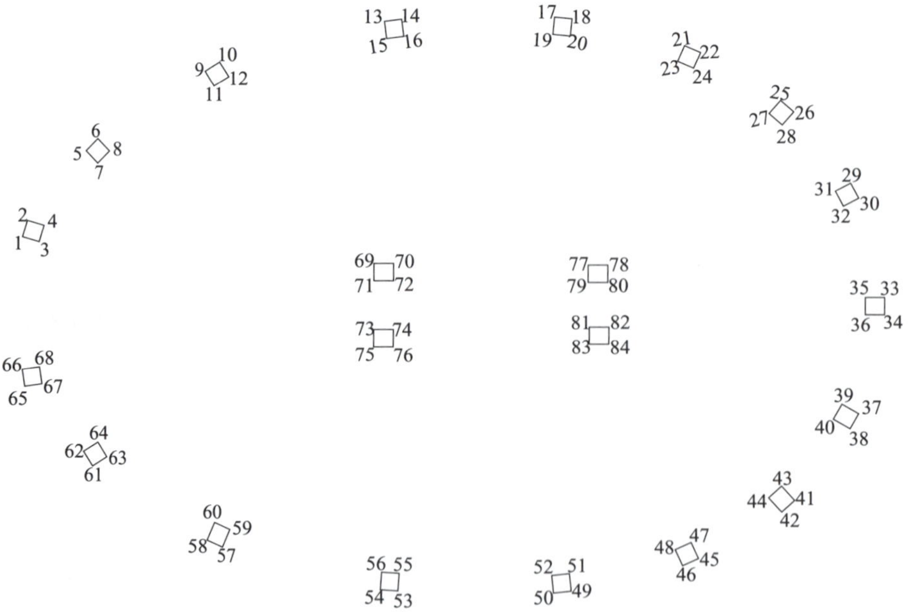

图 4—54　支撑点编号

表 4—6　支撑点反力(单位:kN)

支撑点编号	荷载组合	F_x	F_y	F_z
1	dead+live	2	0	212
1	dead+live+w_x	0	1	137

续上表

支撑点编号	荷载组合	F_x	F_y	F_z
1	dead+live+w_y	−2	3	−313
2	dead+live	1	7	300
2	dead+live+w_x	0	3	232
2	dead+live+w_y	−13	−46	751
3	dead+live	0	1	1
3	dead+live+w_x	−1	−2	−2
3	dead+live+w_y	−3	−14	−15
4	dead+live	29	−6	−93
4	dead+live+w_x	15	−3	38
4	dead+live+w_y	35	−2	−25
5	dead+live	0	0	242
5	dead+live+w_x	−3	−5	115
5	dead+live+w_y	−19	−33	37
6	dead+live	13	−8	212
6	dead+live+w_x	7	−4	191
6	dead+live+w_y	26	−14	752
7	dead+live	14	−7	3
7	dead+live+w_x	6	−3	26
7	dead+live+w_y	26	−13	−518
8	dead+live	−1	1	−27
8	dead+live+w_x	−4	−5	102
8	dead+live+w_y	−20	−33	198
9	dead+live	3	2	239
9	dead+live+w_x	−6	−3	122
9	dead+live+w_y	−18	−9	320
10	dead+live	7	−13	154
10	dead+live+w_x	6	−10	208
10	dead+live+w_y	20	−35	661
11	dead+live	8	−13	76
11	dead+live+w_x	6	−9	24
11	dead+live+w_y	22	−37	−418
12	dead+live	3	2	−9
12	dead+live+w_x	−7	−3	109
12	dead+live+w_y	−15	−7	−77
13	dead+live	4	−1	200
13	dead+live+w_x	−6	−1	116

续上表

支撑点编号	荷载组合	F_x	F_y	F_z
13	dead+live+w_y	−5	−2	402
14	dead+live	1	−16	145
14	dead+live+w_x	1	−17	242
14	dead+live+w_y	3	−39	495
15	dead+live	3	−12	104
15	dead+live+w_x	3	−12	6
15	dead+live+w_y	6	−43	−243
16	dead+live	0	1	49
16	dead+live+w_x	−11	0	132
16	dead+live+w_y	−1	2	−151
17	dead+live	5	−2	123
17	dead+live+w_x	−10	1	59
17	dead+live+w_y	3	−2	411
18	dead+live	−3	−17	92
18	dead+live+w_x	−4	−21	254
18	dead+live+w_y	−9	−39	351
19	dead+live	−1	−11	136
19	dead+live+w_x	−2	−16	−28
19	dead+live+w_y	−7	−44	−117
20	dead+live	−2	1	106
20	dead+live+w_x	−15	4	167
20	dead+live+w_y	9	0	−177
21	dead+live	2	−2	112
21	dead+live+w_x	−9	4	76
21	dead+live+w_y	11	−6	371
22	dead+live	−8	−16	129
22	dead+live+w_x	−10	−21	284
22	dead+live+w_y	−16	−31	223
23	dead+live	−4	−10	67
23	dead+live+w_x	−7	−16	−88
23	dead+live+w_y	−14	−31	−19
24	dead+live	−4	2	84
24	dead+live+w_x	−14	8	120
24	dead+live+w_y	11	−5	−167
25	dead+live	0	0	91
25	dead+live+w_x	−9	9	96

续上表

支撑点编号	荷载组合	F_x	F_y	F_z
25	dead+live+w_y	17	−17	372
26	dead+live	−12	−12	145
26	dead+live+w_x	−18	−18	309
26	dead+live+w_y	−22	−21	96
27	dead+live	−8	−8	16
27	dead+live+w_x	−15	−16	−146
27	dead+live+w_y	−19	−19	72
28	dead+live	−4	5	70
28	dead+live+w_x	−11	12	68
28	dead+live+w_y	14	−14	−204
29	dead+live	0	0	145
29	dead+live+w_x	−3	7	182
29	dead+live+w_y	13	−28	397
30	dead+live	−19	−9	189
30	dead+live+w_x	−26	−12	318
30	dead+live+w_y	−26	−12	42
31	dead+live	−15	−7	−20
31	dead+live+w_x	−24	−12	−145
31	dead+live+w_y	−21	−9	128
32	dead+live	−1	4	25
32	dead+live+w_x	−4	10	−9
32	dead+live+w_y	11	−23	−228
33	dead+live	0	−1	180
33	dead+live+w_x	0	−1	265
33	dead+live+w_y	0	−36	391
34	dead+live	−20	0	182
34	dead+live+w_x	−29	0	267
34	dead+live+w_y	−21	1	−35
35	dead+live	−18	0	−18
35	dead+live+w_x	−28	0	−99
35	dead+live+w_y	−16	0	199
36	dead+live	1	0	−17
36	dead+live+w_x	1	0	−96
36	dead+live+w_y	0	−30	−228
37	dead+live	−19	9	189
37	dead+live+w_x	−26	12	319

续上表

支撑点编号	荷载组合	F_x	F_y	F_z
37	dead+live+w_y	−11	5	328
38	dead+live	0	0	145
38	dead+live+w_x	−3	−7	183
38	dead+live+w_y	−13	−28	−107
39	dead+live	−1	−4	23
39	dead+live+w_x	−4	−9	−10
39	dead+live+w_y	−14	−31	277
40	dead+live	−14	7	−21
40	dead+live+w_x	−24	12	−146
40	dead+live+w_y	−8	5	−160
41	dead+live	−12	12	145
41	dead+live+w_x	−18	18	311
41	dead+live+w_y	−3	3	187
42	dead+live	0	0	94
42	dead+live+w_x	−9	−9	98
42	dead+live+w_y	−16	−16	−184
43	dead+live	−4	−4	66
43	dead+live+w_x	−11	−12	65
43	dead+live+w_y	−22	−23	337
44	dead+live	−8	8	14
44	dead+live+w_x	−15	16	−149
44	dead+live+w_y	4	−3	−36
45	dead+live	−8	17	132
45	dead+live+w_x	−11	21	288
45	dead+live+w_y	−1	3	37
46	dead+live	3	2	115
46	dead+live+w_x	−9	−4	77
46	dead+live+w_y	−5	−2	−138
47	dead+live	−4	−3	83
47	dead+live+w_x	−14	−8	120
47	dead+live+w_y	−19	−9	328
48	dead+live	−4	10	66
48	dead+live+w_x	−7	16	−91
48	dead+live+w_y	7	−12	154
49	dead+live	3	2	84
49	dead+live+w_x	−12	0	251

续上表

支撑点编号	荷载组合	F_x	F_y	F_z
49	dead+live+w_y	8	3	−165
50	dead+live	−2	13	123
50	dead+live+w_x	−2	18	62
50	dead+live+w_y	3	−20	−166
51	dead+live	−4	14	103
51	dead+live+w_x	−4	18	162
51	dead+live+w_y	−2	−7	387
52	dead+live	2	0	143
52	dead+live+w_x	−12	−2	−27
52	dead+live+w_y	−5	−2	385
53	dead+live	1	1	119
53	dead+live+w_x	−10	3	221
53	dead+live+w_y	14	−1	−228
54	dead+live	3	16	203
54	dead+live+w_x	3	15	119
54	dead+live+w_y	−3	−13	4
55	dead+live	1	11	46
55	dead+live+w_x	1	11	128
55	dead+live+w_y	−5	−10	243
56	dead+live	6	−2	130
56	dead+live+w_x	−6	0	27
56	dead+live+w_y	11	−3	474
57	dead+live	1	−1	109
57	dead+live+w_x	−8	4	178
57	dead+live+w_y	22	−10	−386
58	dead+live	7	16	234
58	dead+live+w_x	6	12	122
58	dead+live+w_y	−6	−11	108
59	dead+live	4	9	−4
59	dead+live+w_x	3	7	110
59	dead+live+w_y	−8	−13	111
60	dead+live	8	−4	121
60	dead+live+w_x	−2	1	53
60	dead+live+w_y	24	−11	605
61	dead+live	12	7	164
61	dead+live+w_x	5	3	147

续上表

支撑点编号	荷载组合	F_x	F_y	F_z
61	dead+live+w_y	0	2	−378
62	dead+live	1	−2	248
62	dead+live+w_x	−2	3	119
62	dead+live+w_y	20	−36	454
63	dead+live	1	−3	−42
63	dead+live+w_x	−2	3	89
63	dead+live+w_y	21	−37	−274
64	dead+live	13	7	42
64	dead+live+w_x	6	3	61
64	dead+live+w_y	1	2	558
65	dead+live	−1	3	264
65	dead+live+w_x	−2	5	199
65	dead+live+w_y	9	−44	−253
66	dead+live	22	5	306
66	dead+live+w_x	11	2	184
66	dead+live+w_y	17	5	670
67	dead+live	16	4	−49
67	dead+live+w_x	6	2	66
67	dead+live+w_y	8	4	−396
68	dead+live	0	−3	5
68	dead+live+w_x	0	−3	59
68	dead+live+w_y	−1	−2	464
69	dead+live	0	15	213
69	dead+live+w_x	0	15	−22
69	dead+live+w_y	0	−18	658
70	dead+live	−2	0	223
70	dead+live+w_x	−20	0	441
70	dead+live+w_y	−13	0	744
71	dead+live	4	0	496
71	dead+live+w_x	−14	0	262
71	dead+live+w_y	10	0	−20
72	dead+live	0	18	460
72	dead+live+w_x	0	18	672
72	dead+live+w_y	0	2	4
73	dead+live	3	0	497
73	dead+live+w_x	−15	0	263

续上表

支撑点编号	荷载组合	F_x	F_y	F_z
73	dead+live+w_y	−4	0	1013
74	dead+live	0	−17	454
74	dead+live+w_x	0	−17	666
74	dead+live+w_y	0	−32	910
75	dead+live	0	−15	213
75	dead+live+w_x	0	−15	−22
75	dead+live+w_y	0	−48	−232
76	dead+live	−1	0	212
76	dead+live+w_x	−19	0	431
76	dead+live+w_y	10	0	−309
77	dead+live	0	15	157
77	dead+live+w_x	0	15	−135
77	dead+live+w_y	0	−20	541
78	dead+live	0	0	144
78	dead+live+w_x	−25	0	453
78	dead+live+w_y	−15	0	634
79	dead+live	−2	0	351
79	dead+live+w_x	−26	0	66
79	dead+live+w_y	6	0	−124
80	dead+live	0	16	367
80	dead+live+w_x	0	16	673
80	dead+live+w_y	0	1	−26
81	dead+live	−3	0	351
81	dead+live+w_x	−27	0	66
81	dead+live+w_y	−11	0	826
82	dead+live	0	−15	357
82	dead+live+w_x	0	−15	663
82	dead+live+w_y	0	−29	749
83	dead+live	0	−17	185
83	dead+live+w_x	0	−17	−108
83	dead+live+w_y	0	−52	−199
84	dead+live	2	0	158
84	dead+live+w_x	−24	0	467
84	dead+live+w_y	16	0	−333

③ 塔架变形(图 4—55 和表 4—7)

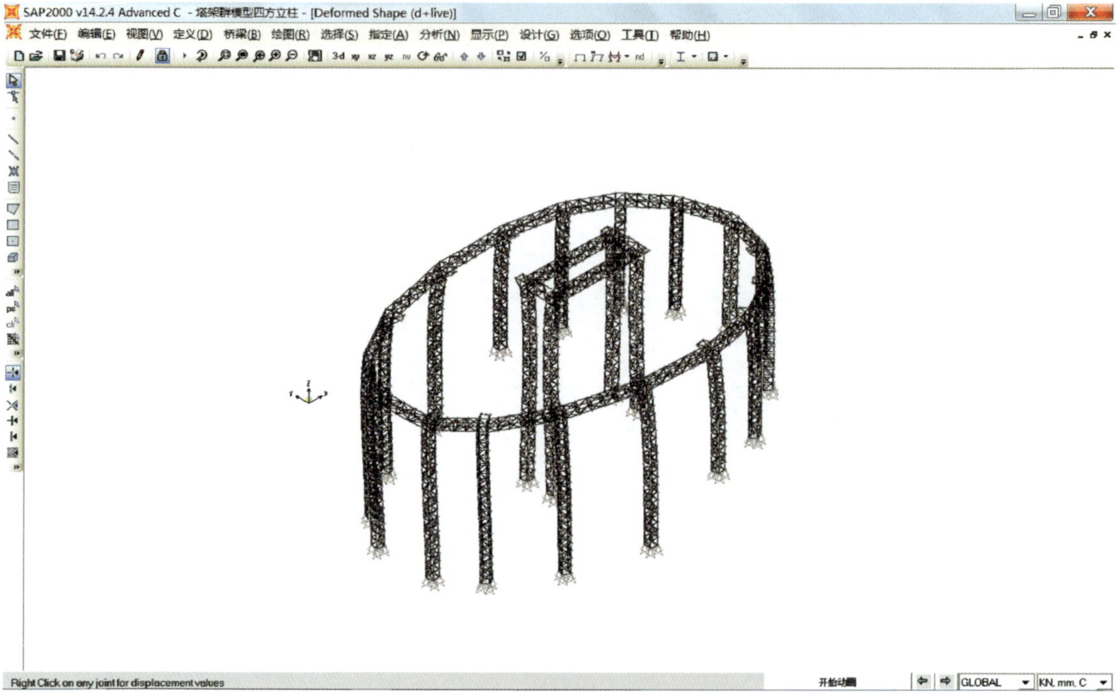

图 4—55　塔架变形

表 4—7　塔架变形(mm)

位置	荷载工况	U_x	U_y	U_z
塔顶油缸处	dead+live	−1.77	2.29	−13.73
	dead+live+w_x	58.08	2.16	−13.49
	dead+live+w_y	13.08	163.55	−23.30

④塔架应力(图 4—56 和表 4—8)

表 4—8　主要杆件最大应力比

杆件名称	材料	最大应力比	应力(MPa)	设计强度(MPa)
D102×6	Q345B	0.694	215	310
D121×5	Q235B	0.451	97	215
D159×6	Q235B	0.492	106	215
D180×10	Q345B	0.763	237	310
D219×12	Q345B	0.687	213	310
HW350×350	Q345B	0.253	78	310
双拼 H400×200×8×13	Q345B	0.373	116	310
双拼 H500×200×10×16	Q345B	0.700	207	295

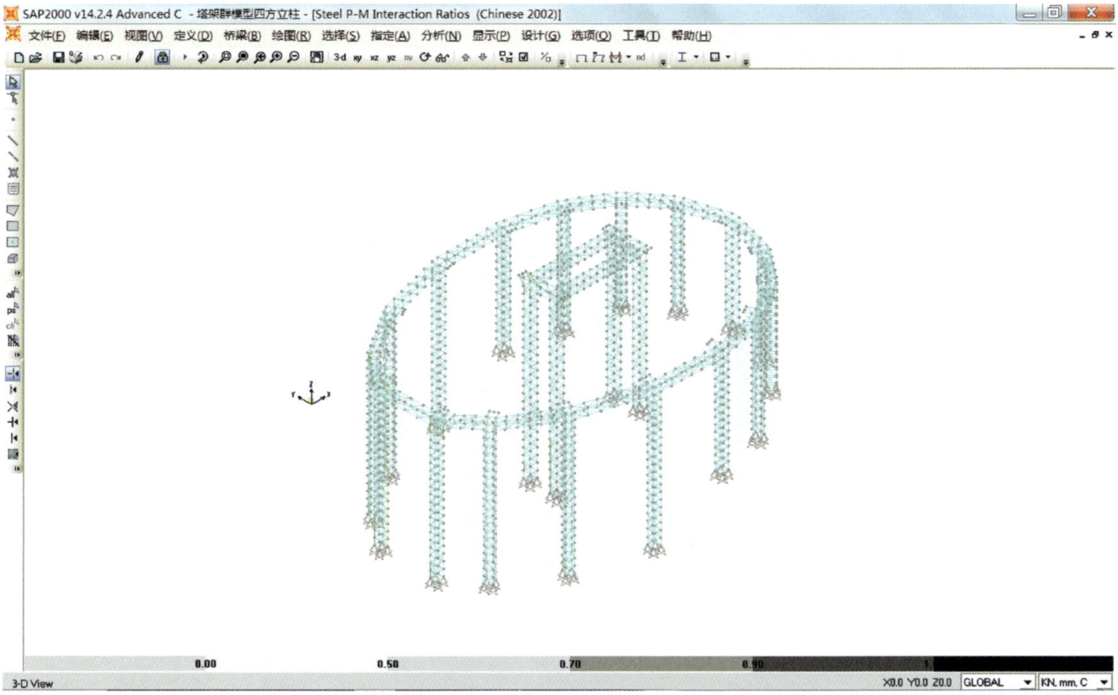

图 4—56 塔架结构应力

⑤整体稳定模拟验算(图 4—57 和图 4—58)

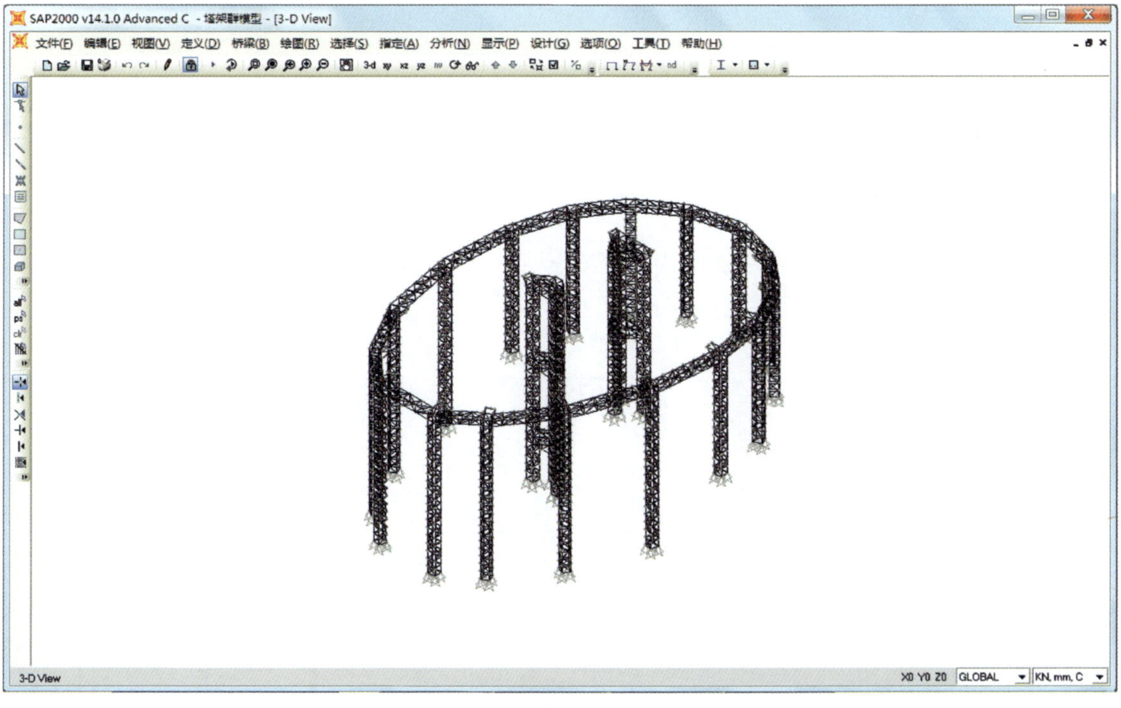

图 4—57 塔架整体稳定计算模型

计算说明:加载提升时最不利荷载工况,计算此时的失稳模态。

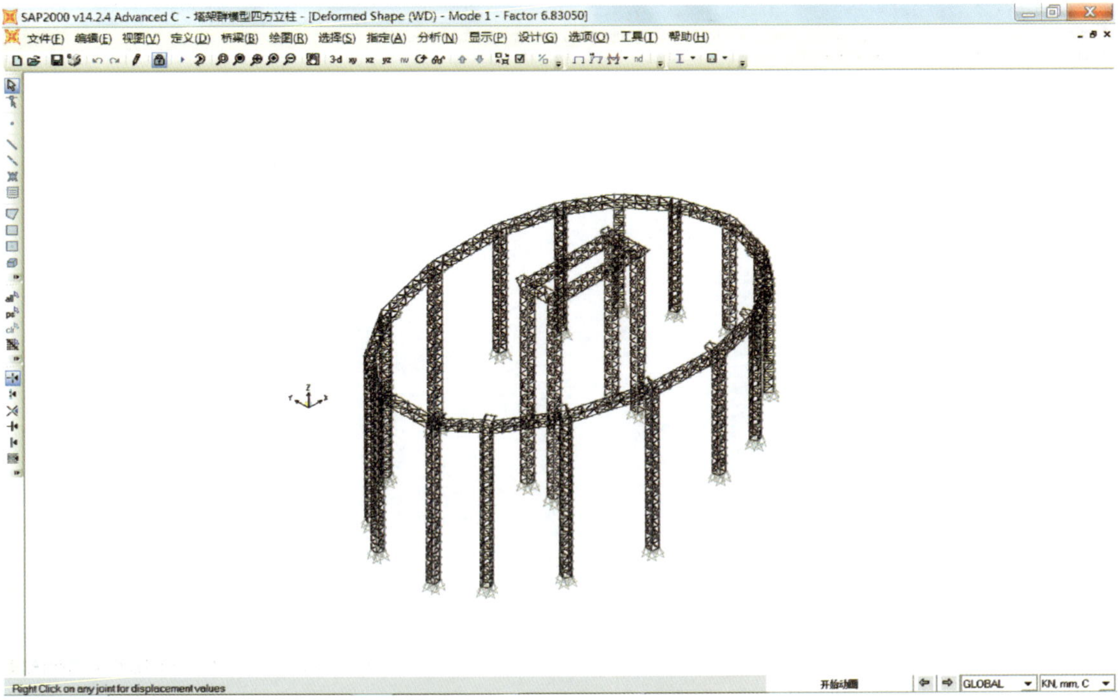

图 4—58 塔架第一失稳模态

塔架屈曲因子(荷载倍数)为 6.83。由计算可知,整体失稳在荷载 7 倍时发生,结构整体稳定性能够得到保证。

⑥结论

塔架结构的变形较小,x 向变形为 58.08 mm,y 向变形为 163.55 mm,z 向变形为−23.30 mm;支架最大应力为 237 MPa,塔架结构强度和刚度满足要求。

(3)局部计算

①单塔上吊点计算

由整体计算可知,单塔塔顶支架提升力最大为 348 kN。考虑 1.4 分项系数,为 487.2 kN。

a. 上吊点结构形式(图 4—59)

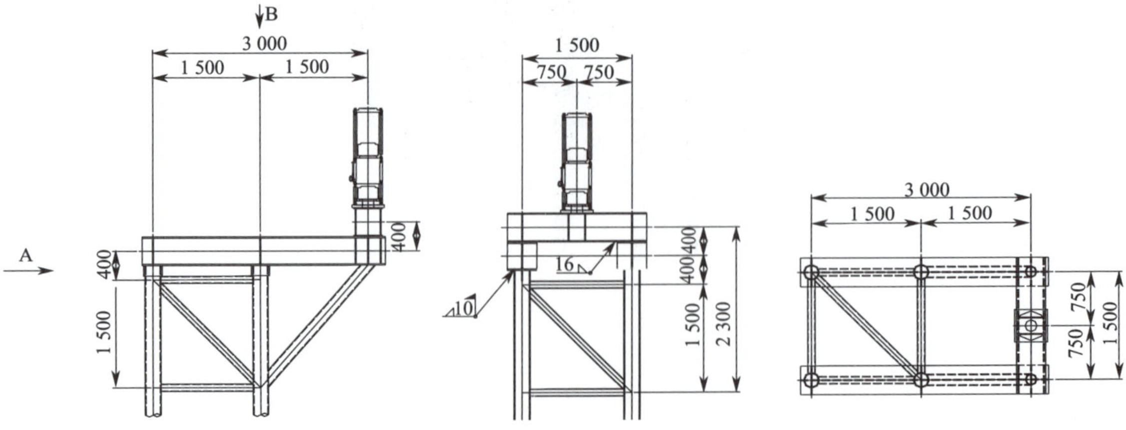

(a) 塔帽　　(b) A向　　(c) B向

图 4—59 塔顶支架结构图(单位:mm)

b. 计算模型(图 4—60)

塔顶提升支架局部验算运用 ANSYS 软件对其结构进行强度分析,采用实体单元模拟结构。根据设计图几何尺寸,利用 ANSYS 有限元软件,建立结构模型。其余物理参数:拉压弹性模量:2.06×10^{11} Pa; 泊松比: 0.3;密度:$7.85\times1\ 000$ kg/m^3。

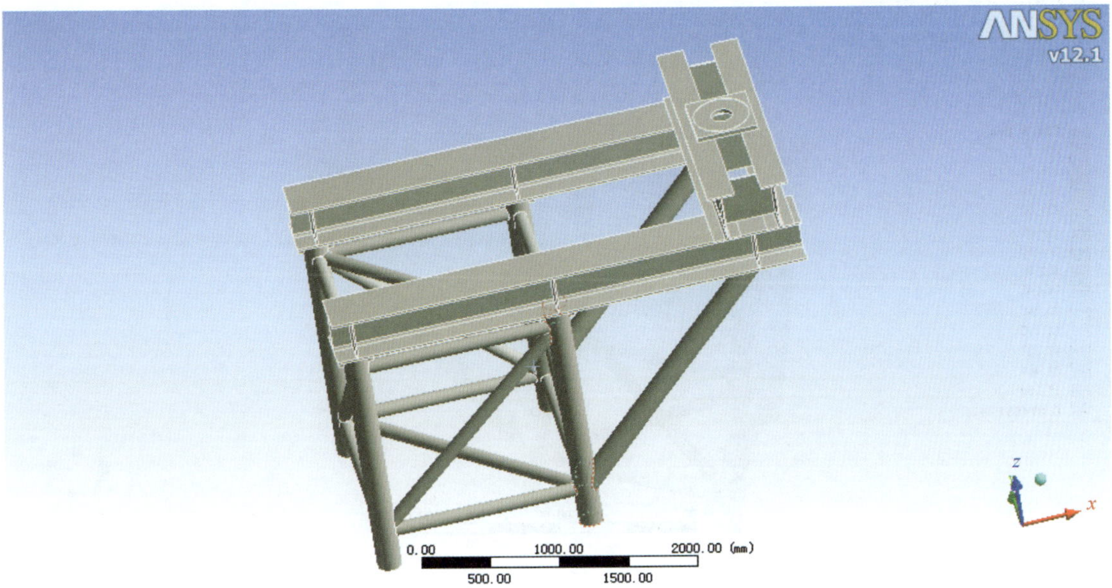

图 4—60 塔顶支架 ANSYS 模型

c. 模型荷载和约束

在油缸位置施加 487.2 kN,同时对支架柱进行位移约束。荷载及边界条件见图 4—61。

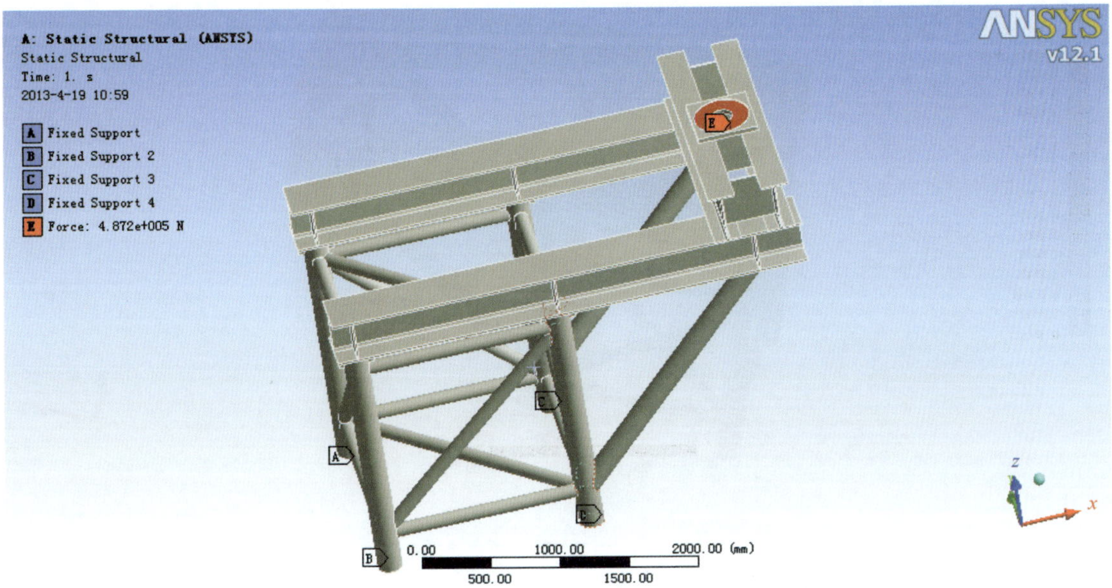

图 4—61 塔顶支架荷载及约束

d. 计算结果

按照上述模型荷载及边界条件进行计算，塔顶提升支架的应力及变形分布见图 4—62 和图 4—63。

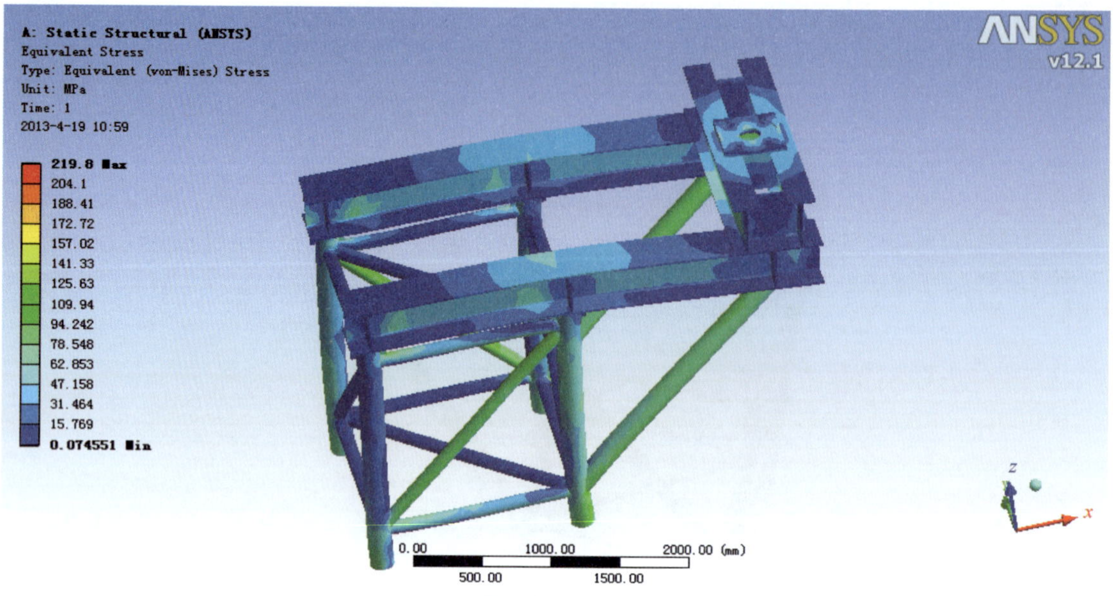

图 4—62　塔顶提升支架应力云图(MPa)

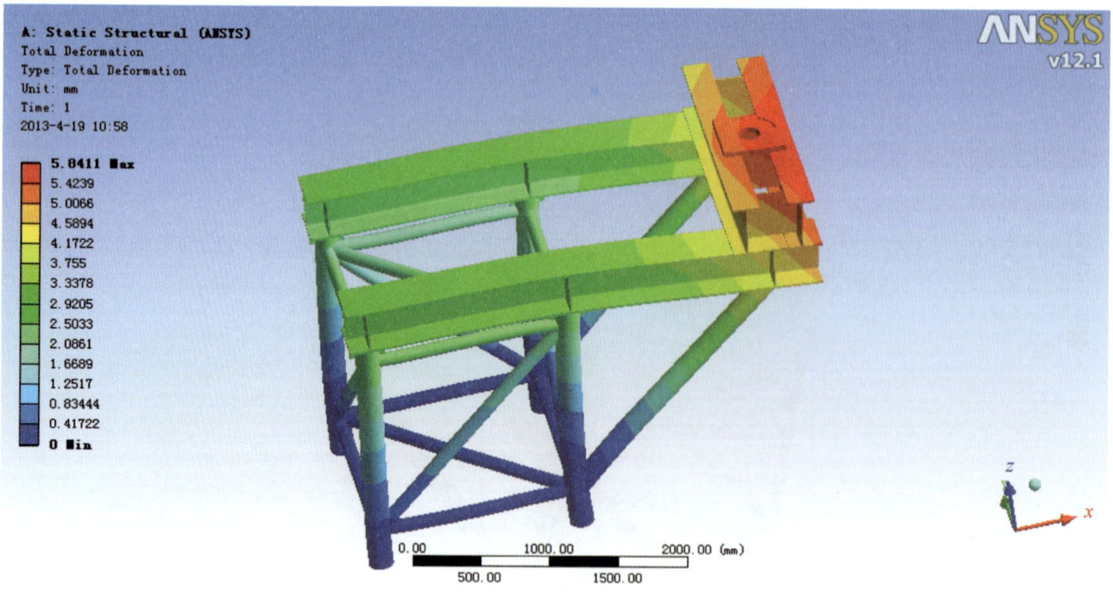

图 4—63　塔顶提升支架位移云图(mm)

由图 4—62 和图 4—63 可知，塔顶提升支架最大应力为 219.8 MPa＜310 MPa；塔顶提升支架的最大变形为 5.84 mm。结构满足强度及变形要求。

②单塔下吊点计算

由整体计算可知，网壳单塔位置下吊点提升力最大为 348 kN。考虑 1.4 分项系数，为 487.2 kN。

a. 下吊点结构形式(图 4—64)

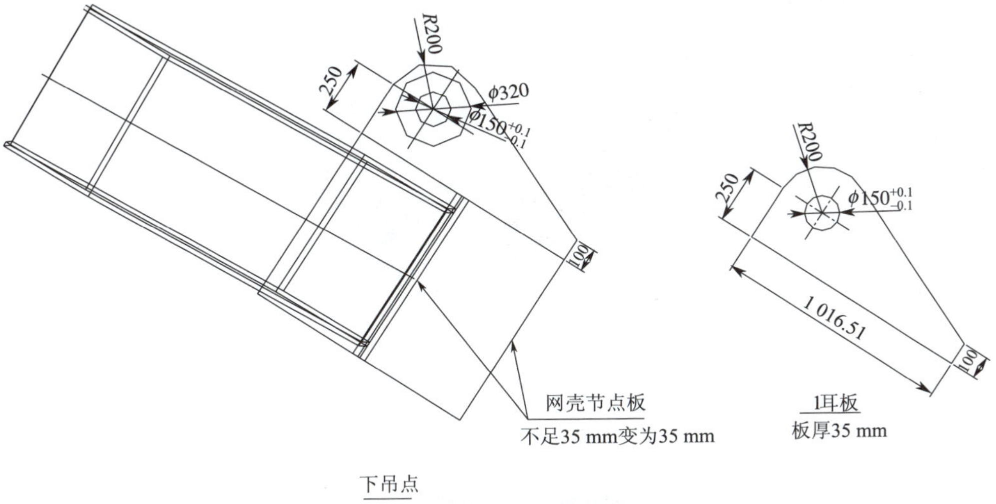

图 4—64　网壳下吊点结构图

b. 计算模型(图 4—65)

网壳下吊点局部验算运用 ANSYS 软件对其结构进行强度分析，采用实体单元模拟结构。根据设计图几何尺寸，利用 ANSYS 有限元软件，建立结构模型。其余物理参数：拉压弹性模量：2.06×10^{11} Pa；泊松比：0.3；密度：$7.85\times1\,000$ kg/m^3。

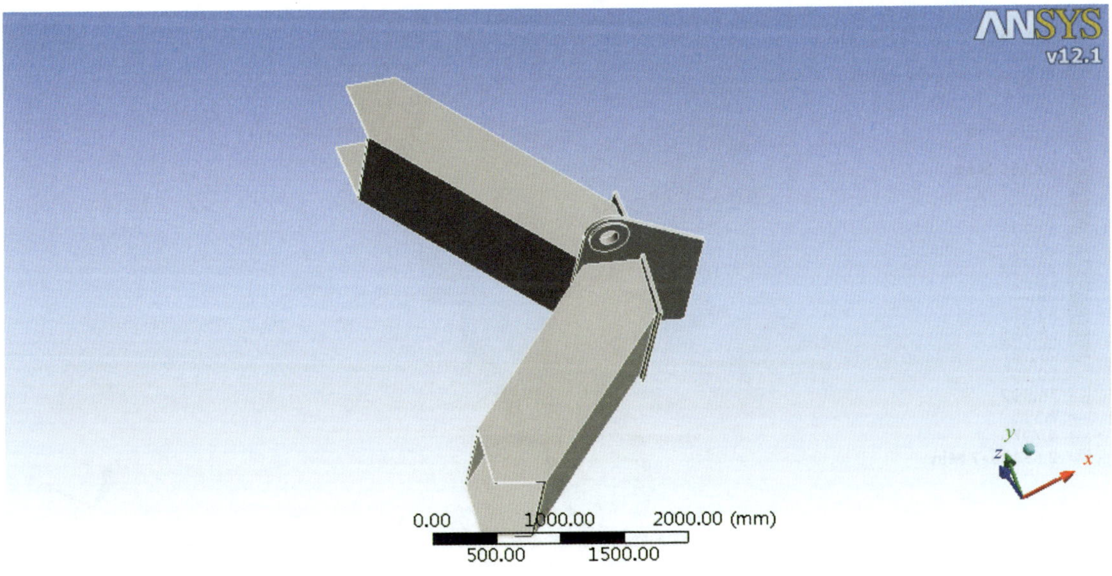

图 4—65　网壳下吊点结构 ANSYS 模型

c. 荷载和约束

在耳板处施加提升力 487.2 kN，同时对网壳杆件进行位移约束。荷载及边界条件见图 4—66。

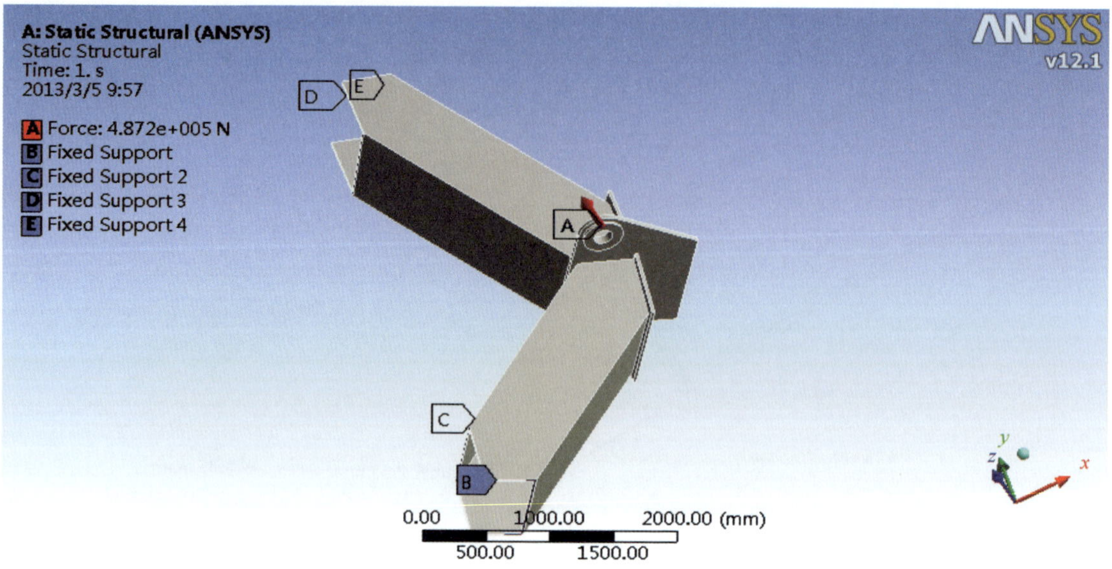

图 4—66 网壳下吊点荷载及约束

d. 计算结果(图 4—67 和图 4—68)

按照上述模型荷载及边界条件进行计算，网壳下吊点的应力分布见图 4—67，位移云图见图 4—68。

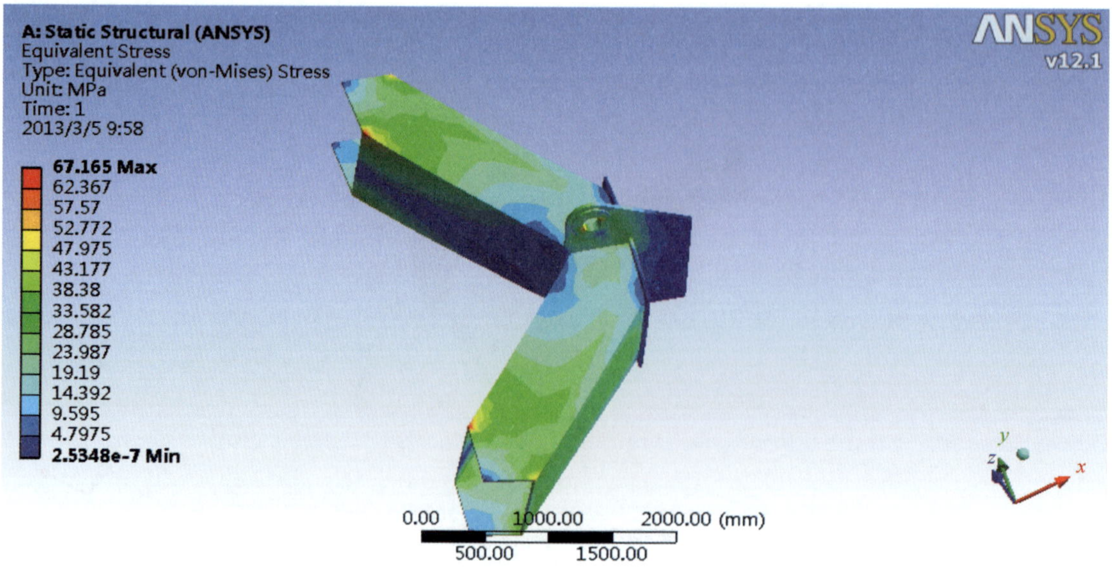

图 4—67 网壳下吊点应力云图(MPa)

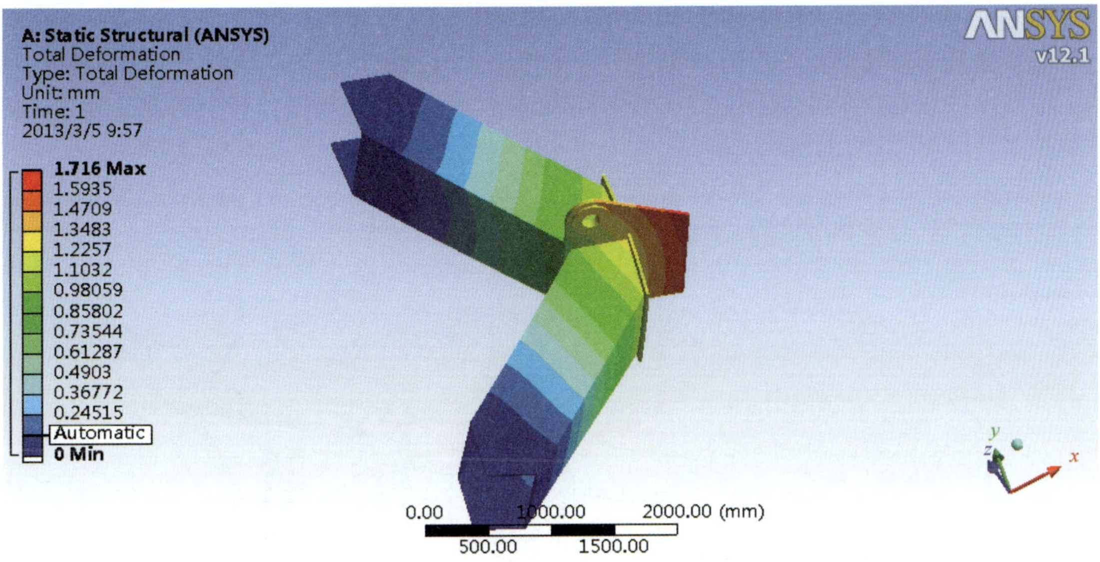

图 4—68 网壳下吊点位移云图

由图 4—67 和图 4—68 可知，网壳下吊点最大应力为 67.17 MPa<310 MPa；网壳下吊点的最大变形为 1.72 mm。结构满足强度及变形要求。

③塔架群上吊点计算

由整体计算可知，塔架组塔顶支架提升力最大为 1 194 kN。考虑 1.4 分项系数，为 1 671.6 kN。

a. 上吊点结构形式(图 4—69)

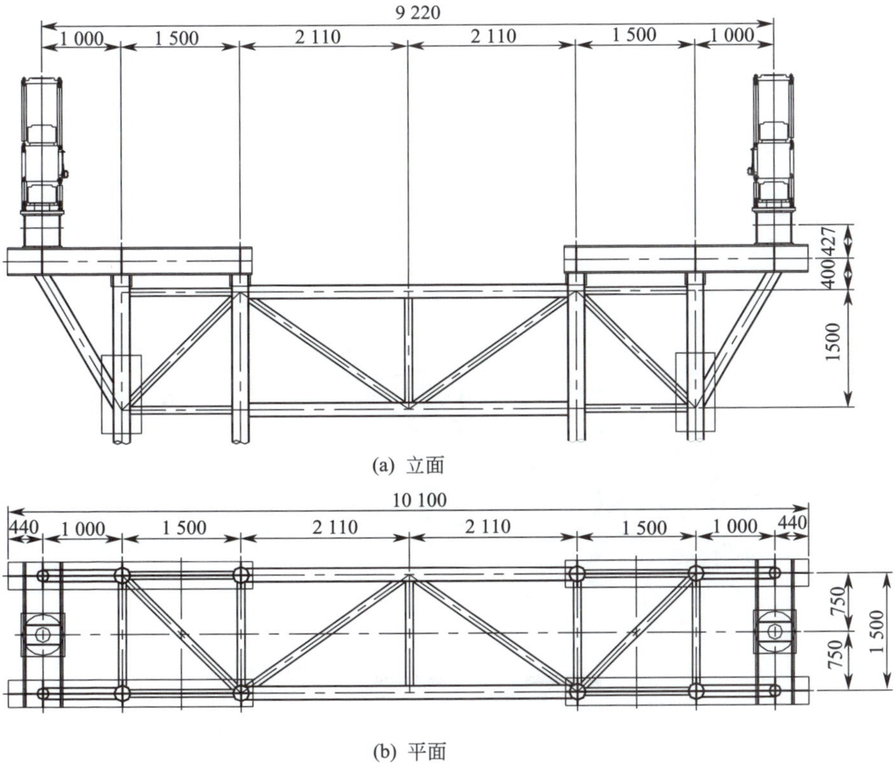

图 4—69 塔顶支架结构图(单位：mm)

b. 计算模型(图 4—70)

塔顶提升支架局部验算运用 ANSYS 软件对其结构进行强度分析,采用实体单元模拟结构。根据设计图几何尺寸,利用 ANSYS 有限元软件,建立结构模型。其余物理参数:拉压弹性模量 2.06×10^{11} Pa;泊松比 0.3;密度 $7.85\times1\ 000\ kg/m^3$。

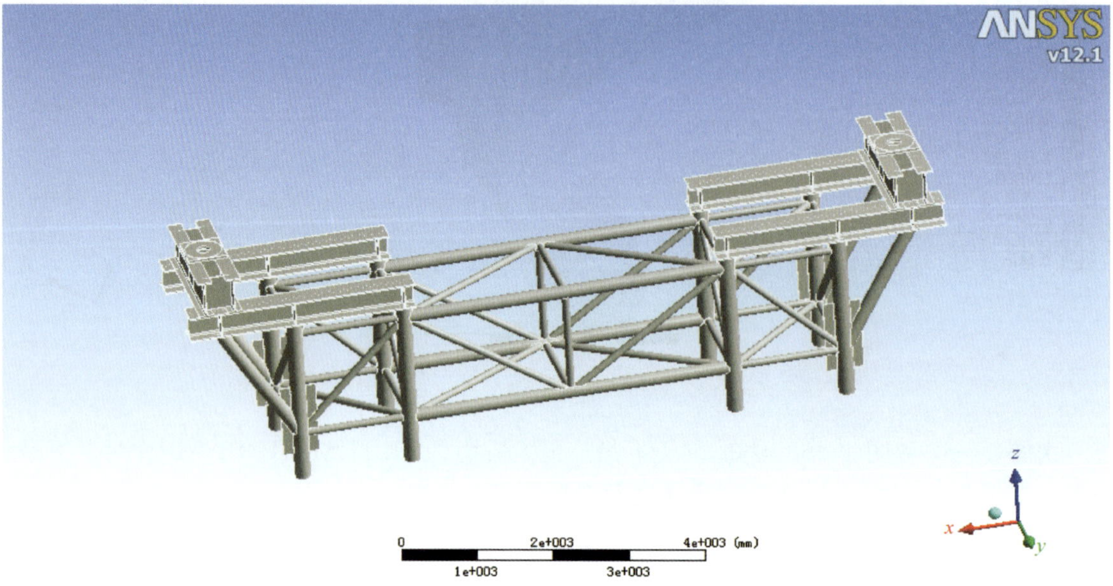

图 4—70 塔顶支架 ANSYS 模型

c. 荷载和约束

在油缸位置施加 1 671.6 kN,同时对支架柱进行位移约束。荷载及边界条件见图 4—71。

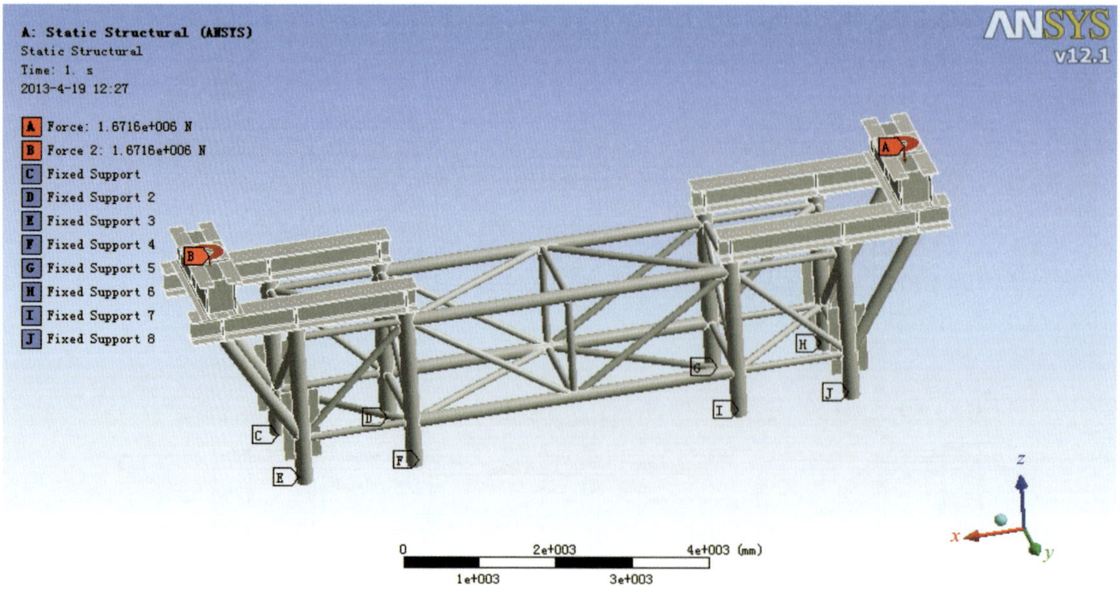

图 4—71 塔顶支架荷载及约束

d. 计算结果

按照上述模型荷载及边界条件进行计算，塔顶提升支架的应力分布见图 4—72，支架位移见图 4—73。

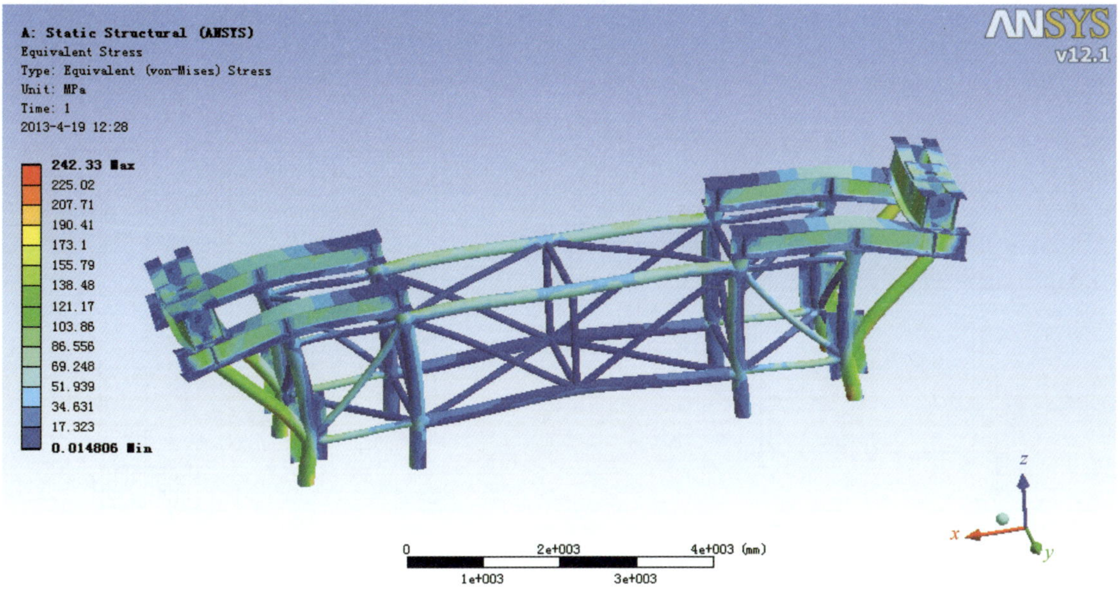

图 4—72 塔顶提升支架应力云图(MPa)

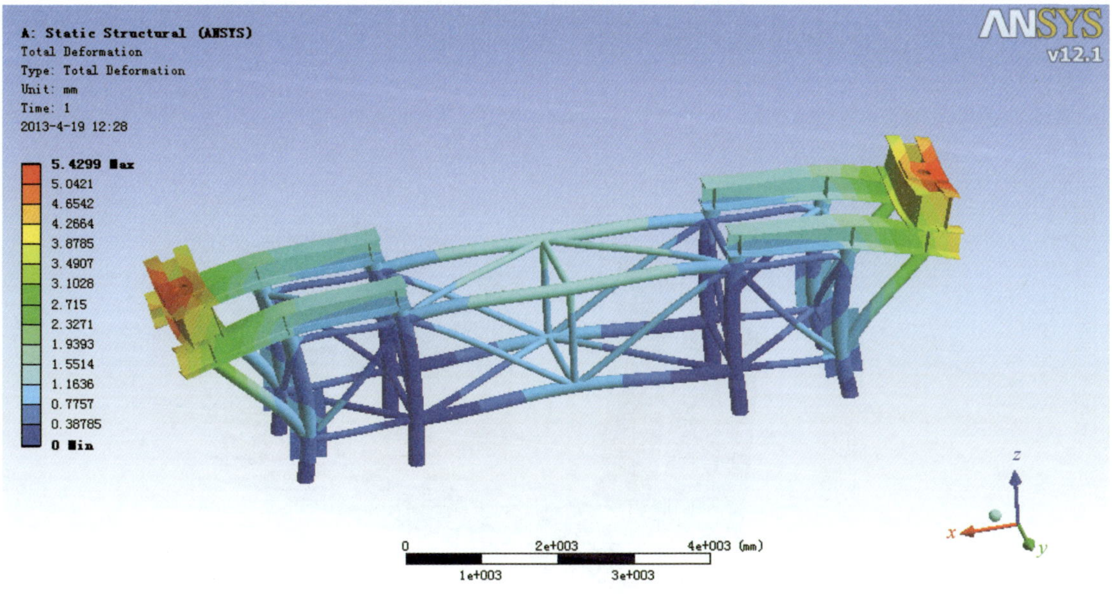

图 4—73 塔顶提升支架位移云图

由图 4—73 和图 4—74 可知，塔顶提升支架最大应力为 242.33 MPa<310 MPa；塔顶提升支架的最大变形为 5.43 mm。结构满足强度及变形要求。

④塔架群下吊点计算

由整体计算可知，网壳塔架群下吊点提升力最大为 1 194 kN。考虑 1.4 分项系数，为 1 671.6 kN。

a. 下吊点结构形式(图 4—74)

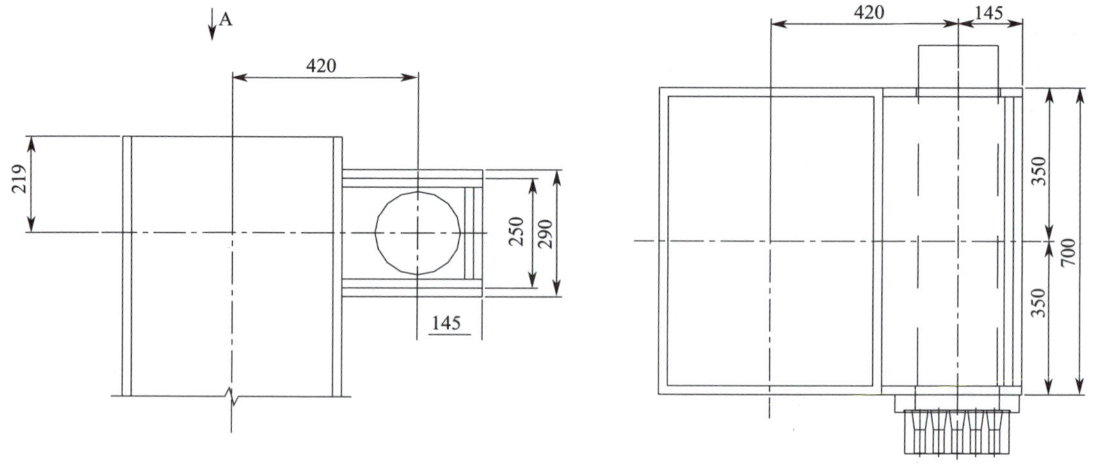

图 4—74 网壳下吊点结构图(单位：mm)

b. 计算模型(图 4—75)

网壳下吊点局部验算运用 ANSYS 软件对其结构进行强度分析，采用实体单元模拟结构。根据设计图几何尺寸，利用 ANSYS 有限元软件，建立结构模型。其余物理参数：拉压弹性模量：2.06×10^{11} Pa；泊松比：0.3；密度：$7.85\times1\ 000$ kg/m^3。

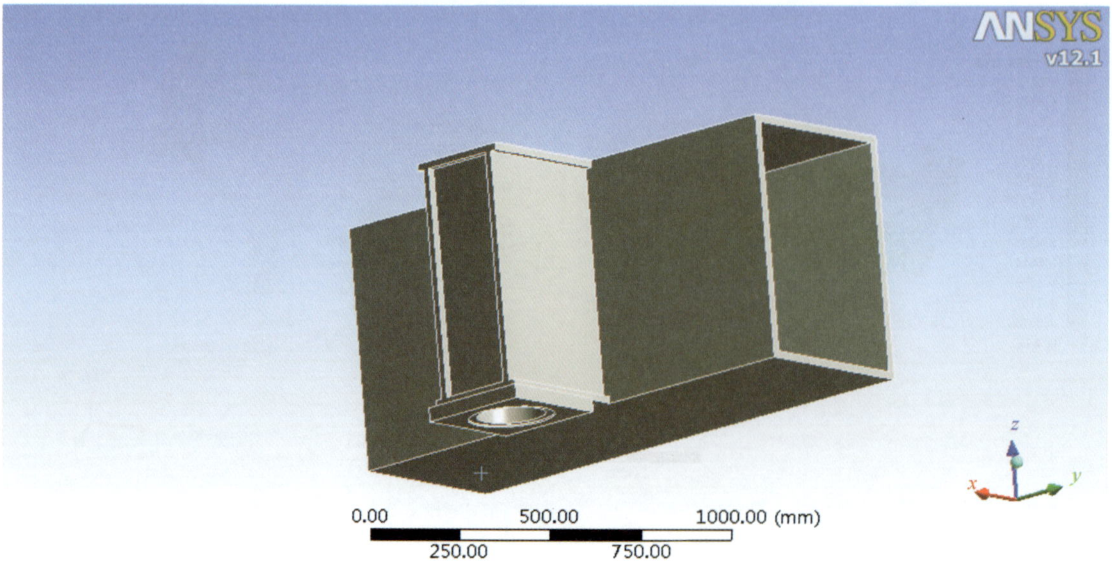

图 4—75 网壳下吊点结构 ANSYS 模型

c. 荷载和约束

在耳板处施加提升力 1 671.6 kN，同时对网壳杆件进行位移约束。荷载及边界条件见图 4—76。

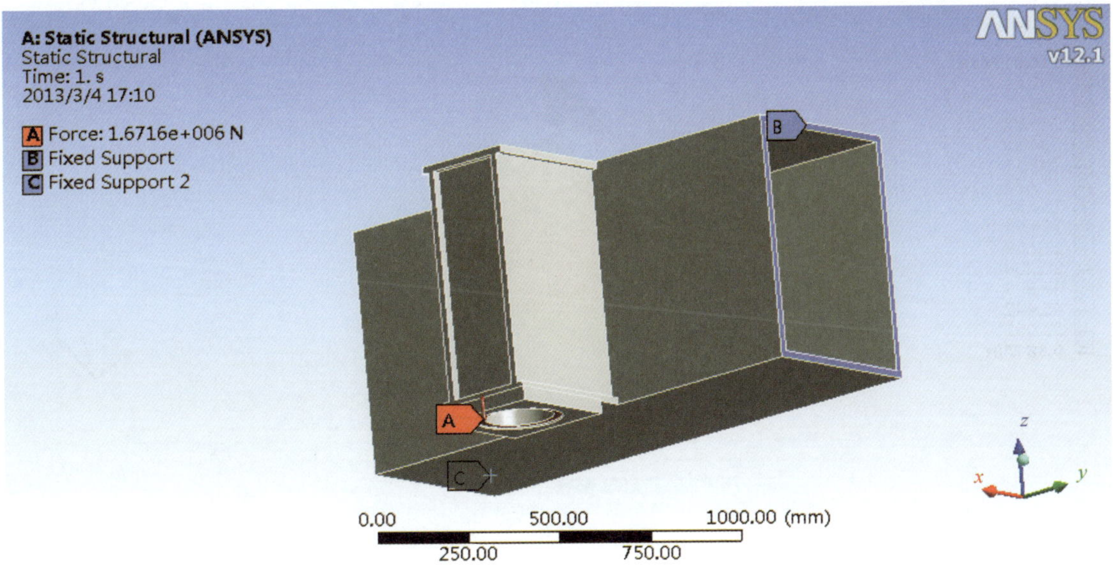

图 4—76　网壳下吊点荷载及约束

d. 计算结果

按照上述模型荷载及边界条件进行计算，网壳下吊点的应力分布见图 4—77 和图 4—78，网壳下吊点位移见图 4—79。

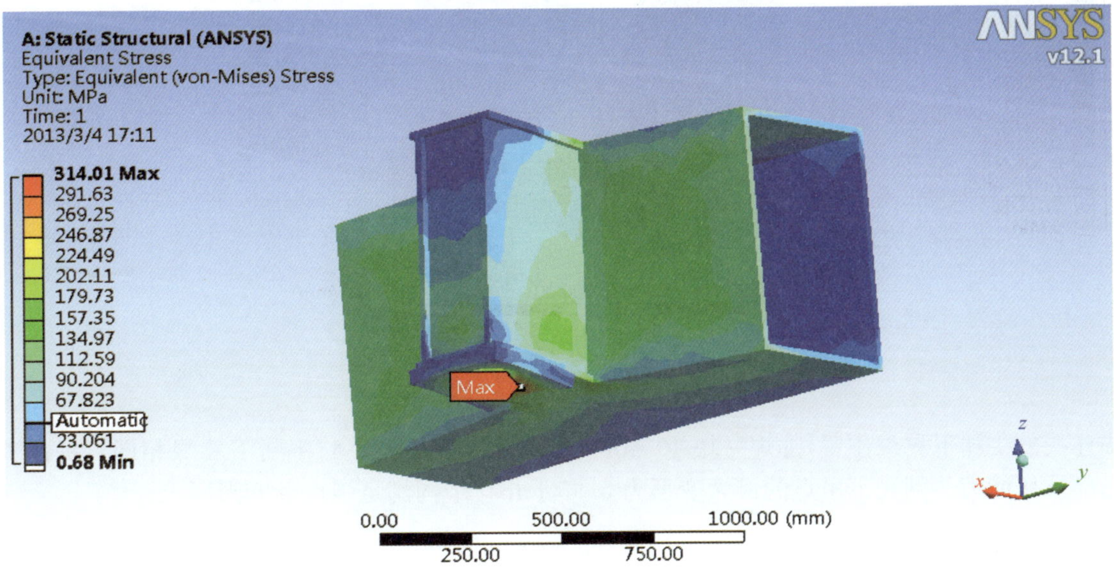

图 4—77　网壳下吊点应力云图(单位：MPa)

由图 4—77～图 4—79 可知，网壳下吊点最大应力为 314.01 MPa，大于 200 MPa 应力部分很小(钢材材质为 Q345，实际应力小于构件屈服强度)，为了增强安全性，对 4 个下吊点与下

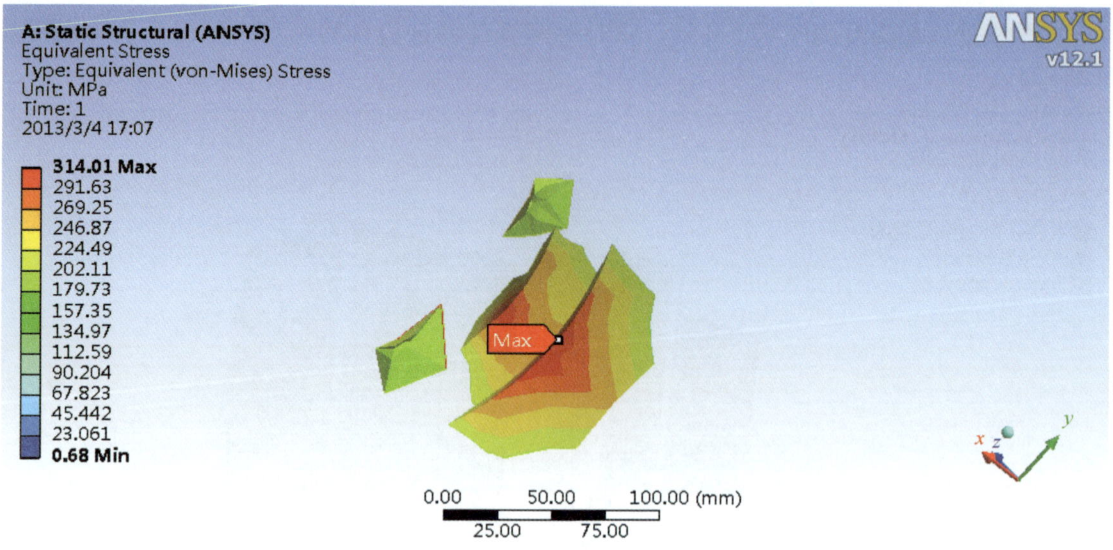

图 4—78 大于 200 MPa 应力云图(单位:MPa)

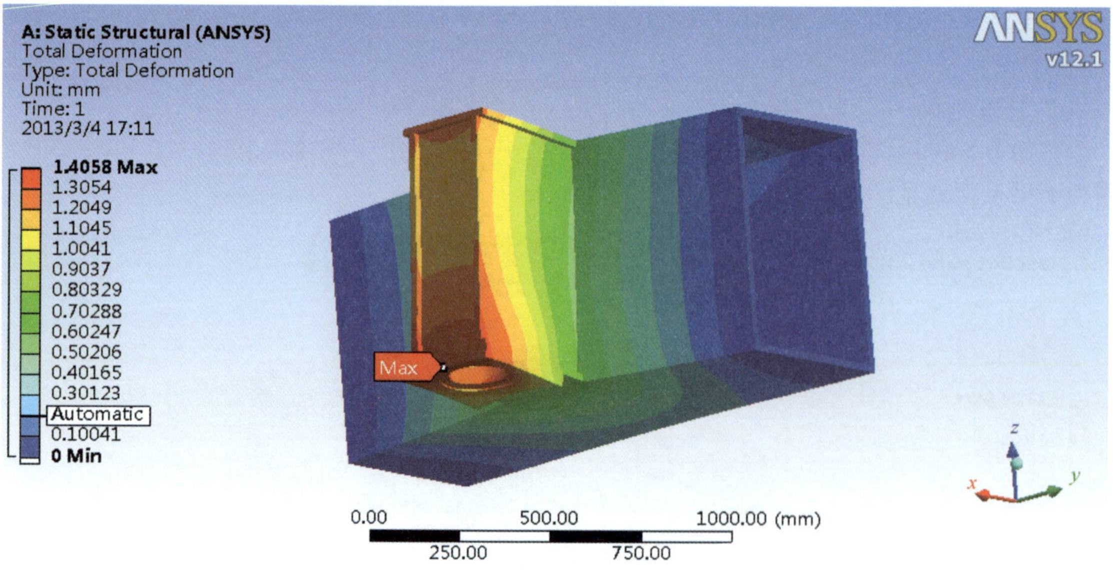

图 4—79 网壳下吊点位移云图

锚连接的牛腿下翼缘位置,加焊一块 10 mm 厚钢垫(形状及大小与牛腿下翼缘相同),提高其局部抗压能力。网壳下吊点的最大变形为 5.95 mm。结构满足强度及变形要求。

4.3.5 提升区整体同步提升施工

(1)同步提升动作原理

①同步控制

在提升体系中,设定主令提升吊点,其他提升吊点均以主令吊点的位置作为参考来进行调节。

每个提升吊点下面均布置一台距离传感器，在提升过程中随时测量当前的构件高度，并通过现场实时网络传送给主控计算机。每个跟随提升吊点与主令提升吊点的跟随情况可以用距离传感器测量的高度差反映出来。主控计算机可以根据跟随提升吊点当前的高度差，依照一定的控制算法，来决定相应比例阈的控制量大小，从而实现每一跟随提升吊点与主令提升吊点的位置同步。

另外，在提升过程中，每个提升吊点上安排一名技术人员，用卡尺随时测量提升位移，形成人机交互控制系统，保证结构的同步提升。

②提升速度

主令提升吊点提升速度决定整个提升系统的，操作人员可以根据泵站的流量分配和其他因素通过比例液压系统中的比例阀设定提升速度。根据现有的提升系统设计，最大提升速度不大于 10 m/h，一般情况 5～8 m/h。

③过载控制

在每个提升吊点都布置了油压传感器，主控计算机可以通过现场实时网络监测每个提升吊点的载荷变化情况。如果提升吊点的载荷有异常的突变，则计算机会自动停机，并报警。

(2)提升准备

①施工工艺交底

组织相关提升施工人员熟悉提升现场施工工艺，同时了解施工过程中的安全防护。

②钢绞线切割

根据上吊点与下吊点的距离，现场切割钢绞线长度。

③动力电源准备

a. 根据吊点泵站布置，每个泵站功率为 20 kW，需要一个 380 V 三相四线配电箱；

b. 钢绞线切割需要 380 V 三相四线配电箱 ；

c. 主控室需要 220 V 电源插座；

d. 为保证提升顺利进行，提升用动力电源在提升过程中要有专人看护。

④提升油缸的准备

a. 锚具系统检查

将上下锚具拆卸开后，对锚具系统检查，清除锚具系统中的垃圾、铁锈等，检查锚片牙齿、锚片圈紧弹簧、锚片压紧弹簧是否有损坏，需要更换；锚具系统在安装装配前，必须喷脱锚灵。

b. 锚具油缸动作与保压试验

进行锚具松紧动作，观察锚具油缸动作是否正常；进行保压试验和密封泄露试验：进行保压试验，锚具油缸在 10 MPa 最大压力下，保压 5 min，无外泄漏；锚具油缸在 4～5 MPa 工作压力下，一腔内注油，另一腔空置观察内泄漏情况，保证达到无内泄漏；如保压试验不合格或密封泄漏，需要进行密封圈更换。

c. 主油缸动作试验与保压试验

主油缸往复动作，检查油缸动作是否正常；在 28 MPa 压力下进行油缸保压试验，保压效果良好，确认密封圈和液压锁性能良好，并做好保压记录；如保压试验不合格，则进行分析，以更换密封圈或液压锁。

调节油缸溢流阀，将油缸最高压力调到 28 MPa，确认油缸溢流阀良好；调节油缸节流阀，观察油缸缩缸速度，检查节流阀情况。

检查管路是否有漏油情况，快速接头是否有漏油情况，阀块和接头部位是否有漏油情况，出现漏油情况及时可靠处理。

⑤液压泵站的准备

将泵站各路分别用油管与油缸连接，检查锚具换向阀动作、伸缩缸换向阀动作、截止阀动作、比例阀动作；将泵站系统压力调到 28 MPa，锚具压力调到 10 MPa，闭压 5 min，检查各个管路是否有漏油情况，快速接头是否有漏油情况，阀块和接头部位是否有漏油情况，出现漏油情况及时可靠处理。

⑥计算机控制系统的准备

行程传感器、长距离传感器、锚具状态传感器、激光测距仪及控制器各种信号显示到位，通信正常，油压传感器标定正确，显示正常；检查中央控制柜与泵站通信情况，通信正常。

(3)提升设备安装

a. 钢绞线安装

根据各点的提升高度，考虑提升结构的状况，切割相应长度的钢绞线。将钢绞线穿在油缸中，上下锚一致，不能交错或缠绕，每个油缸中的钢绞线左右旋相间。用起重机将穿好钢绞线的油缸安装在提升平台上。按照钢绞线下端的标记，安装钢绞线地锚，确保从油缸下端到地锚之间的钢绞线不交叉、不扭转、不缠绕。

b. 提升油缸安装

根据提升油缸的布置，安装提升油缸；要求提升油缸安装点与下部地锚支架投影误差小于 5 mm；提升油缸在安装到位后，每台提升油缸使用 4 只“7 形卡板”固定，见图 4—80。

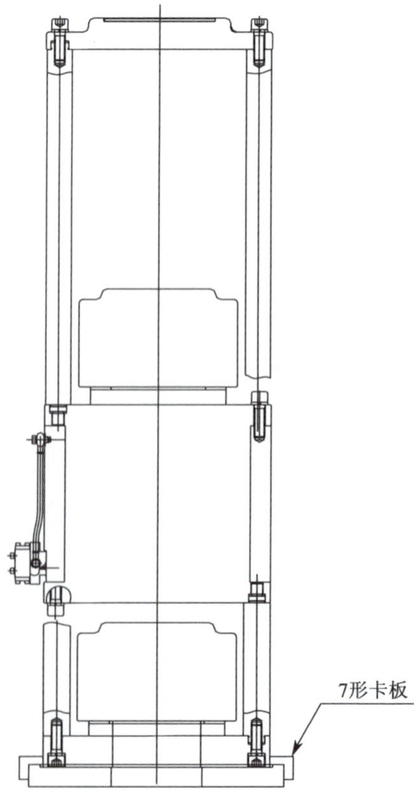

图 4—80 提升油泵示意图

c. 液压泵站和计算机控制系统的安装

液压泵站和计算机控制系统在地面安装，液压泵站安装时先连接液压油管，然后要检查液压油，并准备备用油；计算机控制系统安装后，要进行提升系统的调试。

(4)结构试提升

为了观察和考核整个提升施工系统的工作状态，在正式提升之前，按以下程序进行试提升。

①试提升前的准备与检查

确定试提升时间后，在试提升前，对提升设备、提升结构和各种应急措施等进行检查。

a. 提升设备检查

提升油缸检查：油缸上锚、下锚和锚片应完好无损，复位良好；油缸安装正确；钢绞线安装正确(油压控制在 0.5 MPa 左右，保证钢绞线预紧)。

液压泵站检查：泵站与油缸之间的油管连接必须正确、可靠，压力表安装正确。油箱液面，应达到规定高度；提升前检查溢流阀；泵站要有防雨措施。

计算机控制系统检查：控制装置接线、安装必须正确无误；应保证数据通信线路正确无误；各传感器系统，保证信号正确传输。

b. 提升结构检查

支撑结构：检查提升塔架、上吊点、下吊点、钢绞线疏导架等是否符合提升要求。

网架结构：主体结构质量、外形均符合设计要求，主体结构上确认已去除与提升工程无关的荷载；提升将要经过的空间无任何障碍物、悬挂物；主体结构与其他结构的连接是否已全部去除。

c. 各种应急措施与预案的检查

检查提升设备的备件等是否到位；检查防雨、防风等应急措施是否到位。

②试提升

a. 脱胎

解除主体结构与支架等结构之间的连接。

b. 加载

按比例进行20％、40％、60％、70％、80％、90％、95％、100％分级加载直至结构全部离地；加载过程中应做好提升支撑结构与提升结构的检查（网架焊缝是否正常，检查提升平台和地锚支架等是否正常；检查结构的变形是否在允许的范围内），同时对提升设备工作状态进行检查。

c. 检查调整

在全部结构离地后，需要进行如下调整：比较各点的实际载荷和计算载荷，并根据实际载荷对各点载荷参数进行调整。

d. 试提升

计算机进入"自动"操作程序，进行钢结构的整体提升；在试提升过程中，对各点的位置与负载等参数进行监控，观察系统的同步控制状况；根据同步情况，对控制参数进行必要的修改与调整；试提升高度约30 cm。

e. 空中停滞

提升离地后，空中停滞一定时间（最少24 h）；悬停期间，要定时组织人员对结构进行观察。

f. 试提升总结

试提升完成后，需对试提升进行以下内容的总结：

ⓐ提升设备工作状况，总结提升设备工作是否正常；

ⓑ提升过程中的同步控制状况，总结提升控制策略是否正确，各种参数设定是否恰当；

ⓒ组织配合状况，总结提升指挥系统是否顺畅、操作与实施人员的工作配合是否熟练；

ⓓ提升结构的受力、变形等是否满足设计要求；

ⓔ在试提升过程中，对于出现的问题，要及时整改。

(5)正式提升

①正式提升前检查

在试提升和试下放试验完成，并且在试提升和试下放过程中出现的问题得以整改并试验后，进行正式提升。提升时的天气要求：2～3 d内不下雨，风力不大于5级。

确定正式提升时间后，对提升设备、提升结构和各种应急措施等按试提升检查要求进行检查。

另外，本工程还要对提升过程中的应力变形监控措施进行检查。

②正式提升

经过试提升，观察后若无问题，便进行正式提升；各种备件、通信工具全部准备妥当后开始正式提升。正式提升过程中，需记录各点压力和高度并按以下程序进行：

a. 操作：按要求进行加载和提升。

b. 观察：各个观察点应及时反映测量情况。

c. 测量：各个测量点应认真做好测量工作，及时反映测量数据。

d. 校核：数据汇交现场施工设计组，比较实测数据与理论数据的差异。

e. 分析：若有数据偏差，有关各方应认真分析。

f. 决策：认可当前工作状态，并决策下一步操作。

提升关系到主体结构的安全，各方要密切配合，每道程序应签字确认。在提升过程中，要注意提升过程的监控，主要监控提升过程的荷载同步和和位移同步。不但要监控各点的负载（通过油压控制每个点在提升过程中的荷载偏差在允许范围内）；而且要监控结构的空中位置姿态（通过长距离传感器和全站仪等观测设备观察每个点位移是否同步）。另外，一定要保证提升通道的顺畅。

③结构就位

a. 就位锁定

就位后将负载全部转换到下锚，提升油缸进入安全行程，紧上锚机械锁死。

b. 结构就位调整

在结构整体提升到合龙口上准备就位时，需要配合施工单位，对各点进行调整，直至结构提升到设计位置，根据合龙焊接情况初步卸载各点提升力。

在结构就位调整时，注意各点的负载和位移控制，油缸反力与提升时偏差不超过 10%，提升点位移差不超过 10 mm，确保提升平台和结构的安全。

c. 空中悬停

空中悬停时用手动葫芦或钢拉杆拉住钢结构，固定在支撑立柱上，增加结构的安全。

④结构卸载和设备拆除

提升结构与周边结构合龙完毕后，根据卸载方案，利用油缸开始同步并逐级卸载，方法和提升加载相反，按比例进行 80%、60%、40%、30%、20%、10%、0%逐级卸载。由于提升部分在提升时变形控制在允许范围内，中部后拼装杆件位于天窗部分，对提升部分整体刚度贡献不大，通过合龙卸载完成荷载转化以后，提升部分与周围吊装部分形成整体屋盖。

设备拆除时，先拆卸控制系统；然后拆卸液压系统和提升地锚；最后拆卸提升油缸和钢绞线。设备拆除过程中应注意吊装安全。

4.3.6 提升区杆件定位测量施工

（1）提升区拼装构件安装测量

提升区拼装构件独立分段吊装到位后，先用全站仪进行粗调，再由测量员用全站仪配合装配工对拼装构件独立分段进行精确调整；拼装构件独立分段的测量控制点选择分段的上口，并对构件两侧牛腿截面进行测量，测量控制点见图 4—81。

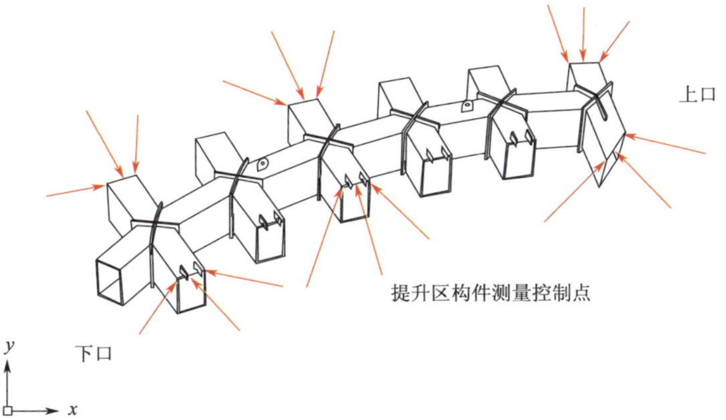

图 4—81　提升区杆件定位图

(2)提升分块提升到位后定位测量

提升分块提升到位后，由测量人员配合装配工对提升节点用全站仪进行三维精确测量。同时，校核提升分块外圈 72 个断口截面的四边中点位置三维坐标见图 4—82。

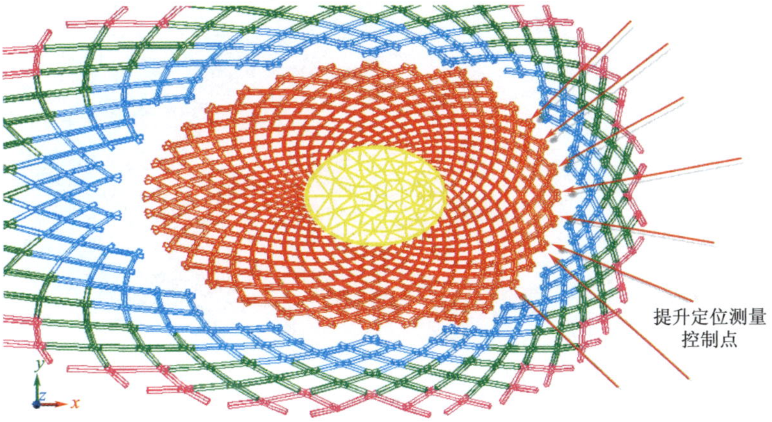

图 4—82　提升分块定位图

4.3.7　提升区总结

整个提升区通过前期工厂分块预拼装，现场分块拼装焊接，最后整体提升到设计位置。整个提升区钢结构变形稳定，提升塔架满足提升要求，液压油泵整体提升同步均匀可控。通过不同杆件的测量控制点，最大的控制点偏差 6 mm，满足设计精度要求，为后期与散拼区进行嵌补合龙奠定基础。

4.4　临时托换技术

4.4.1　嵌补区杆件分布

提升区与散拼区之间的嵌补杆件有 121 个，其中 1 类杆件有 35 根，2 类杆件有 86 根，见图 4—83～图 4—85。

天窗环梁内部提升塔架群位置有 2 个嵌补分块。

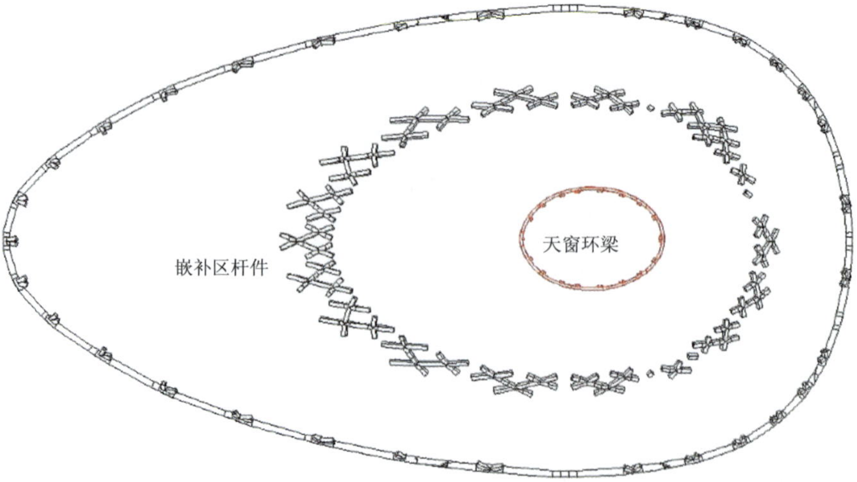

图 4—83　嵌补区杆件分布图

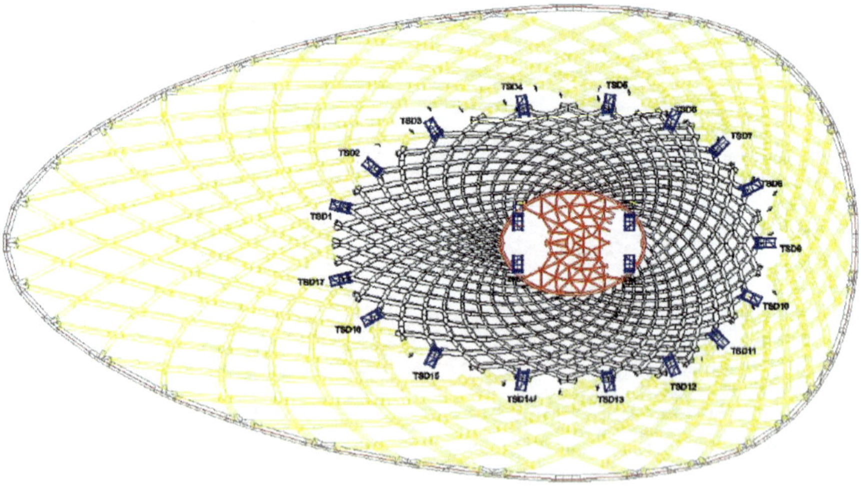

图 4—84　1 类杆件分布图

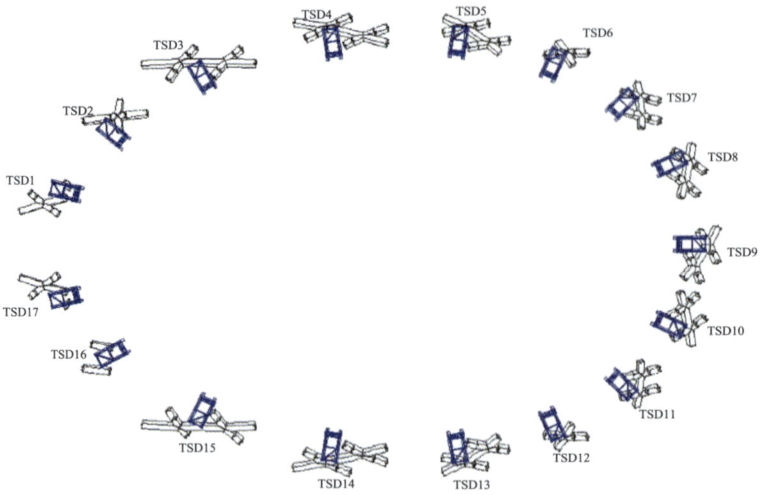

图 4—85　2 类杆件分布图

4.4.2 嵌补区杆件临时托换架安装方法

(1)1类构件安装方法

1类杆件构件两端分别与提升区构件和散拼区牛腿连接,安装方法同散拼区嵌补杆件一致,采用高处定位码板固定的方法安装。

(2)2类构件安装方法

2类杆件空间位置与提升架架体相碰,需要采用托拆吊的安装方法进行嵌补(托:先用三角支撑将提升区构件托住:三角支撑杆件采用 ϕ180×10 钢管;拆:将提升区构件托住后,拆掉与嵌补区相碰部位以上的提升塔架;吊:吊装嵌补区杆件,将构件两端分别与提升区和散拼区构件连接一起),安装位置和方法见图 4—86 和图 4—87。

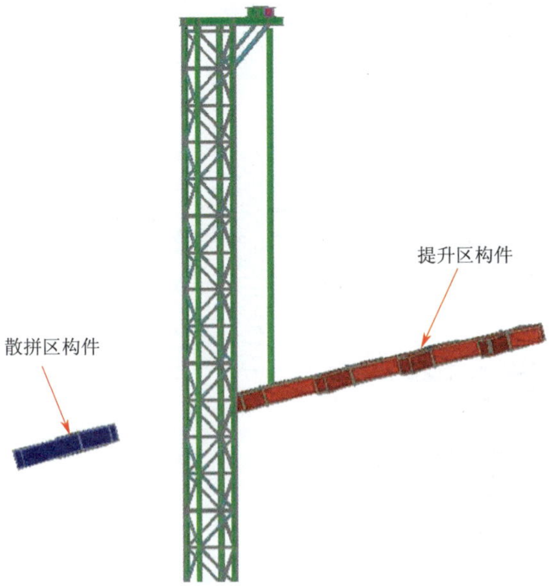

图 4—86 1类杆件空间位置示意图

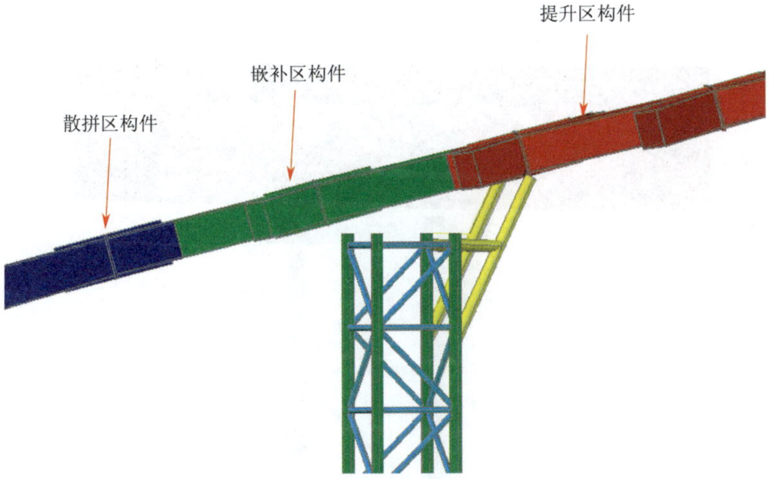

图 4—87 2类杆件安装方法

(3)天窗环梁内部钢管构件嵌补

天窗内部钢管受提升水平联系杆件的影响，南北两个分块在提升前不能安装，安装嵌补前，先拆除水平联系桁架，然后仍然采用托拆吊的安装方法进行嵌补，安装方法见图 4—88～图 4—90。

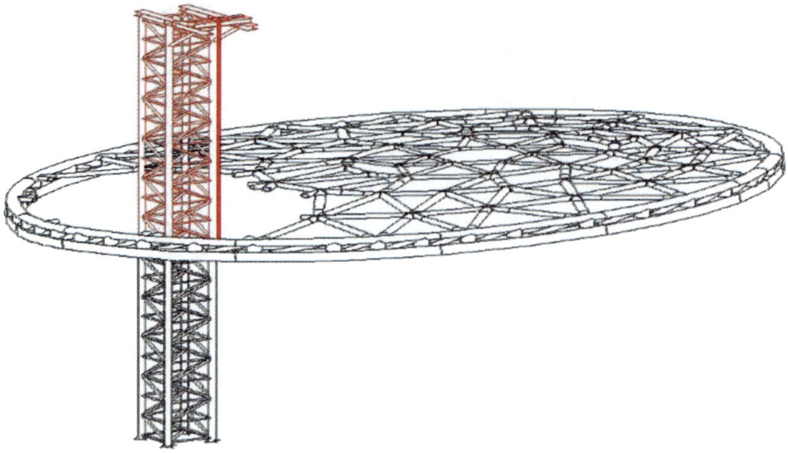

图 4—88　天窗内部嵌补区示意图

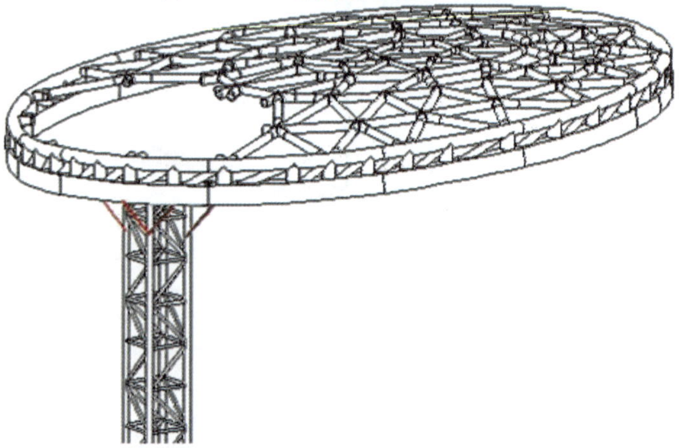

图 4—89　天窗支撑托换示意图

图 4—90　天窗支撑托换细部示意图(托换三角支撑采用 ф219×12 钢管)

4.4.3 支撑托换计算

计算模型:按最不利模型计算(荷载点偏移支撑取最大距离 650 mm 计算),三角支撑和竖杆为 180×10,水平杆件为 89×5;单点荷载 30 t,对托换支撑承载力进行验算,结果见图 4—91~图4—93。

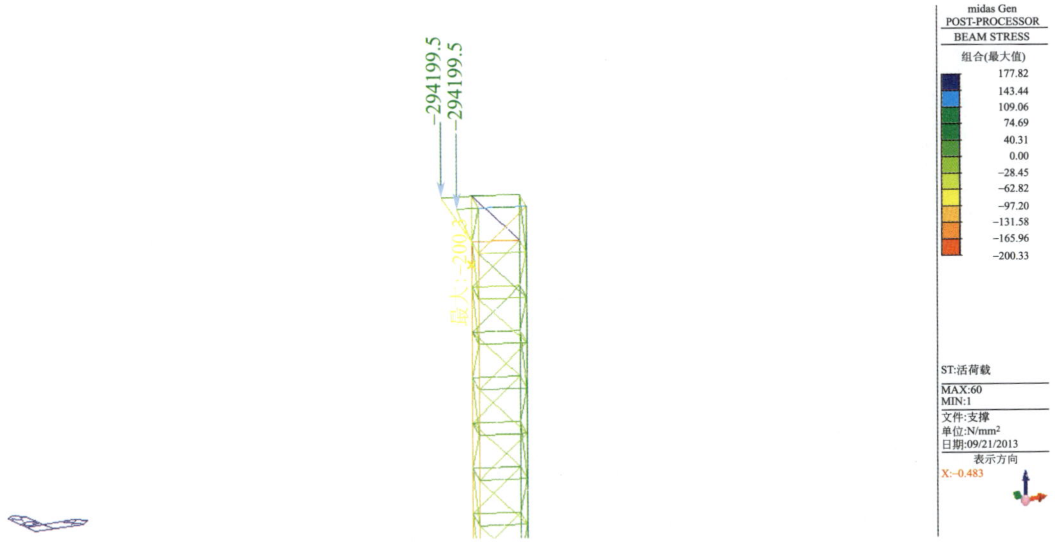

图 4—91 计算模型

图 4—92 支撑应力

结果表明,支撑最大应力为 200 MPa,远小于提升胎架 Q345B 的设计强度,支撑竖向变形小于 15.9 mm。满足要求。

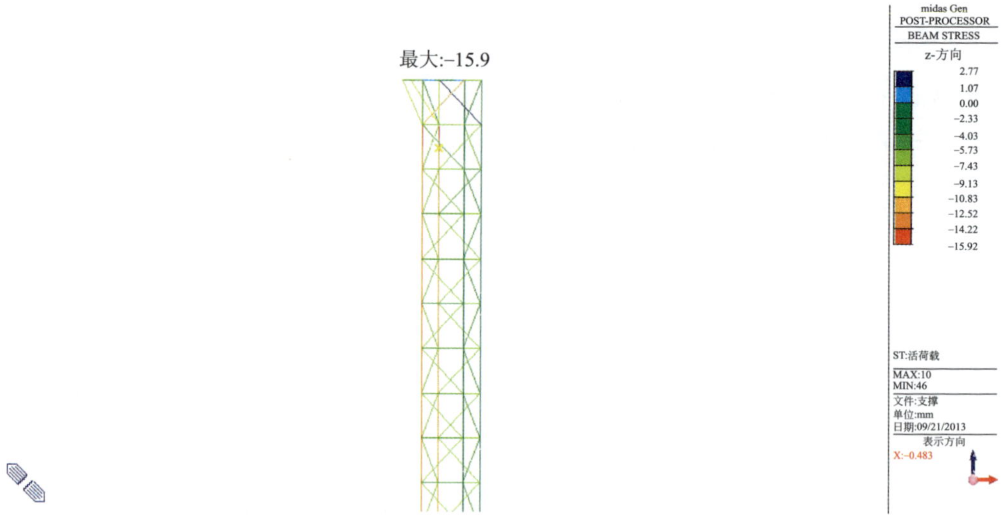

图 4—93 支撑变形

4.5 高处合龙和嵌补

4.5.1 温度缝设置位置和合龙温度的确定

(1)温度缝的设置位置(图 4—94)

根据工程结构特点和结构体系要求,结合本工程拟定的吊装方案,拟在吊装区域与提升区域相接的嵌补区域设置安装合龙段,吊装区域又延径向均布 4 条合龙缝,待吊装区域与提升区域安装到位后,最后在设定的温度环境中对嵌补区域的构件进行安装,完成结构整体的合龙。

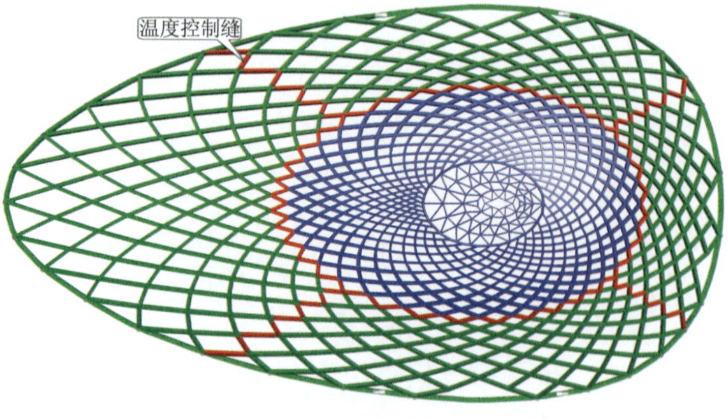

图 4—94 合龙温度缝设置示意图

其中,散拼区温度控制缝上的构件,仅在中部提升区提升前用马板临时固定,一段不焊接;中圈嵌补区构件待中部提升区提升到位后进行安装固定。

(2)合扰温度的确定

根据对天津市 2010～2012 年的气象资料查阅,天津属暖温带半湿润大陆季风型气候,天津市年平均气温约为 14 ℃,7 月最热,月平均温度 28 ℃,历史最高温度是 41.6 ℃。1 月最冷,月平均温度－2 ℃,历史最低温度是－17.8 ℃。根据气象资料分析合龙温度拟定在 15 ℃

±5 ℃,结合本工程的施工计划,初步拟定合龙温度为 14 ℃±5 ℃。

合龙区焊缝焊接温度依当天气象台资料为准进行选择,基本控制在 14 ℃±5 ℃范围内。

实际合龙时,先将合龙口的所有卡马焊接固定,然后按工艺文件要求的焊接顺序进行焊接,及时进行合龙口对接焊缝的焊接,并确保焊接过程中钢结构的本体温度尽可能处于设计要求的合龙温度范围内。

4.5.2　嵌补段安装施工

先安装外围 1 类杆件,待 1 类构件全部焊接完成后,再安装外围 2 类杆件,待所有外围构件全部焊接完成后,最后安装天窗环梁内部构件;

为增加提升区构件高处的稳定性,将构件提升到位后安装外围 1 类构件时,先安装图 4—95的红色嵌补杆件,带红色杆件嵌补结束后,立即进行图中绿色线条所示构件端部焊缝,再按图 4—96 中的安装顺序进行外围 1 类构件的安装。外围 2 类构件安装顺序见图 4—97。

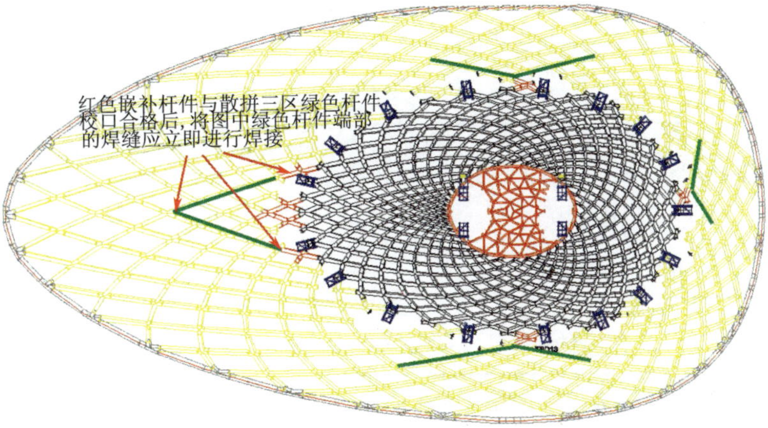

图 4—95　提升区定位后先应安装的构件及需要即焊接的构件

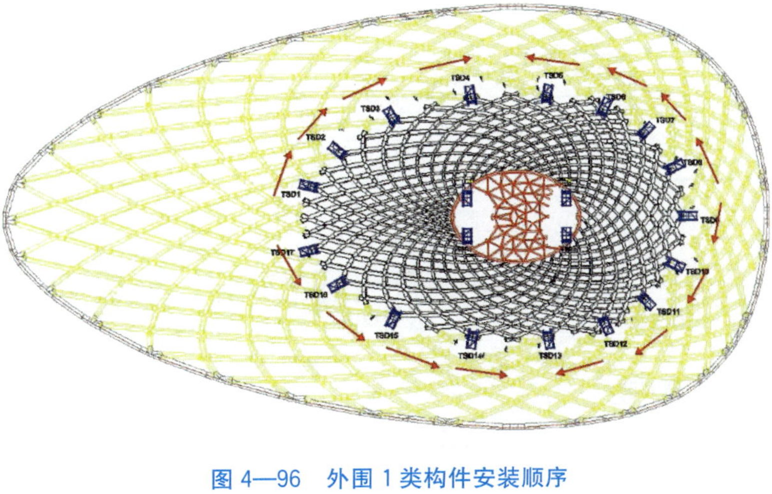

图 4—96　外围 1 类构件安装顺序

4.5.3　嵌补段杆件定位测量施工

(1)控制提升区精度

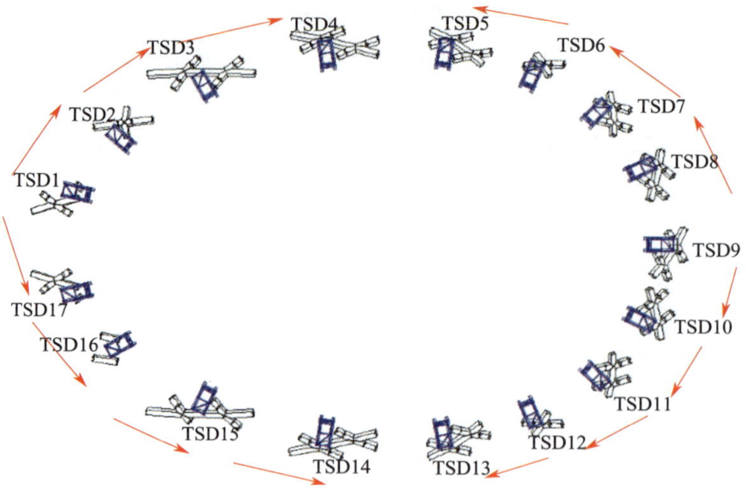

图 4—97 外围 2 类构件安装顺序

① 首先控制地面拼装精度，拼装精度要求见表 4—9～表 4—11。

表 4—9 拼装支架允许偏差

序号	项 目	允许偏差(mm)
1	拼装台钢管相对高程	±3.0
2	拼装台钢管轴线	±5.0

表 4—10 小拼单元的允许偏差(mm)

项 目		允许偏差
节点中心偏移		2.0
杆件轴线的弯曲矢高		L_1/1 000，且不大于 5.0
锥体形小拼单元	弦杆长度	±2.0
	锥体高度	±2.0
	上弦杆对角线长度	±3.0

注：L_1 为杆件长度。

表 4—11 中拼单元的允许偏差(mm)

项 目		允许偏差
单元长度≤20 m，拼接长度	单跨	±10.0
	多跨连续	±5.0
单元长度>20 m，拼接长度	单跨	±20.0
	多跨	±10.0

② 保证整体提升工装安装精度，提升工装设备允许偏差见表 4—12。

表 4—12 提升工装设备允许偏差

序号	项 目	允许偏差(mm)
1	液压千斤顶安装轴线偏差控制	±5.0
2	提升架上弦固定锚盘尺寸偏差	±5.0
3	提升瞬间调整偏差	±3.0
4	控制轴线综合偏差	±5.0

③ 控制合龙点精度，结构整体提升 72 个合龙点允许偏差按表 4—13 控制。

表 4—13 提升合龙点允许偏差

序号	项 目	允许偏差(mm)
1	合龙点相对高程	±15.0
2	合龙点位移	±15.0

④ 就位调整及空间位形保证措施

首先在提升及合龙过程中，对网壳周边 17 个提升吊点的行为进行人机互动的过程监控，在结构整体提升到合龙口上准备就位时，通过控制系统对各下吊点位置进行调整，直至结构提升到设计位置。

每个吊点在就位锁死前，用全站仪对提升吊点位置构件的坐标进行测量，提升构件位形满足要求后立即采用钢拉杆将提升塔架与下吊点焊接成整体，确保在外界环境影响下不发生偏移。

就位调整时，应注意各点的负载和位移控制，油缸反力与提升时偏差不超过 10%，提升点位移差不超过 10 mm，以确保提升平台和结构的安全。

空中悬停时，将提升区用手动葫芦配合提升设备调整到位后，用钢拉杆拉住钢结构，固定在支撑立柱上，增强结构的安全。

(2)控制散拼区精度

安装散拼区与嵌补区相连的网壳分段时，首先复测已安装分段上口测量点位置及临时支撑架模板相对高程。在钢网壳分段下端与已安装构件连接后，用全站仪校正弦杆中心坐标。在弦杆上端贴呈十字交叉宽 48 mm 的透明胶以辅助找准中心点，做好中心线并贴上激光反射片，安装过程中通过手拉葫芦或缆风绳对弦杆空间位置进行校正。

(3)偏差过大时的应对措施

① 为保证工期的同时，又提高安装精度。工厂加工时，对 35 个嵌补主弦杆上下两端预留 300 mm 不焊接，根据实际偏差对牛腿进行现场调整。嵌补段余量调整见图 4—98。

② 散拼三区杆件先不焊接，待提升区构件提升定位后，利用嵌补杆件和散拼区三区杆件两端的焊缝间隙调整拼接口安装误差。

4.5.4 嵌补杆件焊接温度应力解决措施和焊接技术施工

根据网壳钢结构特点和结构体系要求，结合拟定的吊装方案，拟在吊装区域与提升区域相接的嵌补区域设置安装合龙段(图 4—99)，吊装区域又沿径向均布 4 条合龙缝，待吊装区域与提升区域安装到位后，最后在设定的温度环境(14+5 ℃范围内)中对嵌补区域的构件进行安装，完成结构整体的合龙。

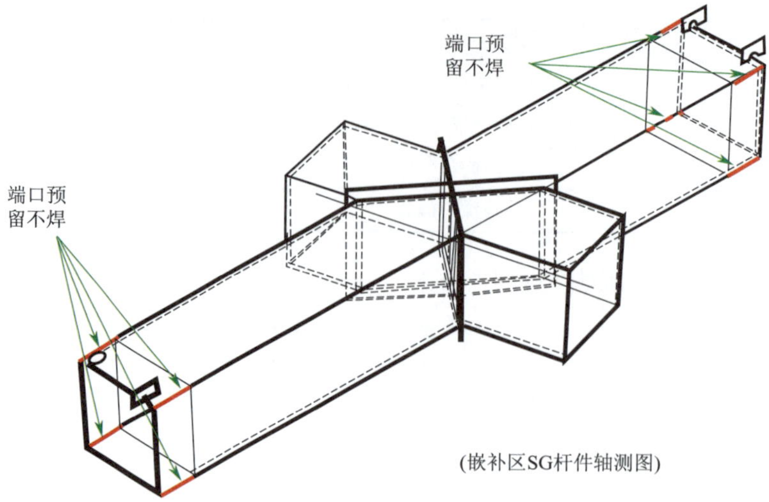

图 4—98 嵌补段余量调整措施

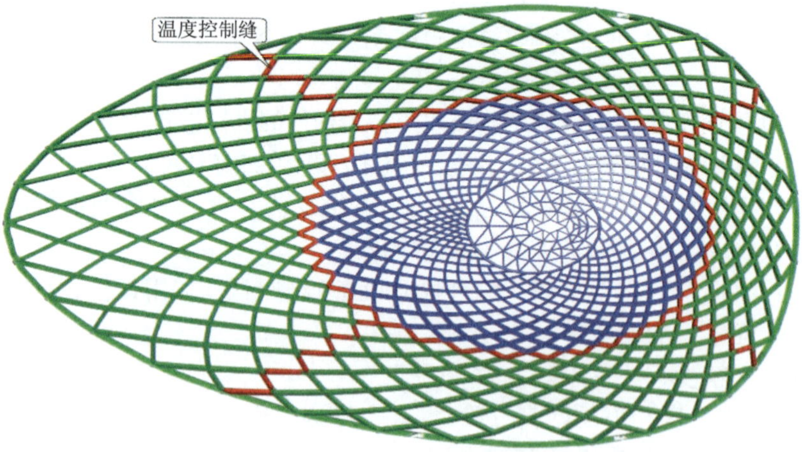

图 4—99 合龙段设置示意图

(1)焊前准备

焊接区操作脚手平台搭设良好,平台高度及宽度应有利于焊工操作舒适、方便,并应有防风措施。

由于 CO_2 气体保护焊焊枪线较短,考虑将焊机及送丝机置于操作平台上。操作平台需针对节点、主次构件焊接而专门设计。

焊工配置一些必要的工具,比如:凿子、刷子及砂轮机等。焊把线应绝缘良好,如有破损处要用绝缘布包裹好,以免拖拉焊把线时与母材打火。

焊接设备应接线正确、调试好,正式焊接前宜先进行试焊,将电压、电流调至合适的范围。

检查坡口装配质量。应去除坡口区域的氧化皮、水分、油污等影响焊缝质量的杂质。如坡口用氧-乙炔切割过,还应用砂轮机进行打磨至露出金属光泽。当坡口间隙超过允许偏差规定时,通过在坡口单侧或两侧堆焊使其符合要求。

(2)焊接预热

预热是防止低合金高强钢焊接氢致裂纹的有效措施，可以控制焊接冷却速度，减少或避免热影响区(HAZ)中淬硬马氏体的产生，降低 HAZ 硬度，同时还可以降低焊接应力，并有助于氢的逸出。

预热温度的确定与钢材材质、板厚、接头形式、环境温度、焊接材料的含氢量及拘束度有关系。现场温度对于焊接质量影响很大，施工工期宜安排在夏秋季节，根据本工程构件截面形式特点，箱形及钢管构件截面壁厚均小于 40 mm，材质为 Q345 钢材，本工程高处焊接可不采取焊前预热。当下雨等因素造成构件表面潮湿时，需采用氧-乙炔火焰加热方法加热除湿。

(3)焊接坡口

网壳钢结构的构件以管件为主，根据焊接的可操作性、焊工的视线，应以单面开坡口形为主。现场接头采用单面单边 V 形，反面设置衬板，根部间隙6～8 mm，坡口角度 35°，见图 4—100。

(4)焊接工艺措施

①采用多层多道焊，控制层间温度不低于预热温度，但不宜超过 150 ℃。

②采用直流反接(DC+)。

③焊丝伸出长度控制在 20 mm 左右。

④保护气体流量 20～25 L/min。

⑤焊条打底焊使用不大于 ϕ4 mm 的焊条，根部焊道厚度不超过 6 mm。

⑥焊缝构成由坡口面到中间。

焊道布置见图 4—101。

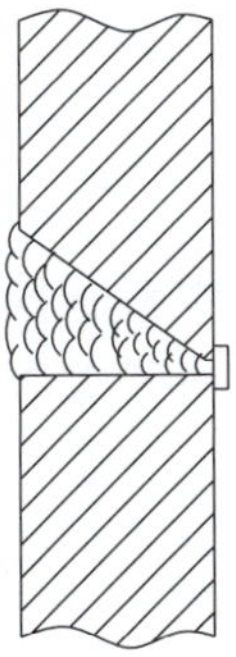

图 4—100 焊接坡口形式

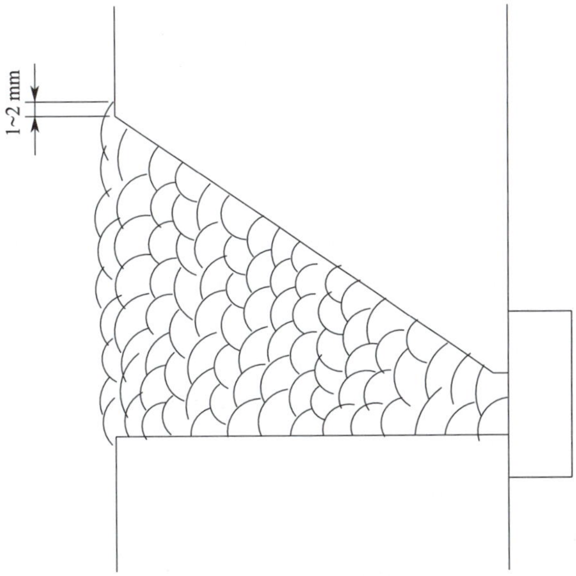

图 4—101 焊道布置示意图

(5)焊后处理

焊后热处理主要是为了消氢，从而降低留在焊缝中的氢含量，减小氢致裂纹倾向。根据本工程构件截面壁厚均小于 40 mm 的特点，为此，主要从焊接材料上采取一些措施：选用低氢焊材，从熔敷金属上降低氢含量，以防止延迟裂纹的产生。

(6)焊接变形控制

在本工程中，现场焊接大部分为高处焊接，焊接变形控制的关键是焊接接头焊接收缩引起的纵横方向的结构收缩变形。

焊接变形控制是一个综合控制过程，与整个结构安装顺序、测量控制、焊接工艺措施都紧密相关。

①焊接方法优选

尽量采用 CO_2 气体保护焊，由于其能量密度相对较高，焊接变形也相应小一些。

②焊接顺序

总体焊接顺序对结构的变形是一个关键因素，必须制定一个科学、合理的焊接顺序来控制变形，在结构安装校正到位后，对称布置焊接点。

由于构件截面主要为箱形，所以每个钢梁接头安排 2 名焊工围绕接头同时施焊，采用分段、对称施焊。

每人焊接参数基本保持一致。每个接头须连续施焊，直至焊完。

每道焊缝收头需熔至上一道焊缝端部约 50 mm 处，即错开 50 mm，不使焊道的接头集中在一处，见图 4—102。

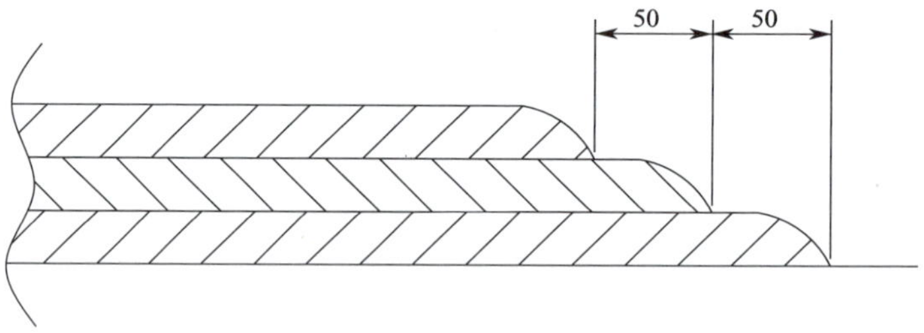

图 4—102　焊缝错开示意图(单位：mm)

嵌补区域杆件待散装区及提升区均安装并焊接完成后进行安装，根据全站仪实测安装数据，对嵌补杆件精确下料，单面坡口同时每端预留 8 mm 焊缝间隙，设置衬垫板(开小槽10 mm 左右，待定位后拉出衬垫板焊接)。

③余量控制

焊缝收缩(主要为横向收缩)对构件的变形影响较大，而收缩量主要与焊接线能量关系密切。为此，在焊接工艺评定时，可进行现场高处焊接模拟接头试验，通过分析相关焊缝收缩量的数据，为实际接头进行焊接收缩预控。

根据模拟数据，并结合以往的焊接施工经验，事先对主构件进行预留长度，即构件加工制作时正公差。这样，在实际焊接时，正好抵消焊接收缩量。

④安装顺序和焊接顺序

为了既不影响构件变形，又保证施工进度和安全操作，采取时间和空间错开的方法，合理安排吊装和焊接，做到搭接施工。

在构件安装时，采用临时支撑或其余支撑加以固定，接头处布置一定数量的定位板，防止在焊接过程中由于构件自重而引起的附加变形。

⑤控制结构变形

在整个焊接过程中，随时用测量仪器进行变形监控。当某个点处偏差可能超控时，调控焊接顺序，及时加以纠偏。

结构变形控制贯穿于整个焊接全过程，特别是起初几个区段更为重要。通过焊接过程中的跟踪监测，摸索相应规律，指导后续施工。

⑥焊接应力控制

a. 采用合适的焊接坡口，减少焊接填充量。

b. 构件安装时不得强行装配，致使产生初始装配应力。

c. 采用合理的焊接顺序，对称焊、分段焊。

d. 先焊收缩量大的接头，后焊收缩量小的接头，应在尽可能小的拘束下焊接。

e. 预先合理设置收缩余量。

f. 同一构件两端不同时焊接。

g. 采取高效的 CO_2 焊接方法，可减少焊接道数，降低焊接变形和残余应力。

h. 通过有效的工艺和焊接控制，防止或降低焊接接头的返修，可避免焊接接头应力增加。

i. 采取焊后缓冷或后热，使接头在冷却时能有足够的塑性和宽度均匀消除焊接收缩，降低残余应力峰值和平均值，达到降低焊接残余应力目的。同时必要时采用烘烤和超声波振动的方法进一步达到消减残余应力目的。

⑦焊接质量检查

焊接质量检查包括外观和无损检测，外观检查按照《建筑钢结构焊接技术规程》(JGJ 81—2002)规范执行。无损检测(UT)按照《焊缝无损检测 超声波检测 技术、检测等级和评定》(GB 11345—2013)和设计文件执行，一级焊缝100%检验，二级焊缝抽检20%，并且在焊后24 h检测。对UT检测有疑问，在有条件的地方辅以RT检测。

⑧ 焊接缺陷返修

焊缝表面的气孔、夹渣用碳刨清除后重焊。

母材上若产生弧斑，则要用砂轮机打磨后，必要时进行磁粉检查。

焊缝内部的缺陷，根据UT对缺陷的定位，用碳刨清除。对裂纹、碳刨区域两端要向外延伸至各50 mm的焊缝金属。

返修焊接时，对于厚板，必须按原有工艺进行预热、后热处理。预热温度应在前面基础上提高20 ℃。

焊缝同一部位的返修不宜超过两次。如若超过两次，则要制定专门的返修工艺并报请监理工程师批准。

4.6 卸 载

4.6.1 逐级卸载施工

(1)卸载分析计算

结构卸载是将屋盖钢结构从支撑受力状态下，转换到自由受力状态的过程，即在保证现有钢结构临时支撑体系整体受力安全，主体结构由施工安装状态顺利过渡到设计状态。卸载方案遵循卸载过程中结构构件的受力与变形协调、均衡、变化过程缓和、结构多次循环微量下降并便于现场操作的原则来实现。

① 有限元计算模型与条件

在网壳钢结构施工过程中，胎架支撑落地处铰接，支撑与主结构连接处 z 向位移耦合。屋盖卸载过程分析采用通用有限元分析设计软件 MIDAS GEN 8.0，卸载模拟采用卸载点或者支架底部强制位移法实现，考虑支撑体系的实际刚度与卸载实际操作连续、累积的施工技术特点，对整体结构的卸载施工全过程进行有限元数值模拟分析。

根据工程的特点，为使计算结果更便于指导现场施工情况，在钢结构卸载阶段，考虑结构自重(1.15 倍结构杆件自重)，根据专家建议对风荷载取 0.13 kN/m^2。

卸载过程计算中，首先对施工分区安装完毕(未卸载)与卸载完毕(支撑拆除)两种结构状态进行计算比较，以此两种状态下整体结构的应力分布、位移情况为基础，通过设定结构卸载施工计算原则，对整个卸载方案及过程进行分区、分步的有限元模拟计算。根据现有的结构卸载施工模拟计算结果，采用同组等量、分区、分步实施的方法来卸载。

② 卸载计算结果

针对卸载分区和每个分区中的同步卸载次数，将每步卸载时结构变形、应力结果进行汇总。

a. 各阶段网壳结构变形及应力变化见表 4—14。

表 4—14 各阶段网壳结构变形及应力变化

卸载区	卸载次数	结构水平变形(mm)	结构竖向变形(mm)	结构应力(N/mm^2)
一区	第一次卸载	23	−76	86.2
二区	第一次卸载	24	−78	90
	第二次卸载	24	−80	92.3
	第三次卸载	23	−84	73
三区	第一次卸载	24	−84	72.4
	第二次卸载	24	−84	71.5
	第三次卸载	23	−83	74
	第四次卸载	23	−82	70.4
四区	第一次卸载	23	−80	72.7
	第二次卸载	23	−79	73.2
	第三次卸载	24	−79	75.3
五区	第一次卸载	24	−76	90.8
	第二次卸载	24	−76	99.9
	第三次卸载	24	−75	102

表 4—14 表明，结构在卸载过程中最大竖向位移为 84 mm，最大应力为 92.3 N/mm^2，应力比约为 0.31，结构下挠为跨度的 1/965，结构应力变形均满足要求。

b. 各阶段支撑体系变形及应力变化。

根据上述计算，整个支撑体系在卸载过程中能保证稳定安全，支撑最大应力为 148，支撑最大反力为 56 t，见表 4—15。

表 4—15　各阶段支撑体系变形及应力变化

卸载区	卸载次数	水平变形(mm)	竖向变形(mm)	应力(N/mm^2)	最大反力(kN)
一区	第一次卸载	36	8	126	490
二区	第一次卸载	38	8	103	420
	第二次卸载	24	8	148	430
	第三次卸载	9	4	122.8	520
三区	第一次卸载	9	4	124.1	560
	第二次卸载	9	5	129	520
	第三次卸载	9	5	137.9	520
	第四次卸载	9	5	130.3	520
四区	第一次卸载	9	3	121.9	410
	第二次卸载	9	3	135.4	440
	第三次卸载	6	2	101.9	280
五区	第一次卸载	5	2	111.5	280
	第二次卸载	4	2	98	300
	第三次卸载	—	—	—	—

c. 各阶段监测点变形变化。

由以上计算结果可知，穹顶钢结构 14 个检测点卸载前后的竖向变形变化范围在 10 mm 范围以内，在施工过程中应填写《于家堡站房穹顶钢结构卸载监测点监测记录表》，根据计算结果和实测结果的对比，并应及时向有关部门报告。

(2)每次卸载量的选定

根据卸载前后卸载点处变形量，可以计算出在本步卸载过程中，卸载点的绝对变形量，为便于描述，将卸载点进行编号，编号根据不同分区和不同卸载级别，从左至右、从上到下依次增加，各卸载点卸载量见表 4—16～表 4—20。

卸载前 94 个卸载点的竖向位移见图 4—103。

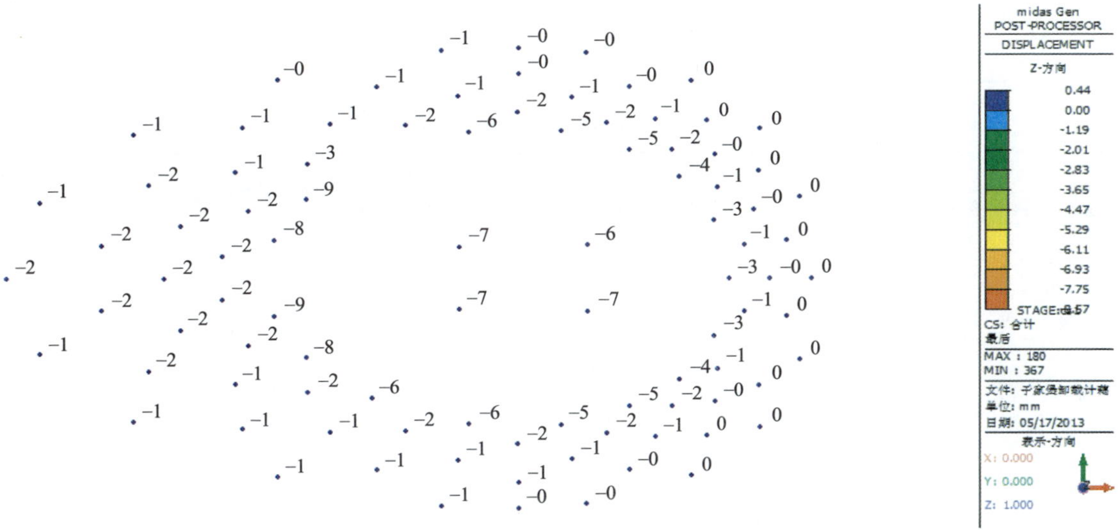

图 4—103　卸载前各观测点的变形

表 4—16　第一区卸载量分级

卸载次数	卸载点编号	卸载前变形（mm）	卸载后变形（mm）	卸载量（mm）	卸载分级	每级卸载量（mm）
共一次卸载（4 个卸载点）	1	7	65	58	6	8～10
	2	6	48	42	5	8～10
	3	7	66	59	6	8～10
	4	7	47	40	5	8～10

表 4—17　第二区卸载量分级

卸载次数	卸载点编号	卸载前变形（mm）	卸载后变形（mm）	卸载量（mm）	卸载分级	每级卸载量（mm）
第一次卸载（6 个卸载点）	1	9	18	9	1	10
	2	7	17	10	1	10
	3	5	14	9	1	10
	4	3	11	8	1	10
	5	4	11	7	1	8～10
	6	6	20	14	2	8～10
第二次卸载（6 个卸载点）	1	9	19	10	1	10
	2	6	20	14	1	15
	3	4	13	9	1	10
	4	3	12	9	1	10
	5	5	17	12	2	8～10
	6	8	18	10	1	10
第三次卸载（5 个卸载点）	1	8	22	14	2	8～10
	2	5	16	11	2	8～10
	3	3	13	10	1	10
	4	5	16	11	2	8～10
	5	6	20	14	2	8～10

表 4—18　第三区卸载量分级

卸载次数	卸载点编号	卸载前变形（mm）	卸载后变形（mm）	卸载量（mm）	卸载分级	每级卸载量（mm）
第一次卸载（10 个卸载点）	1	2	7	5	1	8～10
	2	1	2	1	1	8
	3	2	8	6	1	8
	4	1	1	0	1	8
	5	2	4	2	1	8
	6	1	0	−1	1	8
	7	0	0	0	1	8
	8	2	6	4	1	8
	9	1	3	2	1	8
	10	1	2	1	1	8

续上表

卸载次数	卸载点编号	卸载前变形（mm）	卸载后变形（mm）	卸载量（mm）	卸载分级	每级卸载量（mm）
第二次卸载（6个卸载点）	1	2	8	6	1	8
	2	1	3	2	1	8
	3	0	0	0	1	8
	4	1	4	3	1	8
	5	2	9	7	1	10
	6	2	11	9	1	10
第三次卸载（7个卸载点）	1	1	4	3	1	8
	2	1	4	3	1	8
	3	1	4	3	1	8
	4	1	2	1	1	8
	5	1	3	2	1	8
	6	1	8	7	1	10
	7	2	15	13	2	8～10
第四次卸载（10个卸载点）	1	2	9	7	1	8～10
	2	2	17	15	2	8～10
	3	3	17	14	2	8～10
	4	2	14	12	2	8～10
	5	2	9	7	1	8～10
	6	0	2	2	1	8
	7	1	5	4	1	8
	8	1	5	4	1	8
	9	2	7	5	1	8
	10	2	14	12	2	8～10

表4—19　第四区卸载量分级

卸载次数	卸载点编号	卸载前变形（mm）	卸载后变形（mm）	卸载量（mm）	卸载分级	每级卸载量（mm）
第一次卸载（6个卸载点）	1	2	14	12	2	8～10
	2	2	14	12	2	8～10
	3	0	2	2	1	8
	4	0	1	1	1	8
	5	0	1	1	1	8
	6	1	3	2	1	8
第二次卸载（5个卸载点）	1	2	7	5	1	8
	2	2	6	4	1	8
	3	0	2	2	1	8
	4	0	2	2	1	8
	5	1	0	−1	1	8

续上表

卸载次数	卸载点编号	卸载前变形(mm)	卸载后变形(mm)	卸载量(mm)	卸载分级	每级卸载量(mm)
第三次卸载(10个卸载点)	1	2	14	12	2	8～10
	2	2	14	12	2	8～10
	3	1	4	3	1	8
	4	1	4	3	1	8
	5	0	1	1	1	8
	6	0	−2	−2	1	8
	7	0	−2	−2	1	8
	8	0	−2	−2	1	8
	9	1	2	1	1	8
	10	1	4	3	1	8

表 4—20 第五区卸载量分级

卸载次数	卸载点编号	卸载前变形(mm)	卸载后变形(mm)	卸载量(mm)	卸载分级	每级卸载量(mm)
第一次卸载(6个卸载点)	1	2	7	5	1	8
	2	1	2	1	1	8
	3	0	−4	−4	1	8
	4	0	−2	−2	1	8
	5	0	−4	−4	1	8
	6	1	2	1	1	8
第二次卸载(6个卸载点)	1	1	−2	−3	1	8
	2	0	2	2	1	8
	3	0	2	2	1	8
	4	0	3	3	1	8
	5	0	5	5	1	8
	6	1	2	1	1	8
第三次卸载(7个卸载点)	1	1	6	5	1	8
	2	1	1	0	1	8
	3	0	−1	−1	1	8
	4	0	−4	−4	1	8
	5	0	−3	−3	1	8
	6	0	−1	−1	1	8
	7	0	−2	−2	1	8

由以上卸载量计算结果可知，提升塔架最大卸载量为 59 mm，最小卸载量为 7 mm，可按

每级 8～10 mm 卸载量按上表分级平稳卸载；散拼区临时支撑最大卸载量为 15 mm，最小卸载量为－4 mm(向上)，根据实际可操作性，每步卸载量依然取 8～10 mm，对 10 mm 以上的 9 个卸载点利用千斤顶辅助操作分 2 级卸载；其他卸载点直接割除。

4.6.2 施工中变形监测

在施工过程中，结合施工仿真计算结果监测钢结构应力，监测得出应力比较大的杆件应力变化，可以很好地确保工程施工安全。根据结构施工图、施工详图、施工图设计阶段钢结构计算书、施工验算计算书及有限元计算分析结果，得到受力关键构件和关键点，把监测点主要布置于应力分布较大的区域。

(1)主体结构应力监测

结构监测是一个长期监测的过程，监测仪器长时间工作的可靠性是至关重要的。考虑到施工监控数据连续性、设备的稳定性、经济性等因素，对于现场情况复杂、持续时间长的钢结构构件应力监测，监测仪器可采用振弦式弧焊型应变计，监测采用的数据采集装置为振弦式读数仪。

考虑到提升过程中构件应力较大，因此本工程中，应力监测以提升区结构构件的应力监测为主。

① 主体结构

测点的选取：由于于家堡站网壳结构的特殊性，许多杆件同时承受很大的轴力，弯矩和扭矩的共同作用，造成杆件应力分布情况极为复杂。通过对关键杆件的局部应变的测量，推算这些杆件内的应力实际分布状态，通过监测杆件最危险处的应变及时与施工仿真分析结果对比，以判定杆件的安全状态，并在发生破坏时进行安全预警。

结合具体施工方案及施工仿真分析所得结果，主体结构的测点分布见图 4—104。

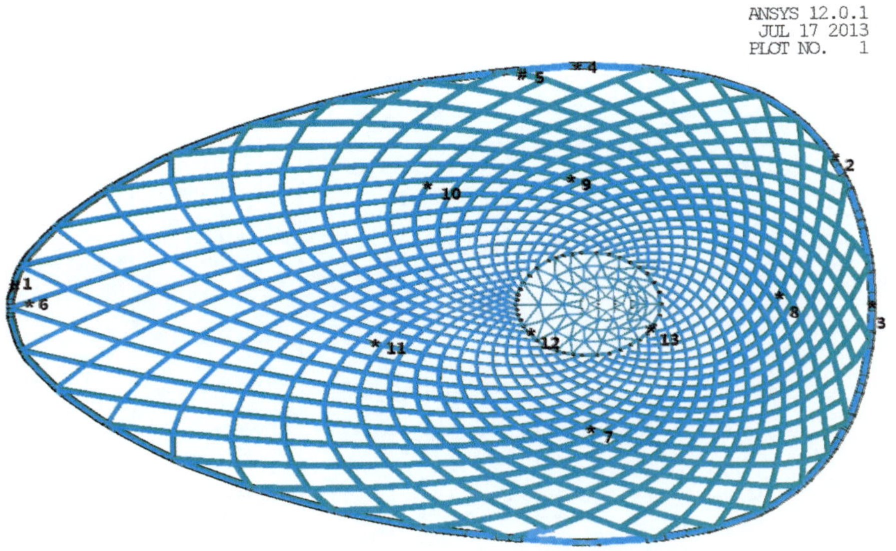

图 4—104 主体结构应力监测杆件及编号分布图

图 4—104 中“#”代表起到校核健康监测作用的布点，“*”代表未与健康监测布点重合的

点，各测点具体布置方式见表 4—21。

表 4—21 主体结构应力监测点详情表

分区	测点编号	杆件截面类型	布置方式	振弦式传感器数量
底环梁	1～2	扇形截面		8
	3～4	矩形截面	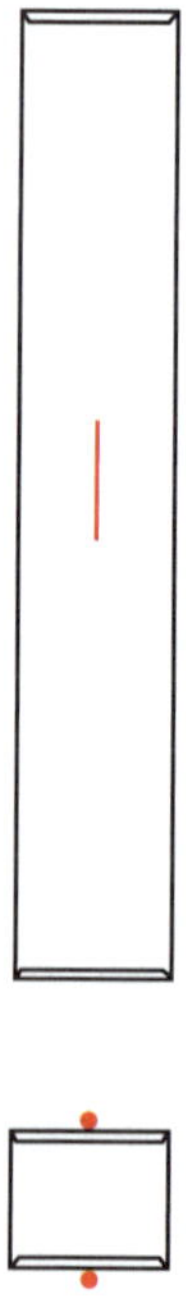	4

续上表

分区	测点编号	杆件截面类型	布置方式	振弦式传感器数量
散装区	5、6、10	矩形截面	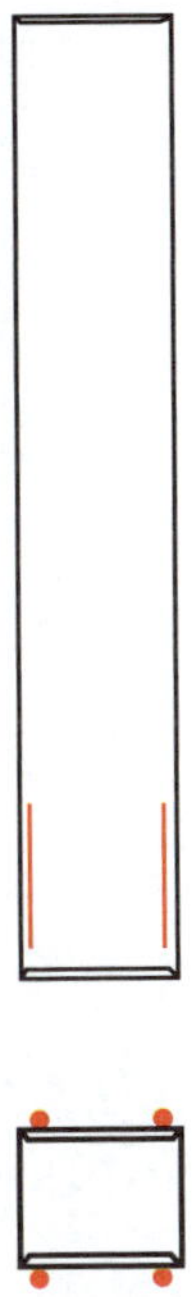	12
提升区	7～9、11～13	矩形截面	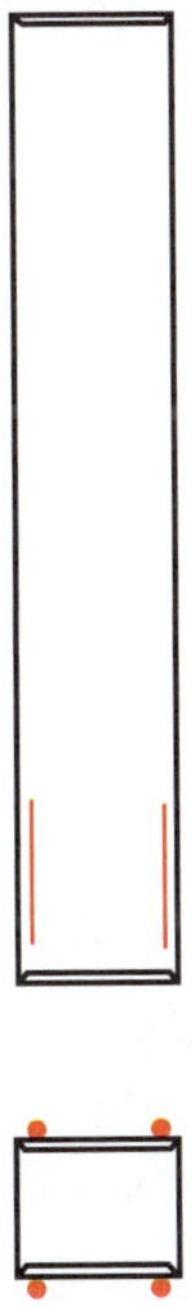	24

② 临时支撑

考虑到提升过程中，中间提升塔架（图 4—105 和表 4—22）应力较大，故对中间 4 个提升塔架头部杆件进行应力监测，确保提升过程的安全与稳定。

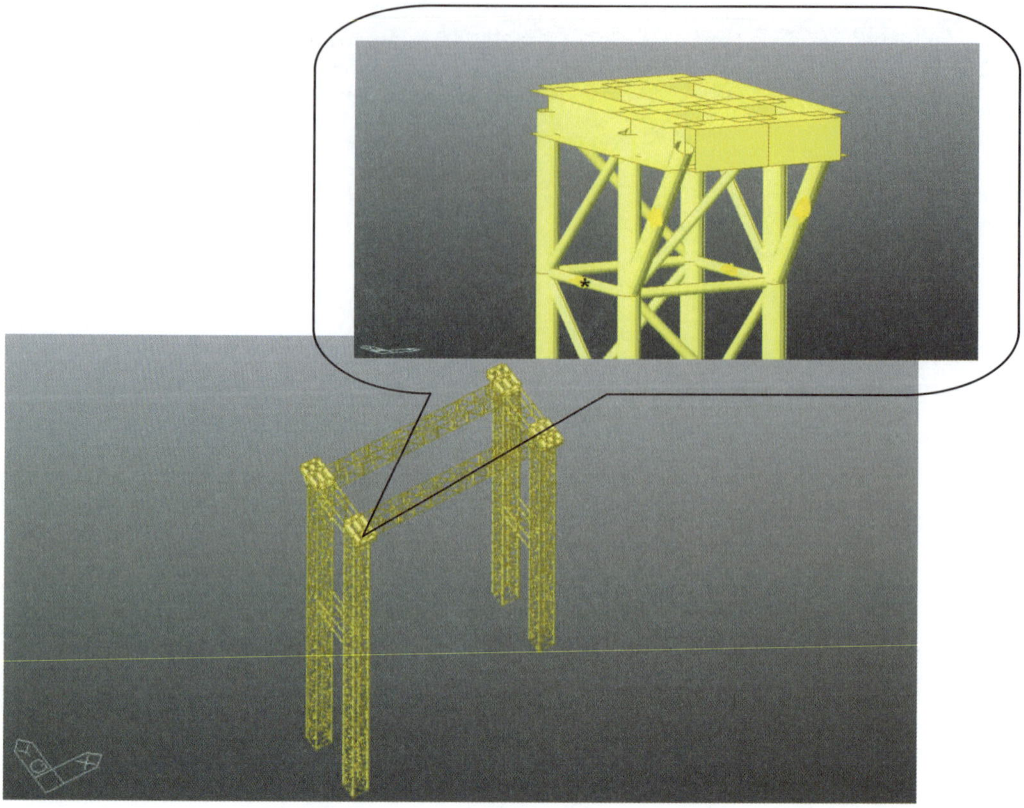

图 4—105 中部提升胎架监测点布置图

表 4—22 临时支撑应力监测点详情表

分区	测点编号	杆件截面类型	布置方式	振弦式传感器数量
临时支撑	TS1～TS4	圆形截面	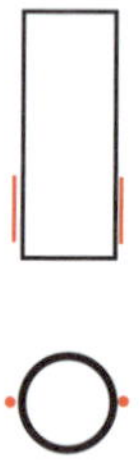	8

(2)结构的整体变形监测

由于工程上部为钢结构承载，变形因素非常复杂，要得到有效的建筑物实时的变形趋势，必须借助建筑物模型计算模拟变形量，确定能够合理反映建筑物变形特征的观测点，再配以相应精度的变形观测手段，同时还要结合基础的沉降数据，然后通过数据处理软件进行平差计算、数据分析，从而形成整体建筑物的变形信息，反馈到各施工专业指导施工。

① 结构变形监测点布置(图 4—106)

监测点的布置要具有代表性，既要方便测量员监测又能代表结构变形的整体特点，同时又能作为卸载后的后续监测控制点。在 14 个监测点所对应构件的底部或顶部贴上贴片，测量员可处于站房底部或周边对监测点进行监测(贴片和监测点方便通视)。根据对结构卸载的模拟计算,选择14个监测点。其中P03～P05,P07～P09,P12～P14共9个监测点分别位于中部提升区;P01、P02、P06、P10、P11监测点位于散装区。根据计算,结构的主要变形主要在南北中轴线(对称轴)位置,以上14个监测点中接近一半布置在结构对称轴上。采用智能型全站仪于建筑物外部观测。

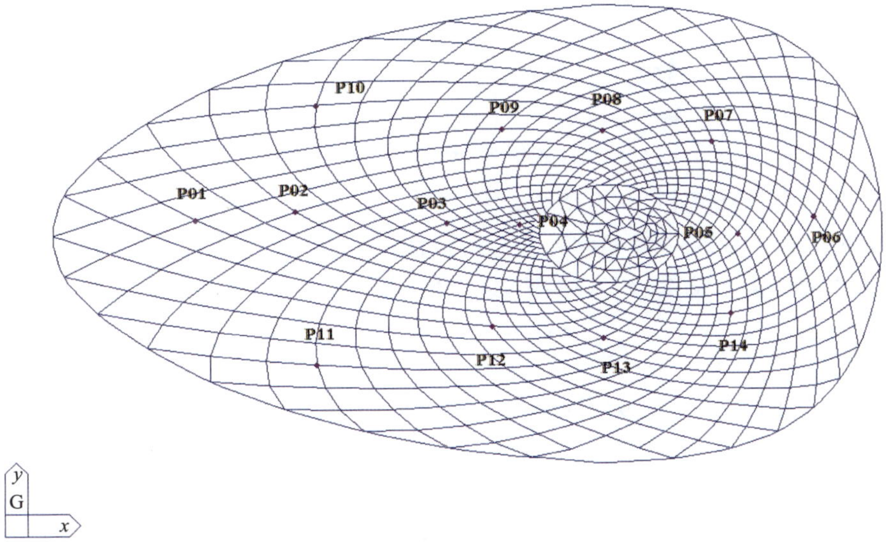

图4—106　变形监控点布置图

②工作原理及技术要求

当采用全站仪进行变形观测时,其控制网主要技术要求指标见表4—23。

表4—23　控制网主要技术要求

控制网主要技术要求					
变形测量等级	观测点点位中误差	相邻基准点的点位中误差	平均边长	测角中误差	最弱边相对中误差
一等	±1.5 mm	±3.0 mm	<150 m	±1.8″	≤1/70 000

拟采用GPT-7502智能全站仪(测量机器人,见图4—107),利用其ATR(Automatic Target Recognition)功能自动识别和照准目标,因照准过程不需调焦,故可不考虑每测站方向之间的距离差异。全站仪发射红外光束,并利用自准直原理和CCD图像处理功能,无论在白天还是黑夜,都能实现目标的自动识别、照准与跟踪。利用TCRA1201全站仪的自动化特点,配以相应的欧亚变形监测系统(EA-Monitor)软件进行自动化实时连续监测,并实时处理数据。数据计算采用实时多重差分的处理方案,对球气差和测站坐标方位角等进行改正,最大限度地消除和减弱各种误差因素。计算结果可以通过图形与数字显示,变形趋势采用实时多态图形显示。可以非常直观地反映工程整体变形情况或者某些关键部位的变形情况。

利用其PinPoint测量技术,实现无棱镜三维坐标测量,测距可达到500 m,精度为3 mm+2ppm·D。可解决对上部结构变形监测时,安设反射棱镜较为困难的问题,取而代之的是反射薄片,该薄片具有易于固定、成本低等特点,可实现大量观测点的布设。距离测量时注意气象条件,尤其是温度,应选择测量精度较高的温度计,需配气压表。由于测量机器人是

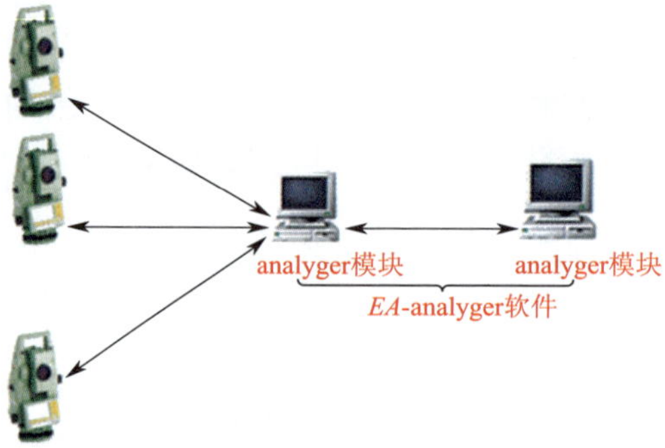

图 4—107 GPT-7502 智能全站仪

自动照准,因此,对棱镜的朝向有较高的要求,要尽量正朝向仪器方向,且保持棱镜表面清洁。

在结构外围,按照建筑物模型计算的变形特征点位布置观测点。由于观测时须要架设目标棱镜,固应在钢结构上设置固定观测架,以方便观测。

4.6.3 卸载施工总结

通过采用从内向外分区逐级卸载的施工工法,提前通过计算机建模分析计算卸载过程中的最大变形量,再逐渐分解到每级卸载量,利用施工监测系统和健康监测系统双保险对卸载过程中的应力应变数据进行分析,随时掌握钢结构自身卸载过程中的杆件应力变化,以便及时采用相应应急措施。整个钢结构卸载过程中各阶段的应力应变与计算机建模结果基本吻合,卸载完成后通过全站仪测量最大挠度值为 46 mm。小于设计给出的最大值 67 mm,更小于计算机建模分析计算结果 85 mm,整个卸载过程安全稳定,卸载数据符合设计要求,顺利完成整个钢结构的安装。

5 穹顶钢结构健康监测技术

5.1 健康监测系统概述

京津城际延伸线于家堡网壳钢结构穹顶工程为亚洲最大的单体网壳钢结构建筑。施工难度大，工艺复杂，受力分布极为复杂，结构受各种因素影响。根据原铁道部《关于印发〈铁路客站雨棚专项整治会议纪要〉的通知》(铁鉴函〔2012〕522号)通知，由"建设司、鉴定中心牵头组织大型客站结构健康监测系统设置标准与工程方案的研究，当前客站工程建设的结构健康监测系统，应在工程设计中尽快明确并实施"，开展于家堡站网壳结构健康监测系统设计。

网壳钢结构工程项目由建设单位——津滨城际铁路有限责任公司牵头，曾进行3次健康监测设计方案专家论证和1次健康监测施工组织方案专家论证，在国内同类高铁站房健康监测项目中，率先启动，规模空前。

5.2 进行健康监测的必要性

5.2.1 工程建设的长远意义

于家堡地面站房网壳钢结构建立一套科学、完善的健康监测预警体系与结构损伤评价体系，能增强站房结构运营期间的安全性，最大限度地保障旅客生命和财产安全，保障铁路交通枢纽的正常运营，是铁路站房建设值得重视的发展方向。所以对于家堡地面站房网壳钢结构进行健康监测是十分必要的，并且对于站房的安全运营具有重要意义。

5.2.2 网壳结构本身状态决定

于家堡地面站房屋盖网壳是我国首次设计和建造的超大跨度单层正反螺旋形网格结构，结构造型新颖，受力状态复杂。由于计算简化的加载方式与实际作用的偏差(如温度)、计算模型简化与实际的偏差(节点刚性假定)、超规范的影响(异形网格、大扭矩)等原因，使得网壳实际的内力和变形与计算模型会产生不一致，通过监测获取信息可以对实际工程与设计模型之间进行数据对比，确定偏差的影响程度，验证设计的安全可靠度。

网壳共有2 178个不同杆件，1 134个不同节点，钢结构加工制作复杂。空间的杆件定位、网壳合龙、嵌补杆件的安装、坐标的精确控制是安装的重点和关键。大量散拼杆件的现场高空焊接可能会加大产生质量瑕疵概率。以上因素造成的结构初始缺陷，会危及结构的安全。借助结构健康监测系统监测结构在初始缺陷下结构的受力情况，判别缺陷的影响程度，诊断结构的安全与否。

5.2.3 周围环境影响

由于存在地震、风环境、温度、地下结构的变形等不确定的荷载，通过健康监测系统可以监测设计中不可预见的荷载作用以及结构的受力情况，实现防患于未然，保证网壳结构的安全。

5.2.4 高铁站房的社会影响要求

于家堡站房作为大型客站，位于天津市新打造的于家堡中心商务区，将来车站人流量巨大，一旦发生安全问题，其社会影响和对正常社会生活秩序的冲击较大，对结构安全性要求高。

5.2.5 高铁站长期运营安全要求

于家堡站房网壳设计使用年限为 100 年，基于各类结构的材料和保护材料的使用寿命有限，如何保证网壳在预期年限内的安全服役，也是一个非常重要的课题。因此在车站运营期间对重要的杆件进行长期监测是非常必要的。实现控制性杆件实时或准实时的监测，对杆件出现的损伤进行定性、定位和定量分析，将屋盖的受力状态始终处于有序的掌控之中，通过必要的维修处理，让屋盖结构始终处于健康状态。

5.3 于家堡健康监测系统总体设计

5.3.1 健康监测系统的功能和总体布置

于家堡站地面站房网壳结构形体复杂，相应受力较为复杂。为能高效、实用、科学、系统地为车站建成后的运营养护维修决策提供技术支持，要求系统实时采集数据，并能及时进行预警，定期分析采集的结构数据，分析结构运行随时间增加而产生的累积效应及遇到突发事件时结构状态，可以协助站房管理人员掌控车站网壳钢结构及其支座处构件的力学指标及其变化情况，系统针对车站运营环境和结构特点编制管理软件，以方便站房的管理单位按照系统既定的监测内容掌握结构的整体健康状况。定期分析站房网壳钢结构整体内力状态变化趋势，建立站房网壳钢结构全寿命期的数字化和信息化档案，科学、合理地协助车站的管理和养护。

于家堡站网壳钢结构在运营阶段健康监测系统的监测项目，应实现以下监测项目的功能，主要包括 7 项：

①风速监测；

②网壳结构温度场监测；

③网壳结构变形和网壳支座沉降监测；

④支座环向位移监测；

⑤关键结构杆件应力-应变监测；

⑥网壳节点焊缝工作状态监测；

⑦结构振动监测。

5.3.2 健康监测系统的组成

针对系统所需要满足的功能和目标，确定于家堡车站网壳钢结构监测系统的子系统和功能模块包括：

①传感器子系统；

②数据采集、传输、存储子系统；

③数据管理中心子系统；

④运营健康安全评定和预警子系统。

于家堡车站网壳钢结构健康监测系统组成见图5—1。以下为整个监测系统的流程。

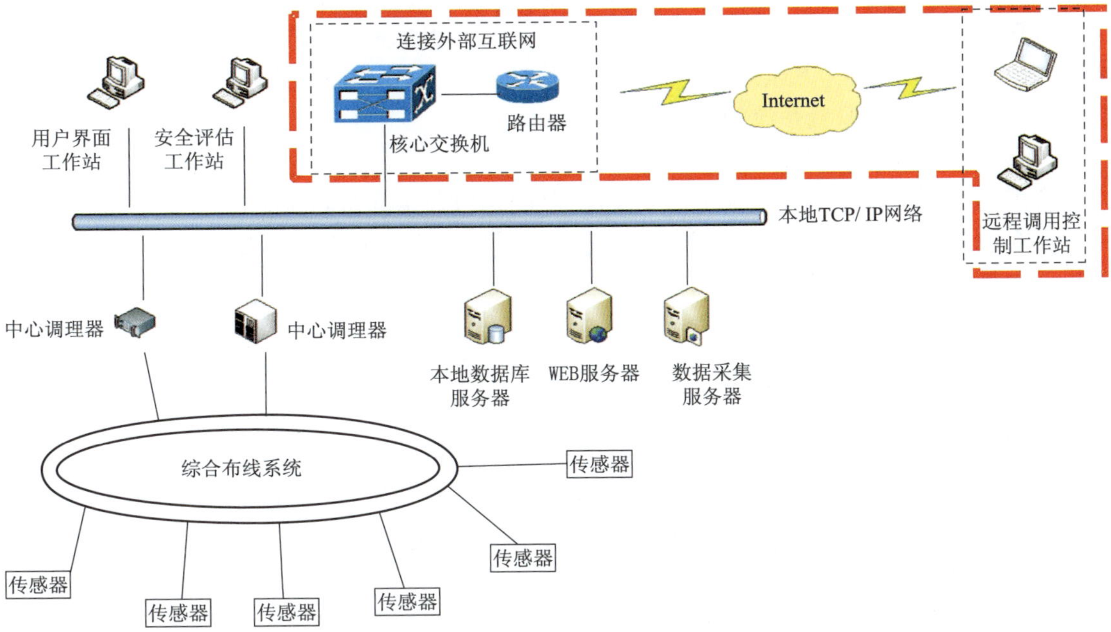

图5—1 健康监测系统的组成

(1)数据采集系统采集传感器子系统拾取的数据,通过数据传输系统将数据传输给现场采集站,采集站接收数据后,首先对数据进行判断和预处理,并存入数据管理中心。

(2)数据管理中心的安全评定系统调用数据管理中心的数据,进行结构安全性与舒适性评定。

(3)安全评定的结果通过可视化技术在监控中心的监视器上实时显示,在特殊状态下进行预警,并把安全评定的结果存入中心服务器的数据库中;中心服务器内数据库的数据可以通过局域网将有关的结果传输到业主。

5.4 于家堡站房监测内容

于家堡车站屋盖网壳结构工程的监测变量主要为结构周围风速、温度监测;结构温度场监测;网壳结构变形监测、支座沉降和位移监测;结构关键杆件和节点局部应力-应变监测;结构加速度响应和动力特性监测。

5.4.1 风速监测

(1)监测内容

监测重点为风速、风向等。通过风的监测,了解作用在结构上的风荷载。风荷载是控制大跨度空间结构设计的重要侧向荷载,正确了解风荷载的作用,关系到结构设计的合理性和经济性。同时,风荷载的监测可作为结构安全和舒适度评定的基础数据。

(2) 传感器选择和性能指标

使用风速仪(包含大气温度监测传感器)监测风速、风向等。

用于风速测量的风速仪主要有二维机械式(螺旋式、陀螺式等)和三维超声式风速仪两大类。其中,机械式风速仪风速仪可测量平均风速,而且精度较低,但风速测量范围大;超声式风速仪利用超声波探头发射的超声波信息获得风荷载的相关信息,不仅可对平均风速进行测量,而且可对脉动风速和风向进行高精度监测,同时具有温度的监测功能。为了高精度测量风荷载,同时保证大风的情况下风速仪仍能够进行测量,布设 1 台超声风速仪。设计方案采用三维超声式风速仪作为本监测系统的风速测量仪器。

(3)风速仪布设及实施

穹顶网壳结构布置 1 台三维超声式风速仪(同时包含温度监测功能)。风速仪安装于网壳结构天窗中部,采用预制钢支架固定,信号传输线做好防水防潮保护。安装前需进行测试,安装后再次进行复测,做好相关记录。

①风速仪实现的功能:超声风速仪是一种三维、无移动部件的新型测风传感器。两维风速计虽经济,但其忽略了重要的垂直风速分量。超声风速仪可提供风全图,同时又是十分经济的解决设计方案。

传感器采用由不锈钢支架支撑的三对相向安装的超声换能器组成[图 5—2(b)],结构坚固。这一排列增强了风速仪的刚度,当测量时保护换能器。另外,换能器的这种排列,可使测量通过通常的容积获得,从而改善测量的有效性。同时,快达 160 Hz 的采样速度可以确保理想的测量频度。

②三维超声式风速仪的安装:三维超声式风速仪安装在天窗区中部,采用直径 40 mm 钢管焊接三角支撑,高度设置为 1 500 mm。安装方式见图 5—2。

(a) 安装位置

(b) 风速仪外观

图 5—2 三维超声式风速仪

5.4.2 网壳结构温度场监测

(1)监测内容

力学分析表明,外界温度的变化将对于家堡站网壳结构内力的分布产生较大的影响。在网壳部分杆件上安装温度传感器,利用测量温度数据,并结合插值算法,计算出作用在整个网壳结构上的完整温度场。利用温度场数据对结构杆件应变测量结果进行修正。同时,结构温度场也是结构模型修正和安全评定的重要内容。

(2) 传感器选择和性能指标

为配合光纤应变传感器,考虑健康监测系统的组成与节约信号采集硬件(采用与光纤光栅应变传感器一致的信号解调仪),本工程使用光纤光栅温度传感器对作用在网壳结构上的温度场进行测量。表 5—1 为光纤光栅温度传感器性能指标。

表 5—1　光纤光栅封装温度传感器的主要性能指标

性 能	指 标
量 程	−40～80 ℃
精 度	≤0.1 ℃
反射率	≥90%
跳线头	FC/APC　FC/PC
耐久性	大于 20 年
采样频率	1 Hz

(3) 温度传感器布设及实施

通过对于家堡站网壳结构在不同时段阳光照射下温度场分布情况进行深入研究,研究结果表明,由于网壳由顺时针和逆时针的矩形钢箱梁相互交织构成,在顺时针和逆时针钢箱梁交角接近 90°的区域(网壳东南、东北、西南和西北四个方向),阳光照射角度的不同可以导致相邻区域顺时针和逆时针钢箱梁的温度有很大差异。根据这一特点,在以上区域沿两个方向同时布置温度传感器,提高温度场的估计精度;在其他两个方向钢梁温差不大的区域仅在一个方向钢箱梁中布置温度传感器。设计方案选择布设 26 个温度传感器。安装前需进行测试,安装后再次进行复测,做好相关记录。

光纤光栅温度传感器的安装:光纤光栅温度传感器根据设计设计方案均布在结构所在杆件,采用不锈钢点焊固定在待测杆件,传感器保护罩厚度为 18 mm,温度传感器测点布置见图 5—3。

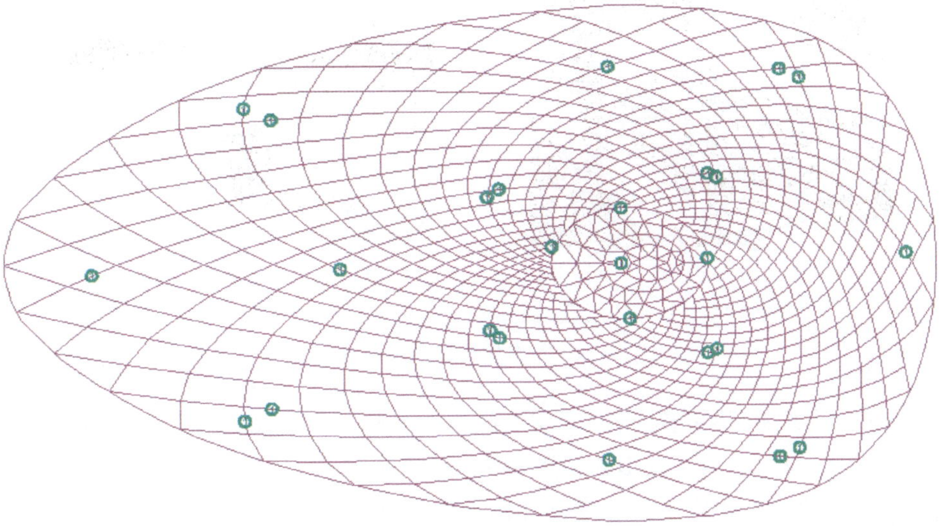

图 5—3　温度传感器测点布置图

5.4.3 网壳结构变形和网壳支座沉降监测

(1)监测内容

监测包括网壳结构变形和网壳支座沉降监测,布置图见 5—4 和图 5—5。

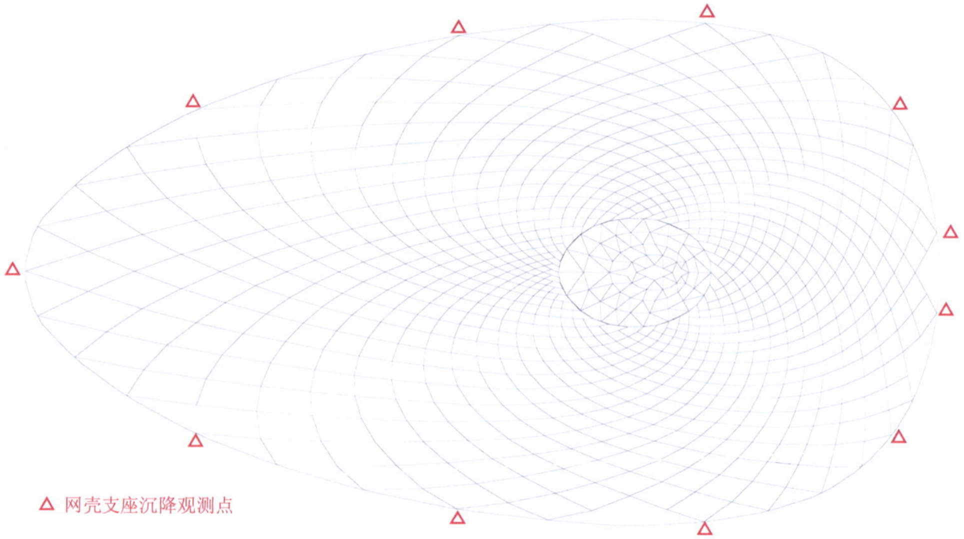

图 5—4 网壳支座沉降观测点

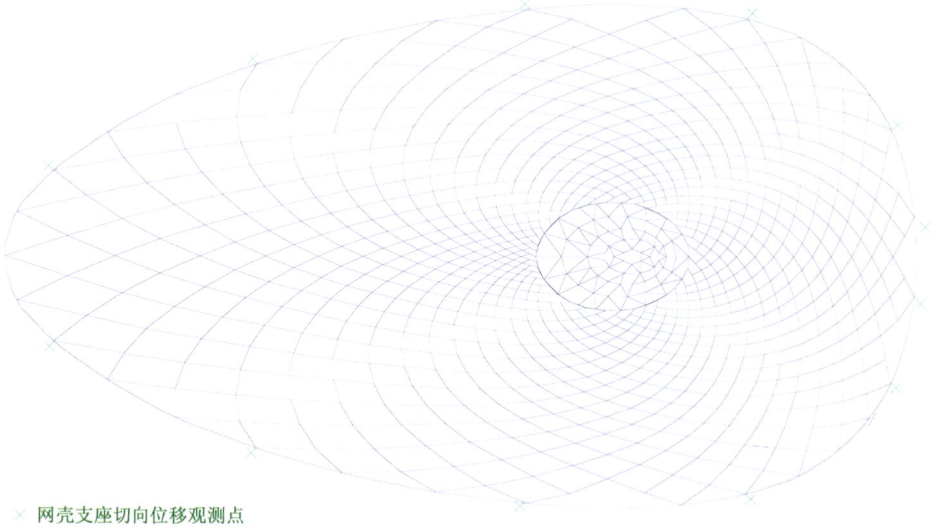

图 5—5 网壳支座切向位移观测点

网壳结构变形是判定网壳结构安全状态的重要指标。结构变形监测的主要功能和目标:

①结合结构施工阶段网壳变形监测的数据,对网壳钢结构位移控制点三维变形情况进行定期监测,设定控制测点在运营监测中的初始三维坐标;

②在结构运营期间,定期对控制测点的位移(相对于初始坐标的位移)进行观测,当测点发

生过大位移时系统给出预警；

③结合结构温度、应变等测量数据，进行网壳结构模型修正和安全评估。

网壳支座的沉降会引起网壳结构杆件内力重分布，影响结构的安全。网壳支座沉降监测的主要功能和目标：

①在结构运营期间，定期对控制支座沉降进行观测，当支座沉降超过设计允许值时系统给出预警；

②结合结构温度、应变和支座位移等测量数据，进行网壳结构模型修正和安全评估。

(2)传感器选择和性能指标

对网壳结构采用拉线式位移计对网壳支座位移进行实时监测。表 5—2 为拉线式位移计的性能参数。传感器的安装见图 5—6。

表 5—2　拉线式位移计技术性能指标

项　　目	技术要求
类型/型号	拉线式位移计
检测范围	左右各 100 mm
采样频率	1 Hz
线性度	±0.1%
使用环境	−40～60 ℃
输出信号	RS485
使用寿命	现行国家/行业设备标准
采样频率	1 Hz

(a) 安装位置

(b) 安装就位的位移计

图 5—6　拉线式位移传感器

(3)传感器布设及实施

由于于家堡站网壳结构滑动支座共有 36 个，包括 31 个单项滑动支座和 5 个双向滑动支座。力学分析的结果表明，网壳结构在不同的活、温度、风和雪等荷载作用下，位于东、南和西面的支座位移变化相对较大，而网壳北部的支座位移变化相对较小。根据网壳支座位移这一特点，沿网壳周边共选取12个单向滑动支座进行支座位移监测，在网壳东、南和西三面的支座位移监测点布置较密，而在网壳北面监测点布置较疏。安装前需进行测试，安装后再次进行复测，做好相关记录。支座位移测点位置图见图5—3。

拉线式位移计的安装：沿待测支座切向方向布置，通过RS485输出方式传输至监控中心。

5.4.4 网壳杆件应变(应力)和网壳节点焊缝工作状态监测

(1)监测内容

于家堡站网壳结构由顶部天窗、顶部环梁、底部环梁和顶、底部环梁之间由36道顺时针和36道逆时针钢箱梁相互编织构成的网壳组成。由于独特的结构形式，各部分构件受力状态差异很大且十分复杂。因此，监测网壳结构关键杆件及内力和应力水平较高的易损杆件是本监测系统最为重要的组成部分。

(2)传感器选择和性能指标

目前，可用于结构表面应变测试的传感器主要有电阻应变计、振弦应变计、光纤光栅传感器等。

电阻应变片体积较小，价格较低，测量灵敏度高，可以实现温度变化的自补偿，可以进行动态测试；但是电阻式应变片输出信号小，动态响应较差。此外，对粘贴技术要求很高，对绝缘度要求也很高而且需要进行长导线电阻影响的修正。

振弦式应变传感器也是一种应用较多的应变传感器，其特点是对粘贴要求不高，对绝缘度和导线长度没有要求，并且经过长期的、大量的现场观测实践证明振弦式应变传感器是一种适应性强，且稳定可靠的应变传感器，非常适合结构的静态应变的测量。本次监测系统为了保证对底环梁监测数据的稳定，额外增加一套振弦式应变传感器，先期胶粘获取初始数据，待系统联调组网过程中，采取焊接方式。

光纤光栅应变传感器是近些年来出现的一种新型应变传感器，其特点是体积小、重量轻、柔软、灵敏度高等。与传统应变传感器相比，其抗电磁干扰强，除此之外，其最大的优点就是耐久性极强，尤其适合结构健康监测系统的长期应变测量，这一点是其他应变传感器无法比拟的。表5—3为光纤光栅解调仪的基本参数，表5—4为本设计设计方案所采用的光纤光栅应变传感器的性能参数要求。

表5—3 光纤光栅解调仪的参数

主要指标	通道数	4/8/16/32
	波长带宽	40 nm/80 nm
	单通道测点数	18/38(根据不同波长带宽)
	测量时间	3 s
	波长精度	10 pm
	波长分辨率	1 pm
被测量精度	温度	分辨率：0.1 ℃；精度：±0.5 ℃
	应变	分辨率：1 με；精度：±4 με
	位移	分辨率：0.04 mm；测量精度：0.5%FS～1%FS

续上表

电器参数	工作电压	AC220 V±10%工频
	数据接口	USB、RS232/RS485、LAN、COM
	内置工控	可选
	报警方式	差定温复合式
	报警输出	32 路温度报警开关信号,可根据需要扩展
机械参数	重量	8 kg
	外形尺寸	2 U/3 U 机箱
环境参数	工作环境	−10～40 ℃;0～80%无结露
	储存环境	−20～80 ℃;0～95%无结露

表 5—4 光纤光栅应变传感器在 20 ℃下的主要性能指标

性 能	指 标
量 程	± 5 000 $\mu\varepsilon$
精 度	3 $\mu\varepsilon$
分辨率	1 $\mu\varepsilon$
应变灵敏度 α_ε	1. 18～1. 22 pm/$\mu\varepsilon$
耐久性	大于 25 年
采样频率	100 Hz

(3)传感器布设及实施

网壳结构监测杆件的选择主要遵循以下五项原则。

①选择网壳结构传力体系中的关键部位杆件进行监测。这类杆件发生损伤后会对网壳整体受力状态产生重大影响,导致网壳局部甚至整体破坏的严重后果。

②优先选择网壳结构中应力水平高的易损杆件。

③在前两个原则的基础上,监测杆件的分布应尽可能均匀,以反映整个网壳的受力状态,为结构整体模型修正提供必要的信息。

④在选择监测杆件时,利用网壳结构沿南北中线对称特性,大多数监测杆件采用非对称布置方式,利用较少的监测杆件获得尽可能多的结构受力信息,少量监测杆件采用对称布置方式,对监测数据的对称性进行检验。

⑤根据先期对网壳部分杆件和节点进行实验研究,设计方案优先选择实验的杆件和节点进行监测,以验证实验研究的结果。

根据网壳结构关键杆件和受力特点的分析,并结合网壳监测杆件选择的五个原则,确定网壳各部分监测杆件的位置,以及所需监测的内容。设计方案共选择应力水平较高的 7 根底部环梁、6 根顶部环梁、6 根天窗部分构件,16 根网壳入口处杆件和 35 根网壳中部杆件,对其应变及内力进行监测。网壳结构在东、南、西三面入口处有部分钢箱梁截断。与截断杆件垂直相交的杆件是网壳传力路径中非常重要的杆件。同时,这些杆件承受很大的轴力、弯矩、剪力和扭矩共同作用,应力状态复杂。通过力学分析,设计方案选取其中 16 根受力较大杆件,根据其具体受力特点(图 5—7),对其应力-应变状态进行监测。

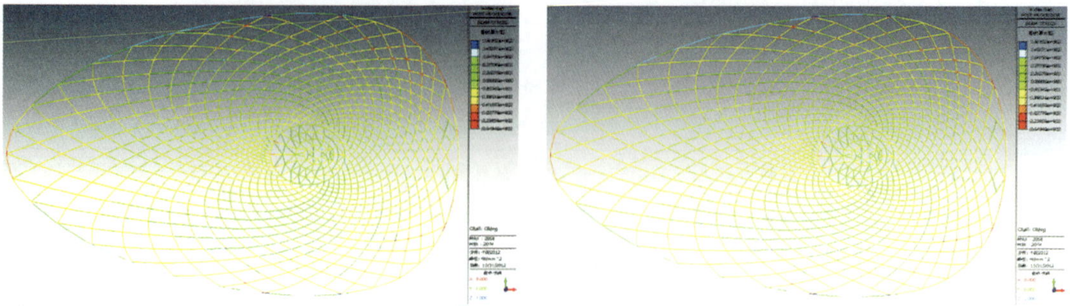

图 5—7　网壳最不利正应力分布图

网壳中部杆件的受力情况呈现明显的区域性，网壳东南、南和西南三面接近支座部分的杆件，主要受到较大轴力、弯矩、剪力和扭矩共同作用，受力状态复杂；网壳东北和西北面接近支座部分的杆件，主要受到较大轴力、弯矩和扭矩共同作用，受力状态复杂；网壳南面中间区域杆件主要受到较大轴力和扭矩的共同作用，且这些杆件长度较长。根据这些特点，设计方案选取了网壳中部受力较大的 35 根杆件进行应力—应变监测。安装前需进行测试，安装后再次进行复测，做好相关记录。网壳结构应变监测杆件分布见图 5—8。

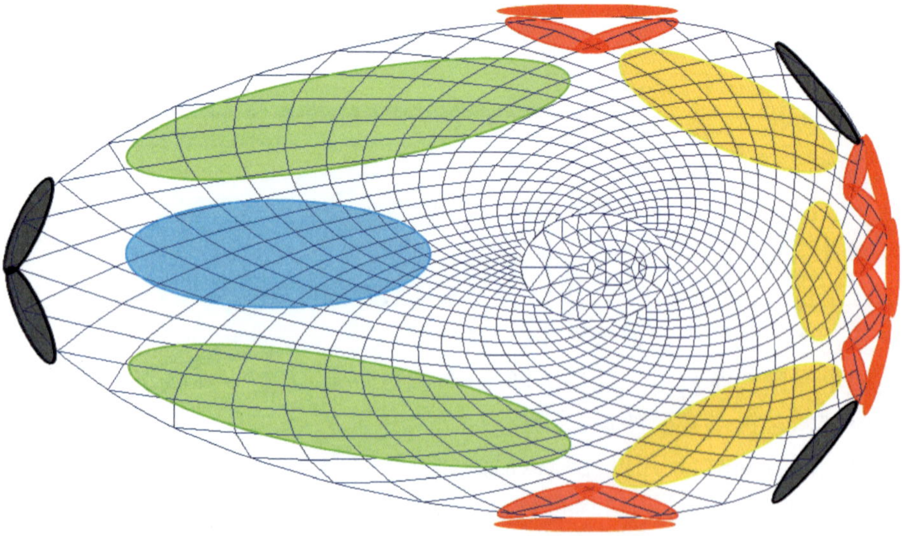

图 5—8　网壳应变监测杆件分布图

光纤光栅传感器的安装：

①光纤光栅传感器安装采用电弧焊不锈钢焊条，将传感器点焊于测点处，四周点焊固定，再焊接保护罩；

②如为四周型安装，则保护罩外侧距钢杆件边缘约为 150～200 mm，如为中线型安装，则安装在钢杆件的中线上；

③传感器保护罩的厚度为18 mm；

④光纤线缆采用单模单芯铠装光缆，紧贴钢杆件左右两侧布置，部分线缆需跨过杆件固定在钢杆件上部时采用丙酮玻璃胶固定并保护。

5.4.5 结构振动监测

(1)监测内容

结构振动的信息主要为加速度信号,利用结构健康监测系统所获取的加速度振动信号主要用于:确定结构的动力特性;通过对结构整体振动信号的监测,为结构有限元模型修正和结构安全评定提供基础数据。

考虑到结构复杂性,其结构振动的监测主要包含竖向和水平双向的振动。

(2)传感器选择和性能指标

土木工程结构健康监测系统所采用的加速度传感器,其频响特性、量程、精度、工作环境温度、轴向(单轴、双轴、三轴)等特性需要满足结构监测的要求。目前,加速度传感器主要有压电加速度传感器、压阻式加速度传感器和电容式加速度传感器 3 类。电容式加速度传感器具有较好的低频特性和低频灵敏度,在桥梁、大跨度和超高层建筑等土木工程结构的动力测试和健康监测中广泛应用。本工程采用的电容式加速度传感器所需满足的性能指标见表 5—5。

表 5—5 力平衡加速度传感器及其性能指标

原　　理	差容式力平衡加速度计(伺服反馈式)
测量范围 频响范围	±2.0 g DC-120 Hz
动态范围	>120 dB
灵敏度	±2.5 V/g(标配)
交叉干扰	小于 0.3%
线性度	优于 1%
噪声均方根	≤10^{-6} g
温度漂移	小于 10^{-6} g/℃
零位漂移	小于 0.5 μg
电源	±12 V～±15 V　@10.0 mA
运行温度	−25～45 ℃
存储温度	−35～55 ℃

(3) 传感器布设及实施

通过对网壳结构模态特性的分析,确定包括 7 个单向和 5 个双向加速度传感器的布置设计方案。加速度传感器安装图见图 5—9。

振动传感器的安装:

①振动传感器分为单向和双向监测,其中单向振动传感器的长宽高为 125 mm×100 mm×125 mm;

②双向振动传感器的长宽高为 200 mm×100 mm×100 mm;

③北部的 7 个为单向振动监测点,南部的 5 个为双向振动监测点;

④安装位置设置在监测点钢杆件十字焊缝节点处。

5.4.6 健康监测系统测点汇总

采用各类传感器共 503 个,见图 5—10 和表 5—6。

(a) (b) (c)

图 5—9 振动传感器在杆件上的安装方式

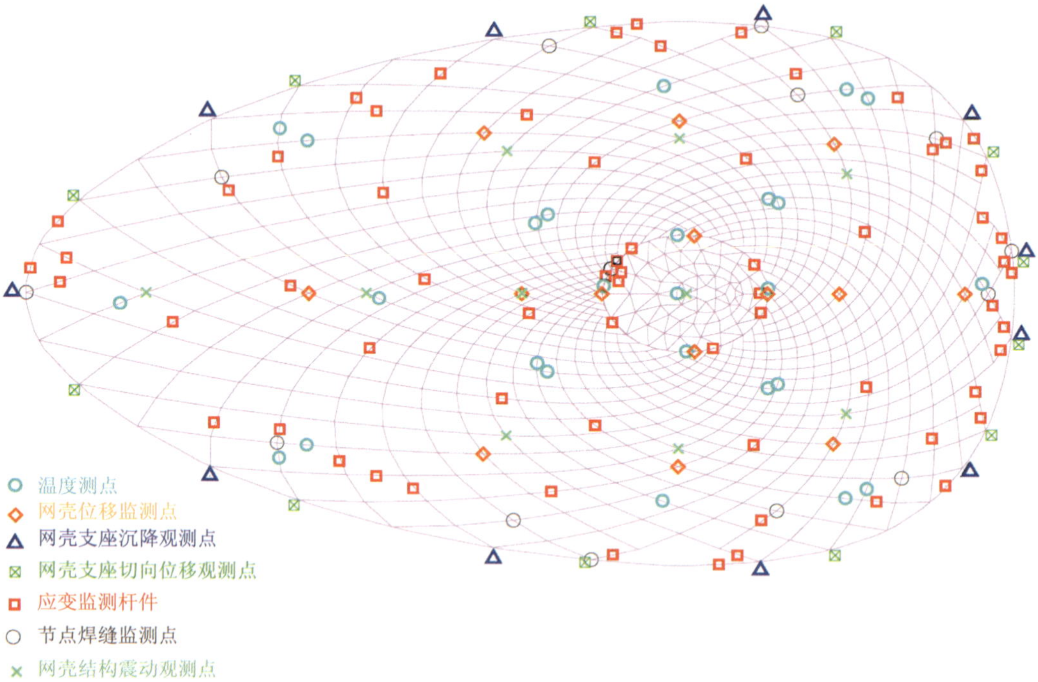

图 5—10 健康监测系统测点分布图

表 5—6 各类传感器汇总表

监测项目	传感器类型	传感器数量	监测杆件/节点/支座数量	监测点占比
风速	三维超声式风速仪	1	1	—
结构温度场	光纤光栅温度传感器	26	26	1.2%
网壳位移	全站仪观测棱镜	14	14	1.3%
支座沉降	全站仪观测棱镜	11	11	30.6%
支座环向位移	拉线式位移计	12	12	33.3%
杆件应力	光纤光栅应变传感器	384	66	3.2%
节点焊缝	光纤光栅应变传感器	45	14	1.3%
结构振动	加速度传感器	10	10	0.9%

5.5　健康监测系统软件

5.5.1　健康监测系统软件功能

针对监测方案进行软件功能设计，于家堡站站房工程网壳结构健康监测系统可划分为以下三个子系统。

（1）结构健康状态实时监测与预警

实时监测各类传感器测量数据，当测量数据发生异常时，系统给出预警。

（2）结构健康状态深度分析

定期对监测数据进行全面分析，为综合判断服役结构健康状态以及可能的结构损伤情况，提供运营期的运营保障基础。

（3）结构模型修正和损伤识别

通过模型修正技术，对结构构件参数进行更新，提供可能的结构损伤位置及程度的信息，为结构检测、维修等决策提供支持。

其中，第一个子系统为面向站房监控人员，在日常工作中使用并密切关注，第 2 和第 3 个子系统则由设计单位根据监测数据，定期输出分析报告。

5.5.2　监测软件操作界面

监测软件操作界面见图 5—11 和图 5—12。

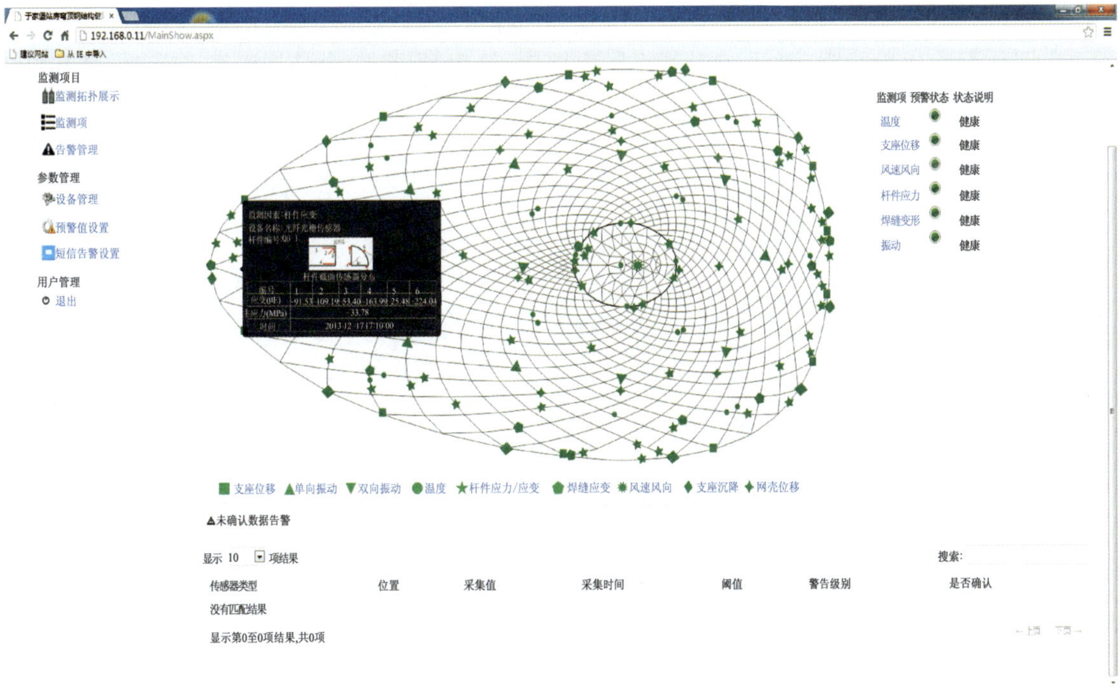

图 5—11　监测软件操作界面

图 5—12　杆件应力曲线展示

5.6　健康监测系统的预警及应急预案

5.6.1　结构安全预警体系

结构安全预警子系统是结构健康监测系统的重要组成部分。该系统对数据管理系统提供的结构温度、变形，支座位移、杆件应力—应变和加速度等信息进行实时的监测和分析处理，当结构观测数据发生异常时(预示结构可能发生损伤)给出预警；综合结构温度、支座位移和杆件应力—应变等信息，对结构的有限元模型进行修正，利用修正后的模型进行整体结构损伤识别、安全评估及预警(图 5—13)。结构安全评定及预警子系统主要实现三个主要功能：

①结构健康状态实时监测与预警；

②结构监测数据深度分析；

③结构损伤识别。

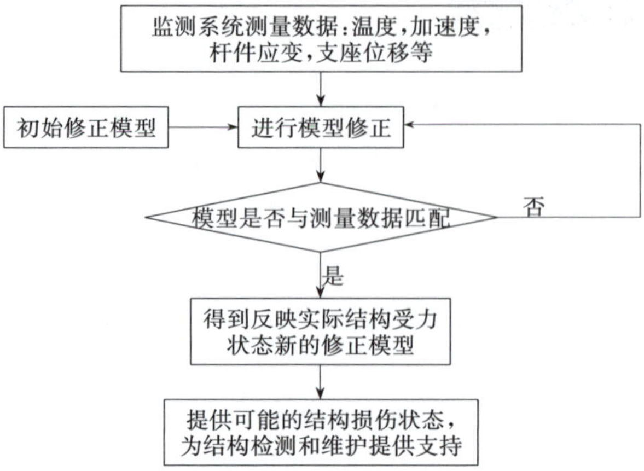

图 5—13　结构健康监测实时监测与预警流程图

于家堡结构健康监测系统设置为两级预警：黄色预警和红色预警。

(1)黄色预警是指当结构观测温度、支座位移和沉降、网壳位移、网壳杆件内力和应力等数据发生较大的异常波动时，预示结构可能发生局部损伤，但损伤未达到致使网壳结构产生严重破坏或倒塌的程度。系统给出黄色预警，提醒站房管理者组织相关专家，对结构健康监测系统的数据进行深入分析，查找可能存在的结构安全隐患。但是，由于结构计算模型与实际建成结构之间存在差异，上述黄色预警系统所确定的结构测量反应的名义值和正常波动范围，还应根据结构健康监测系统建成后初始运行阶段的实测数据统计结果进行适当调整。

(2)红色预警是指当结构观测温度、支座位移和沉降、网壳位移、网壳杆件内力和应力等数据接近保障结构安全使用的极限值时(例如，网壳杆件应力发生屈服或者网壳变形超过规范给定的限值等)，预示结构已经出现较为严重损伤，系统给出红色预警，提醒站房管理者立即进行人员疏散，并及时通知相关人员进行结构安全检查。根据于家堡网壳结构的结构特点和力学特性，确定各模块预警阈值。

根据结构在正常使用阶段的计算分析及预警值的确定原则，健康监测系统黄色预警值为：支座环向位移 30 mm，网壳杆件挠度变形 150 mm(约为规范极限值 200 mm 的 75%)，杆件应力值为 177 N/mm^2(约为钢材强度设计值 295 MPa 的 60%)，各黄色预警值在后期交付运营时，根据监测数据的汇总结果再进行一次调整。红色预警值为：支座环向位移 50 mm，网壳杆件挠度变形 180 mm(约为规范极限值的 90%)，杆件应力为 280 N/mm^2(约为钢材强度设计值的 95%)。

5.6.2 结构安全预警的应急处理

(1)支座黄色预警

当网壳结构支座位移突然发生异常变化时，对预警信息进行记录，检查传感器是否正常工作，检查附近杆件监测应力是否发生异常。

(2)支座红色预警

当网壳结构支座位移接近设计允许的最大值对预警信息进行记录，检查传感器是否正常工作，通知相关人员进行监测数据全面分析。

(3)网壳杆件应力黄色预警

当网壳杆件监测应力变化幅值超过一定界限时，采用以下措施。巡查人员确认异常→通知养护单位现场检查→现场管理人员根据监测数据和现场检查情况的分析评估：检查传感器是否正常工作，检查附近杆件监测应力是否发生异常→如有必要申请深度分析(离线方式)→现场处理、24 h 值守控制中心直至预警解除。

(4)网壳杆件应力红色预警

当网壳杆件监测应力接近其强度设计值时，采用以下措施。巡查人员确认异常→成立处理领导小组→通知养护单位现场检查→现场管理人员根据监测数据和现场检查情况的分析评估：检查传感器是否正常工作，检查附近杆件监测应力是否发生异常→申请深度分析(离线方式)→成立专家组→现场处理、24 h 值守控制中心→根据情况决定是否上报至上级机构。

6 ETFE 膜结构技术

6.1 膜结构屋面概述

穹顶建筑为双曲面的空间造型，穹顶各方向尺度比例经过充分的结构力学分析，并考虑外观美学效果。南端穹顶角较陡，弧度较大，建筑最高点 25.22 m，北端呈平缓的曲面。穹顶的外表面材料主要由 ETFE 膜（乙烯-四氟乙烯共聚物）、透明玻璃、铝合金构件组成，整体颜色呈现柔和的半透明的白色。整个建筑如同倒扣在绿化广场上的贝壳。

地面站主入口在穹顶的南端，入口造型与穹顶建筑的造型相协调，局部抬高，达到主入口突出，引导人流的作用。在穹顶的东南、西南部设计次要出入口。屋顶外观为顺时针的螺旋纹建筑构件，均匀地分布在整个穹顶外表面，其设计灵感来自自然界的鹦鹉螺、葵花、松果等剖面或表面独特的螺旋形。穹顶室内表面为逆时针螺旋构件，正反两组螺旋系统相交，在屋面上形成交织的网格，具有独特的视觉特点。

本项目的材料设计经过若干方案的比选，分析各种有利于节能、环保，便于施工及后期维护的材料，并考虑该项目特殊的建筑造型及外观效果要求、结构合理性要求等多方面的因素，最终采用主要的穹顶维护结构材料为 ETFE（乙烯四氟乙烯共聚物）充气膜、夹胶中空 Low-E 钢化透明玻璃、铝合金饰面板。

由于本项目的建筑外观及室内视觉效果，要求材料满足轻盈、通透的要求，正、反螺旋网格造型形成数量众多、尺寸不一的不规则形状单元，提高了设计、施工、安装等方面的复杂程度，普通单一的玻璃或铝板幕墙系统无法满足要求。穹顶本身的大跨度、大空间的建筑特点，结构设计上要求维护材料具备自重轻、加工容易。ETFE 为乙烯四氟乙烯共聚物，属于高分子材料。ETFE 膜具备优异的透光性，在膜表面喷涂图案，可以调整透光率；ETFE 膜自重轻，应用于建筑屋面或墙面时可以形成特殊的曲面效果；ETFE 膜耐候性和耐化学腐蚀性强，熔融温度高达 200 ℃，并且不会自燃。气枕结构，由上下两层或两层以上薄膜构成密闭气室，通过充入空气形成气枕。可以加工成任何尺寸和形状，可满足大跨度要求。综合了以上要求，考虑遮阳、保温等建筑物理方面的要求，采用由 3 层 ETFE（乙烯四氟乙烯共聚物）充气膜结构、夹胶中空 Low-E 钢化玻璃、彩釉钢化玻璃等共同构成的外维护材料系统，以达到满足各方要求，达到希望的建筑效果。

根据屋顶的构造特点和设计要求，设计不同材料的分布区域和具体构造细节，保证冬季保温，夏季隔热和遮阳，并考虑室内人流活动区域的舒适度。近人高度处要求有通透的视觉效果，采用玻璃幕墙构造系统。经建筑物理计算和模拟分析，在穹顶不同区域的膜材料采用不同密度的镀点，以达到遮阳系数的设计要求。

6.2 ETFE 气枕设计概况

气枕系统面材为 ETFE，气枕系统外侧沿顺时针主体结构钢梁上有 500 mm 高的 3 mm

厚氟碳喷涂铝板装饰条，装饰条由热浸镀锌钢支架支撑，主体结构钢梁在室内侧由 3 mm 氟碳喷涂铝板包覆（部分为穿孔铝板，穿孔率最小 25%）。气枕系统内侧沿逆时针主体结构钢梁上包覆有 3 mm 氟碳喷涂铝板。

气枕系统是一个外表面密封的系统，担当主要的防水功能。气枕周边由氟碳喷涂铝型材固定，气枕与铝型材之间应连续密封，并形成两道防水系统。屋面气枕将雨水引导至不锈钢排水沟，最终在邻近地面附近导入排水管道系统。

铝型材支撑框架与钢构件之间是热隔绝的。在排水沟下部连续设置至少 50 mm 厚 60 kg/m^3 容重的保温岩棉，与铝型材、气枕一起形成完整的保温隔热系统。

ETFE 气枕系统至少由三层 ETFE 膜组成，最终的膜层数应依据建筑美观、结构计算和遮阳系数的要求确定。整个屋面 ETFE 气枕系统应能够对温度和日光提供控制，依据不同的遮阳系数分为不同的区域，通过在不同膜层上镀点、镀点的形状和大小、镀点的覆盖率等变化来达到不同的遮阳系数的要求。

6.2.1 ETFE 膜的透明度和镀点

ETFE 膜是透明膜，为了达到要求的遮阳系数，至少第二层和第三层需要镀点。对遮阳系数要求高的区域，可接受三层镀点，第一层的镀点不应影响从室外看屋面是透明体的效果，最终的镀点位置、形状、大小和覆盖率等以建筑师对视观模型的接受为准。三层 ETFE 膜材均采用银色圆点印刷，以降低膜材的太阳光透射率。印刷覆盖率分别为 63%、46%、透明。

6.2.2 ETFE 膜的厚度

ETFE 膜的厚度根据结构计算确定，第一层最小厚度为 250 μm（角部应另外加层），其他层最小厚度为 200 μm。

ETFE 气枕始终应保持充气状态，由特定的机械装置提供干净除湿的空气。主气管隐藏在铝板包覆内，ETFE 材质的支气管的大部分也隐藏在铝板包覆内。整个屋面设置至少 4 套供气系统，每套供气系统都应有备用气泵，以确保工作气泵维修时，备用气泵可以继续供气。

6.2.3 屋面避雷设计

在室外正螺旋铝板装饰条顶部和反螺旋铝型材压板顶部设有不小于 12 mm 厚不锈钢避雷带，该避雷带互相之间连续且与主体钢结构导通。避雷带设计需满足规范要求和设计要求。

6.2.4 屋面防鸟啄设计

为避免鸟在气枕四周停留而啄坏 ETFE 膜，在气枕四周设置有不锈钢防鸟网。因 ETFE 膜表面光滑，故在气枕中部区域不考虑设置防鸟网。

6.3 ETFE 屋面遮阳系统设计

6.3.1 参考标准规范

于家堡站应该满足《铁路旅客车站建筑设计规范》及《公共建筑节能设计标准》的相关要

求，建筑物理方面的要求(表 6—1)，以及寒冷地区围护结构材料传热和遮阳性能要求《公共建筑节能设计标准》(GB 50189—2005)。

表 6—1 寒冷地区围护结构材料传热和遮阳性能要求

<table>
<tr><th colspan="2">围护结构部位</th><th colspan="2">体形系数≤0.3
传热系数 K
[W/(m^2·K)]</th><th colspan="2">0.3<体形系数≤0.4
传热系数 K
[W/(m^2·K)]</th></tr>
<tr><td colspan="2">屋面</td><td colspan="2">≤0.55</td><td colspan="2">≤0.45</td></tr>
<tr><td colspan="2">外墙(包括非透明幕墙)</td><td colspan="2">≤0.60</td><td colspan="2">≤0.50</td></tr>
<tr><td colspan="2">底面接触室外空气的架空或挑楼板</td><td colspan="2">≤0.60</td><td colspan="2">≤0.50</td></tr>
<tr><td colspan="2">非采暖空调房间与采暖空调房间的隔墙或楼板</td><td colspan="2">≤1.50</td><td colspan="2">≤1.50</td></tr>
<tr><td colspan="2">外窗(包括透明幕墙)</td><td>传热系数 K
[W/(m^2·K)]</td><td>遮阳系数 SC
(东、南、西向/北向)</td><td>传热系数 K
[W/(m^2·K)]</td><td>遮阳系数 SC
(东、南、西向/北向)</td></tr>
<tr><td rowspan="2">单一朝向外窗
(包括透明幕墙)</td><td>窗墙面积比≤0.2</td><td>≤3.5</td><td>—</td><td>≤3.0</td><td>—</td></tr>
<tr><td>0.2<窗墙面积比≤0.3</td><td>≤3.0</td><td>—</td><td>≤2.5</td><td>—</td></tr>
<tr><td rowspan="3">单一朝向外窗
(包括透明幕墙)</td><td>0.3<窗墙面积比≤0.4</td><td>≤2.7</td><td>≤0.70/—</td><td>≤2.3</td><td>≤0.70/—</td></tr>
<tr><td>0.4<窗墙面积比≤0.5</td><td>≤2.3</td><td>≤0.60/—</td><td>≤2.0</td><td>≤0.60/—</td></tr>
<tr><td>0.5<窗墙面积比≤0.7</td><td>≤2.0</td><td>≤0.50/—</td><td>≤1.8</td><td>≤0.50/—</td></tr>
<tr><td colspan="2">屋顶透明部分</td><td>≤2.7</td><td>≤0.50</td><td>≤2.7</td><td>≤0.50</td></tr>
</table>

注：有外遮阳时，遮阳系数=玻璃的遮阳系数×外遮阳的遮阳系数；无外遮阳时，遮阳系数=玻璃的遮阳系数。红格内参数为参考计算的基础设定值。

6.3.2 太阳辐射得热控制

对穹顶表面全年太阳得热的分析是优化室内自然采光环境，减少暖通系统负荷，节约建筑成本的基础，对穹顶不同区域按照接受不同太阳得热而选用不同的 SC 值的 ETFE 材料就显得尤为重要。总的原则是在辐射强度大的地方选用 SC 值小的材料以降低室内强光入射并控制眩光，在辐射强度小的地方选用 SC 值大的材料以增强室内自然采光以节约人工照明。

太阳辐射分析结果

利用 Radiance 模型，仿真穹顶于全年时间所累积的太阳辐射量总和，分析穹顶建筑不同部位的太阳辐射得热量，及其太阳辐射室内穿透得量，见图 6—1。

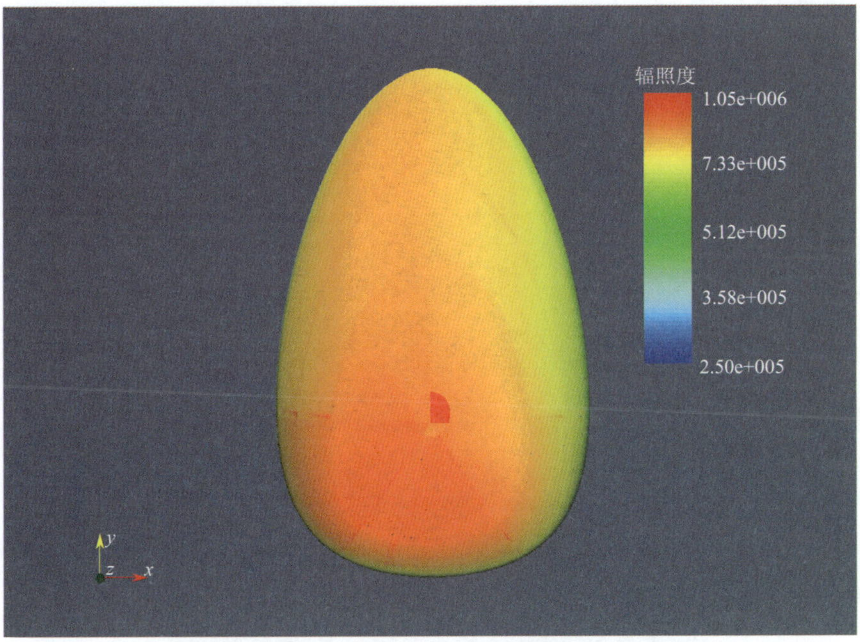

图 6—1 太阳辐射模拟计算

通过计算。穹顶外围全年夏季及过度季节太阳辐射热量累积(W·h/m²),最大量为南至西南方,年总量约达 800 000 W·h/m²。

①优化建议

根据《公共建筑节能设计标准》(GB 50189—2005)对天窗部份 SC≤0.5 的基本要求,对穹顶不同分区有如下初步优化,见图 6—2,目标对室内站厅减少太阳辐射量,尤其针对地面一层南侧主要人员流动区。

②优化结果(图 6—3)

③室内太阳辐射得热量结果

结果表明,通过遮阳优化方案,太阳辐射的遮挡率可由 34%上升到 62.5%,较建筑节能标准减少达 40%室内太阳辐射得量,见表 6—2。

表 6—2 优化后结果

参 数	GB(SC=0.5)	优化方案(SC=0.2 至 0.4)	优化方案较 GB 方案改善太阳辐射水平
夏季及过度季节穹顶表面太阳辐射量(W·h/m²)	800 000	800 000	
夏季及过度季节太阳辐射量室内水平投影(W·h/m²)	500 000	300 000	40%
太阳辐射量遮挡率	37.5%	62.5%	

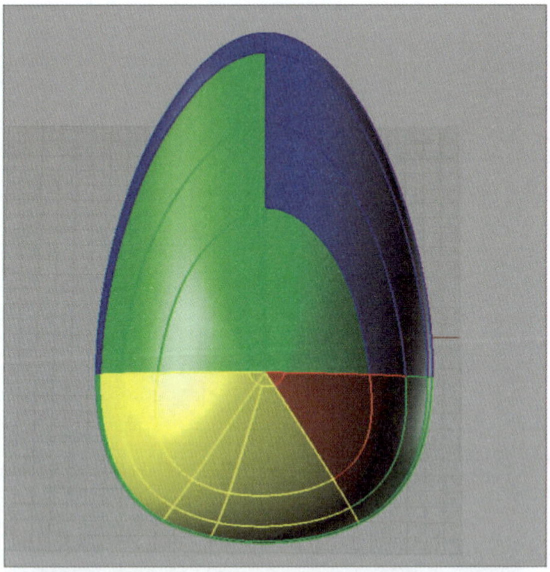

区域颜色	黄色	红色	绿色	蓝色
SC	0.2	0.25	0.3	0.4

图 6—2 初步优化

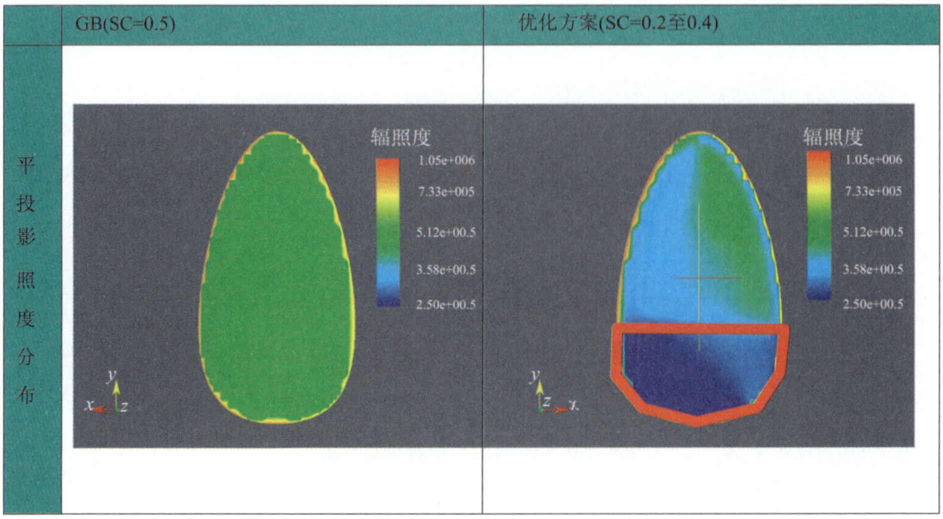

图 6—3 优化之后效果

6.4 ETFE 气枕加工制作安装技术

6.4.1 膜材的选材

本项工程主要围护材料是膜材和铝管，膜材的进厂验收、现场测量、设计裁剪、下料加工、拼缝熔接、打包运输、吊装就位、现场展布、固定气枕、最后供气，这种新型建材在每一道工序都包含着很多的技术含量，所以必须严格遵循规律，遵守工艺要求，其基本性能见表 6—3。

表 6—3 ETFE 膜参数表(昼间 250 μm 透明)

材料	ETFE	
厚度(μm)	250±13	DIN-53370
单位面积重量(g/m²)	437±22	ISO-2286-2
破断应力(MPa)	≥50	DIN-EN-ISO-527-3
破断拉伸率(%)	≥350	DIN-EN-ISO-527-3
10%应变时应力(MPa)	≥18	DIN-EN-ISO-527-3
撕裂强度(N/mm)	≥400	DIN-EN-1875-3
受热时尺寸变化(%)	−1±5	150 ℃,10 min
透光率(%)	≥87 min	DIN-EN-410
颜色	透明	
防火等级	B1	DIN 4102

6.4.2 膜材生产流程

膜材生产流程见图 6—4。

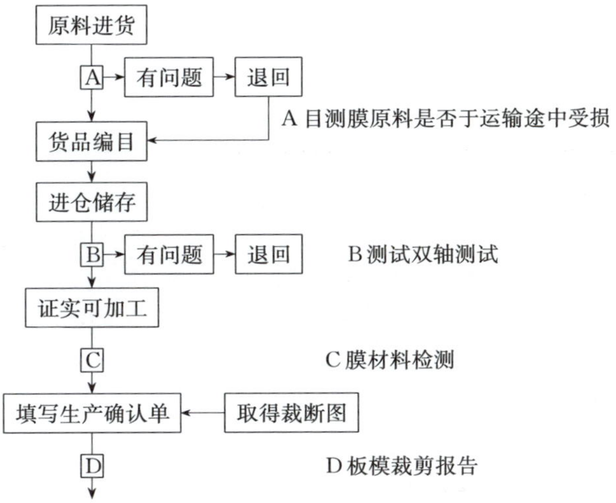

图 6—4

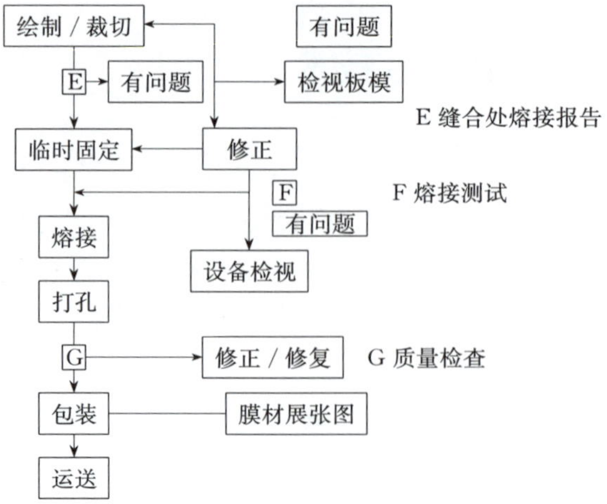

图 6—4　膜材生产流程

6.4.3　膜材裁剪设计

(1)用 CAD 软件进行三维建模，根据建筑设计图确定主结构及次结构的位置，从而确定膜结构的边界，建立系统线，见图 6—5。

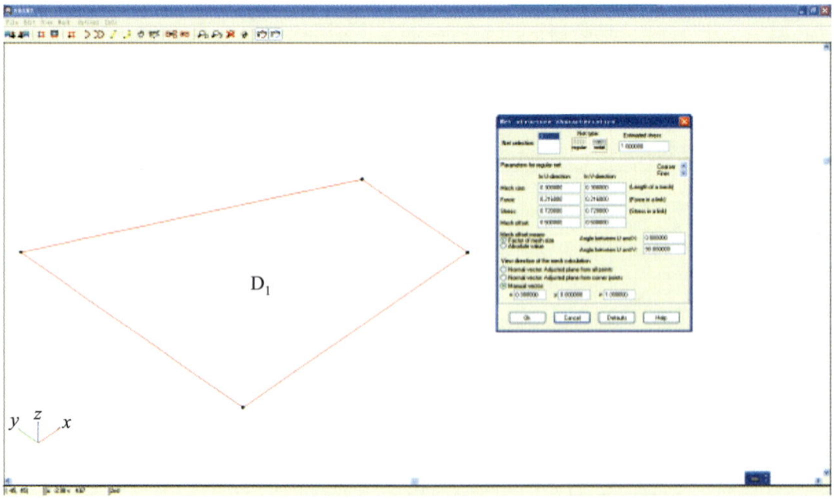

图 6—5　建立系统线

(2)在膜结构设计专业软件 EASY 里导入系统线见图 6—6，设定合适的预应力及其他参数并仔细调整，确定膜体初始状态，找形结果应满足建筑要求及荷载要求。

(3)找形结果需导入 CAD 三维模型，经检核无误后在 EASY 里进行裁剪设计。焊缝线的布置应满足建筑美观要求并符合合理耗材率，见图 6—7。

(4)裁切时需考虑到最终采用的节点方式来确定系统线裁切片的宽度，以便更有效地使用膜材。

(5)交给工厂的裁剪设计图纸应详细标示膜片编号及布置、膜片相对坐标点位、膜边收边节点详图、熔接宽度、熔接后整体尺寸等数据。

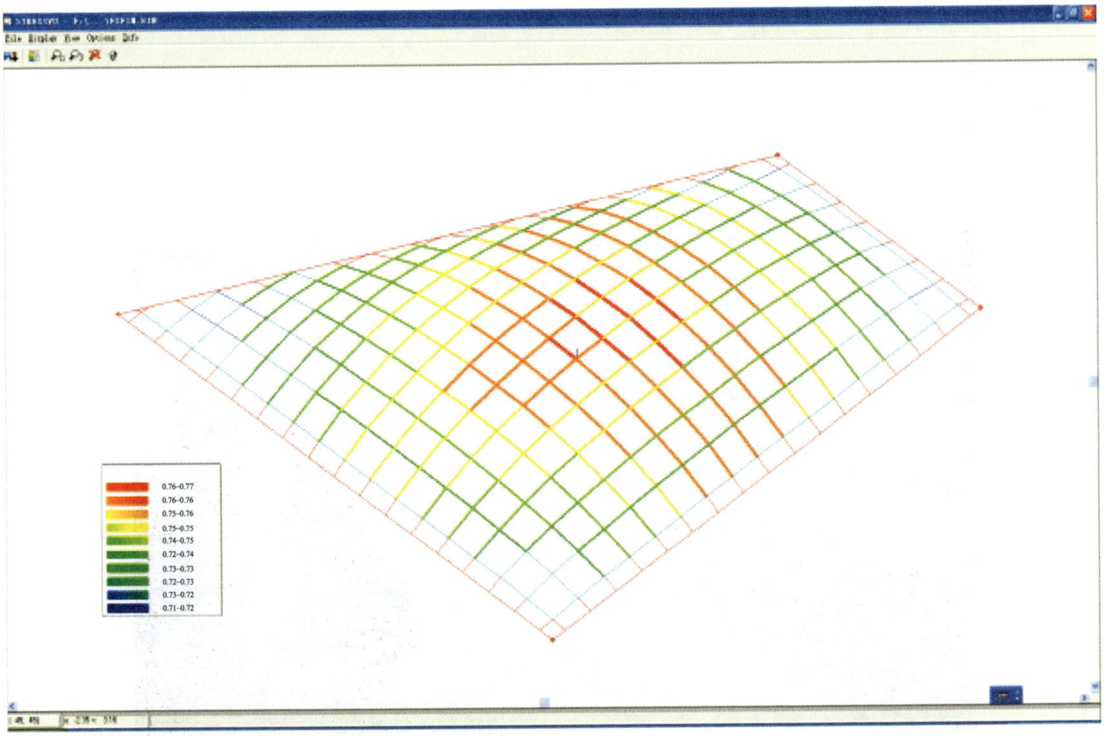

图 6—6 导入系统线

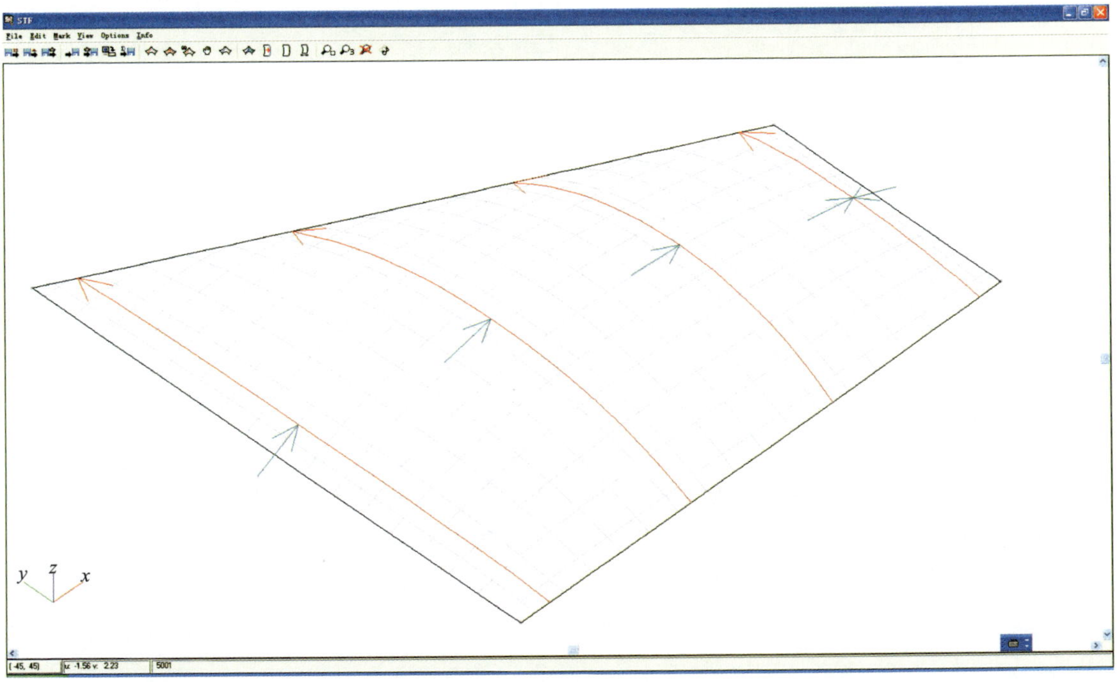

图 6—7 裁剪设计

6.4.4 膜材裁剪

根据设计部门提供的系统线裁切片及膜材加工节点，确定裁切片各边的放边尺寸。使用专业排版软件对全部裁切片制作排版图，并检查使膜材损耗率达到最低。启动膜材裁切机，将裁切片以 DXF 文档格式输入后进行自动裁切，见图 6—8。

图 6—8 膜材裁剪

6.4.5 膜材焊接

(1)膜材试焊

根据经验先确定加工膜材的焊接温度和焊接速度，采用裁剪边角料进行试焊，焊接完后对热合缝进行拉伸及剥离试验。如达到膜主材强度 80%以上，记录试焊各项加工数据参数，试焊成功。如达不到强度要求，继续进行试焊，直到试焊成功，主要焊缝拟采用 10 mm 宽度。

(2)正式焊接

对裁剪片进行确认、检查、编号，按照事先编好的加工顺序逐一进行焊接热合缝，见图 6—9，焊接温度及焊接速度根据试焊结果调节，同时要求每天正式焊接前均进行试焊试验，保证正式焊接达到加工强度要求。焊接热合缝要求饱满度 100%、表面平整，主热合缝逐一进行漏水、渗水试验。对图纸中要求加强贴片的部位，由专人进行焊接，保证其强度达到图纸及加工要求，焊接好的膜片尺寸误差控制在 0.2%以内，膜边缘索曲率制作误差不得大于 3%。

(3)膜单元焊接加工检查

膜单元焊接加工完成，必须进行全面检查，尺寸是否符合设计要求，表面不容许有针孔、断

图 6—9 膜材焊接

丝、破损、污渍等情况存在，热合缝接缝处全面做漏水、渗水试验。所有检查无误，必须对膜面进行清洁。

(4)膜成品包装

①膜材包装时需依膜材特性注意不可有小角度之折叠，以免膜材因为过小角度而破损。将膜材叠放时，在弯折处加放圆形纸管。

②卷收时其包装方式需考虑现场施工时展开顺序。卷收完成后，需以发泡布包裹在外，以确保膜材不致受到损伤。将膜材吊至大木箱装柜，木箱内侧须衬以软质胶布。

③膜体卷叠应充分考虑便于安装和运输，并将边角的标号外露于卷外，膜半成品应放置于有一定强度、防水洁净包装布上，包装布下放置木框，以便装运。

④膜材装箱，膜材包装完成后，需以发泡布包裹在外，以确保膜材不致受到损伤。以天车将膜材吊至存放区域，必须装入木箱存放。

6.4.6 膜材安装

(1)根据膜材按遮阳系数分区图，将 ETFE 单元气枕分配至正反螺旋相应区域。

(2)膜展开，穿上拉膜铝挤型，稍微涨拉，将拉膜铝挤型固定在基座上。

(3)安装 EPDM 橡胶条，然后固定盖板，同时安装不锈钢防雷带和不锈钢防鸟网。

(4)每一片 ETFE 气枕安装完成后，必须将充气软管安装完成，进行充气，在设计测量气压的气枕内，放置 PTFE 测压软管。

(5)同时对充气机械系统、监测和控制系统等安装测试完毕，确保整个系统能有效运转之后，方可进行充气工作，随时监测结构状态，并根据具体情况做出调整，充气后气枕内压应符合设计要求，最后清洁所有安装完成的气枕，见图 6—10。

图 6—10 膜材安装

7 结 束 语

随着国际、国内拉动经济措施的启动，各国在铁路、航空、水利等大型基础设施的建设的步伐都在加快，国内大型铁路站房、机场航站楼、大型场馆的建设已经显现出急剧增长的趋势，大体积、大空间、大跨度、造型复杂、结构新颖、科技含量高的钢结构配合膜结构体系在各种大型公共建筑建设中应用越来越多。因此大跨度、大空间、结构复杂的钢结构配合膜结构体系作为一项重大技术，将为大跨度、大空间、结构复杂钢结构配合膜结构体系的实施提供宝贵的技术资料和经验，指导此类钢结构、膜结构体系的设计和施工，具有广阔的推广应用价值和显著的现实意义。

京津城际延长线于家堡车站站房工程位于天津滨海新区于家堡中心商务区北段，屋面采用贝壳型穹顶钢结构采光屋面，穹顶钢结构为大跨度空间复杂曲线单层网壳结构，穹顶纵向跨度约 143 m，横向跨度约 81 m，矢高约 25 m，受力杆件为曲线变截面钢箱梁组成的空间曲线构件，整个单层曲线网壳结构由 36 根顺时针和 36 根逆时针钢箱梁相互交叉编织形成，穹顶钢结构外围结构采用三层 ETFE 膜结构。该单层网壳钢结构体系设计新颖，结构受力复杂，为缺陷性敏感的单层网壳体系，钢结构外围护采用膜结构新技术，体现出节能和绿色环保。经国际、国内科技查询，国内外没有同体量同复杂程度的单层网壳结构和膜结构体系，因此为了拓展在大跨度、大空间、结构复杂钢结构和膜结构领域的技术水平，将依托于家堡站房穹顶采光屋面工程，形成一系列大跨度复杂钢结构和膜结构的设计和施工技术科研成果，为今后铁路大型客站同类别钢结构、膜结构的实施，积累宝贵的技术成果和经验。

参考文献

[1] 熊仲明,冯成帅.大跨钢结构安全性模糊综合评估方法的应用研究[J].工程力学,2011,04:128-133.

[2] 陈崇冈.大跨钢结构建筑的设计[J].科技传播,2013,12:39-40.

[3] 刘晓,罗永峰.复杂大跨空间钢结构非线性有限元稳定分析[J].计算机辅助工程,2007,03:25-29.

[4] 李静斌,葛素娟.静力弹塑性分析在大跨钢结构设计中的应用[J].郑州大学学报(工学版),2005,04:15-19.

[5] 侯小娟.刍议大跨钢结构选型及施工安装技术[J].中华民居(下旬刊),2014,07:317-318.

[6] 刘香,张煊铭.静力水准监测系统在大跨钢结构卸载期间的应用[J].工程勘察,2014,07:60-63.

[7] 赵广坡,肖克艰,冯远,等.成都双流国际机场 T2 航站楼大厅陆侧大跨钢结构抗连续倒塌分析[J].建筑结构,2010,09:27-30+61.

[8] 杨桢.我国大跨空间钢结构应用发展的主要特点[J].林业科技情报,2006,04:44-45.

[9] 陈猛,罗永峰,沈祖炎,等.大跨空间钢结构罕遇地震反应分析[J].结构工程师,2005,04:41-45.

[10] 刘晓,罗永峰.既有大跨空间钢结构安全性评定方法[J].东南大学学报(自然科学版),2008,04:709-712.

[11] 滕军,卢云军,朱焰煌.大跨空间钢结构模态频率的温度影响监测与分析[J].工程抗震与加固改造,2010,03:36-41.

[12] 罗尧治,金砺,沈雁彬,等.大跨钢结构在特殊气候条件下的温度应力实测研究[J].钢结构,2014,08:9-13+8.

[13] 赵风华,刘宝和.大跨钢结构建筑的新形式[J].河北建筑工程学院学报,1998,01:18-21.

[14] 刘松华,尤天直,毕磊,等.万州体育场超限大跨钢结构屋盖抗震性能分析[J].建筑结构,2013,S1:290-294.

[15] 王秀丽,李瑛,杨文伟.大跨钢结构施工加载健康监测及模拟分析[J].空间结构,2012,04:49-54.

[16] 窦立军,袁令欣,袁志仁,等.钢结构发展与应用中的问题[J].长春工程学院学报(自然科学版),2002,02:6-9.

[17] 完海鹰,李丹,王元清.合肥新机场航站楼钢结构的施工过程监控[J].安徽建筑工业学院学报(自然科学版),2011,03:1-3+9.

[18] 周明,高杰,尤盛志,陈华周.深圳湾体育中心大跨屋盖钢结构卸载分析[J].施工技术,2011,14:9-11.

[19] 刘劲松,裘涛.不同高位大跨钢桁架转换层对建筑结构抗震性能影响的研究[J].工程抗震与加固改造,2006,02:46-50.

[20] 周臻,吴京,孟少平,于琦.考虑施工时变效应的大跨空间钢结构合龙方案研究[J].应用力学学报,2012,04:463-469+489.

[21] 廖龙俊.大跨度钢结构施工过程中的若干技术问题及探讨[J].中国建筑金属结构,2013,20:30-31+34.

[22] 任德斌,赵文婷.大跨钢拱薄壳穹顶结构地震响应分析[J].工程力学,2014,S1:166-170.

[23] 汤荣伟,沈祖炎,罗永峰,等.某大跨单层网格钢结构稳定性研究[J].建筑结构,2005,12:62-64.

[24] 王彬,张国军,王树,等.三亚市体育中心体育馆大跨弦支穹顶钢结构设计研究[J].建筑结构,2009,10:67-72.

[25] 苏富金.不对称双塔大跨重型钢结构连廊整体提升技术[J].施工技术,2014,16:13-16.

[26] 贺洪伟,王庆礼,王彦超.大跨重型高空钢结构连廊逆向液压同步整体提升施工技术[J].施工技术,2012,14:95-98.

[27] 王金花,吴旗连,金荣平.钱江四桥主跨钢结构制作与焊接工艺及质量控制[J].浙江建筑,2004,06:36-39.

[28] 张慎伟,张其林,罗晓群,等. 大型复杂钢结构施工过程计算理论与应用[J]. 同济大学学报(自然科学版),2009,04:445-448.
[29] 王剑文,梁飞,孙文波. 高烈度区局部大跨度单跨复杂结构罕遇地震下弹塑性分析[J]. 建筑结构,2014,23:65-70.
[30] 完海鹰,王秀丽. 合肥新桥国际机场航站楼全寿命健康监测系统初步研究[J]. 工程与建设,2011,03:293-295+308.

后　　记

光阴荏苒，岁月如梭。六年时间转瞬即逝，京津城际延伸线天津至于家堡工程即将迎来八月底的正式开通。同时，我们组织编写的《京津城际延伸线工程建设丛书》也即将出版发行。手捧书稿清样，回想京津城际延伸线天津至于家堡工程的建设历程，心情久久不能平静，作为该工程建设的管理者，有三句话，写下来作为该丛书的后记。

第一句话：京津城际延伸线天津至于家堡工程全长只有44.75双线公里，与已开通的高铁里程相比微不足道。但麻雀虽小，五脏俱全，是大规模铁路建设的一个缩影，其建设过程反映了我们铁路建设者的艰辛、探索、奋斗和拼博。

京津城际延伸线位于沿海淤泥层复杂地质条件下，工程包含有砟轨道、无砟轨道、特大桥、明挖隧道和大直径泥水盾构、全地下车站和大跨单层网壳穹顶钢结构及大型既有站场过渡施工改造工程等项目，几乎涵盖高铁建设中所有类型项目，施工技术和管理控制的难度极大，同时，规划方案滞后及征拆工作不能如期完成严重影响着工程进展。比如：天津市规划13处下穿延伸线的道路方案与本工程建设不同步；塘沽地区货运通道方案批复滞后两年；既有津山线塘沽站要建高速场，且明挖隧道横穿车站调车场引起的塘沽站及本地区货运功能的调整，涉及到塘沽站场改建和新港编组站改扩建，新增进港二线和货运通道及泰达站的改扩建工程；大面积住宅拆迁滞后，等等。这些都严重制约着工程进度。为克服诸多因素对工期的影响，编者通过现场大量调查和详细研究，对多个节点进行方案优化。在满足规范的前提下，对进出港疏解线最小曲线半径由300米调整到275米，减少了原定拆迁的3层商铺4 000多平米和部分住宅，节约了拆迁费3.5亿元，根除了拆迁的滞约；优化了跨越方式，少建了一座连续梁桥，跨越津滨轻轨和唐津高速公路原设计分别用273 m空间刚架和主跨80 m连续梁桥，优化方案后，在津滨轻轨和唐津高速的交叉点用主跨128 m连续梁桥跨越，减少了受既有轻轨铁路只能夜间施工3小时对工期的制约，美化了景观，并节省3 500万元；对盾构隧道下穿方案经反复研究，对原设计要拆除的东顺旅馆（极高风险），采取地面加固和洞内注浆相结合的方案，减少拆除旅馆房屋3 415 m^2，节省投资约1.2亿元。上述方案的优化，将施工受拆迁影响和环境因素滞约对施工的干扰降到了最低，共为国家节约了5亿多元的建设投资。

这只是诸多问题及其解决过程的一部分。

总之，在组织该项目建设过程中，我们提出“科学组织、精细管理、塑造精品、誓创一流”的目标，引领各参建单位创建津滨建设文化；遵循“安全第一，质量至上，生命为大”的理念，严格按照精细化管理的要求，做到“精、严、细、实”；以高度的责任感和使命感，以对事业的无限忠诚，面对和克服各类问题。我想这正是铁路建设者为实现中国梦的作为。正如郑板桥的诗所言：“咬定青山不放松，立根原在破岩中，千磨万击还坚劲，任尔东西南北风。”

第二句话：铁路建设既要探索、实践和拼博，也要不断总结。

京津城际延伸线工程建设基本结束了，投入运营后必将造福于人民，这是建设者的自豪和光荣。但我们没有满足于此，我们深深地感到：京津城际延伸线工程建设过程中的一些技术、做法、解决问题的思路、方法、理念，对未来铁路建设或有一些借鉴作用。于是我们组织编写了《京津城际延伸线工程建设丛书》，旨在总结建设过程中各方面的经验。从大纲的确定、书稿的编写，到专题研究和最终审定，前后历经约 2 年多的时间，这期间我们邀请了许多专家学者座谈、研究，书稿几经修改。参与编写人员付出了努力也提高了自己。通过这次《京津城际延伸线工程建设丛书》的编写，有一个重要的体会就是，对工程建设的深度总结既有利于铁路建设，也有利于铁路建设队伍自身提高。

第三句话：感谢！

在京津城际延伸线建设过程中，铁路总公司总工程师何华武院士亲自组织审查方案，先后数次深入现场检查指导工作，并在百忙之中为本丛书作序，是对我们工程建设者最大的激励和鞭策，在此致以诚挚的谢意！在本丛书编纂过程中，还得到了王磊、安鸿逵两位老专家和中国铁道出版社江新锡副总编的指导，在此一并致谢！

同时，对京津城际延伸线工程广大建设者的努力工作和各界人士对本项目的关心、帮助和支持表示感谢！

张凤龙

二〇一五年五月六日